科技社团研究报告

美英德日科技社团研究

中国科协学会服务中心　编著

中国科学技术出版社
·北　京·

图书在版编目（CIP）数据

美英德日科技社团研究 / 中国科协学会服务中心编著 .—北京：中国科学技术出版社，2019.4

ISBN 978-7-5046-8252-9

Ⅰ. ①美… Ⅱ. ①中… Ⅲ. ①科学研究组织机构—社会团体—研究—国外 Ⅳ. ① G321

中国版本图书馆 CIP 数据核字（2019）第 053104 号

策划编辑	王晓义
责任编辑	罗德春
装帧设计	中文天地
责任校对	杨京华
责任印制	徐 飞

出 版	中国科学技术出版社
发 行	中国科学技术出版社发行部
地 址	北京市海淀区中关村南大街16号
邮 编	100081
发行电话	010-62173865
传 真	010-62179148
网 址	http://www.cspbooks.com.cn

开 本	710mm × 1000mm 1/16
字 数	400千字
印 张	21.25
版 次	2019年4月第1版
印 次	2019年4月第1次印刷
印 刷	北京盛通印刷股份有限公司
书 号	ISBN 978-7-5046-8252-9 / G·804
定 价	69.00元

编写委员会

主　编　朱文辉

副主编　褚松燕　　齐志红

编　委（以姓氏笔画为序）

朱晓红　刘　飞　刘向晖　关雁龙　汤超颖　吴　迪
何　宏　姜　楠　高　洁　唐德龙　崔维军

编撰组（以姓氏笔画为序）

王　伟　王　伟　关珊珊　孙继强　杨　枝　杨凤琦
杨书卷　肖成园　岳　臣　金笑莹　南　方　高　然
高立菲　梁敏花　鲁晶石

课题主持人

吴　迪　美国科技社团发展现状及管理体制研究课题组
高　洁　英国科技社团发展现状及管理体制研究课题组（1）
唐德龙　英国科技社团发展现状及管理体制研究课题组（2）
汤超颖　德国科技社团发展现状及管理体制研究课题组（1）
刘　飞　德国科技社团发展现状及管理体制研究课题组（2）
崔维军　日本科技社团发展现状及管理体制研究课题组

前　言

中共十九大为社会主义新时代、新征程绘就了宏伟蓝图，也为科技工作和群团事业的健康发展提供了基本遵循的行动指南。在2018年召开的两院院士大会上，习近平总书记立足党和国家事业发展的战略全局，提出“我们比历史上任何时期都更需要建设世界科技强国”的重要论断。从全球视野看，世界新一轮科技革命和产业变革风起云涌，世界形势深刻变化，各国科技和综合国力竞争日趋激烈，我国面临发达国家在经济、科技方面占优势的压力。从国内形势看，我国正处于转变发展方式、优化经济结构、转换增长动力的攻关期，迫切需要大力发展科学技术，发挥科技创新在建设现代化经济体系中的战略支撑作用。可以说，过去我们是筹划未来，而现在“未来已来”，我们必须“顺势应变”。

科技社团作为社会组织的主要形态之一，是国家创新体系中不可或缺的重要组成部分。从近代自然科学发展的历史进程看，科技社团是近现代自然科学产生与发展的重要标志，是科学技术体制化的摇篮。科技社团通过汇聚专家、学者和科学技术爱好者，搭建高水平的学术交流与成果展示平台，推进知识的生产、流动、传播和转化应用，激荡自主创新的源头活水，推动“原始性创新”；利用自身网络体系的专业优势，权威、有效地为创新发展提供科学、技术、市场前景预判，提升科技“前瞻性创新”；穿越高校、科研机构、政府和企业的边界，通过专业技术知识的供需关系把它们有机地联结起来，为政产学研结合的“协同性创新”创造条件。同时，通过开展学术研讨，建立同行评议机制和学术规范，发挥学术共同体自协调功能，营造良好的学术生态；通过组织科学传播、建言献策等活动，促进公众理解科学，推进科技界与政府、社会的良性互动。自欧洲文艺复兴时期最早的科技社团诞生以来，意大利、英国、法国、德国、美国等相继成为科技社团发展的沃土。随着各国科技文明的互动，科技社团这一学术共同体的组织形式在全球范围内被模仿，进而在推进科技的全球化和科技治理中发挥了积极作用。经过几个世纪的运作发展，英国、美国、德国、日本等发达国家科技社团已经趋于成熟和稳定，加上其特定的政治、经济、社会、文化等外在条件的综合作用，形成了大批具有生机活力和国际影响力的科技社团，初步成为各国创新体系形成的基础和条件，为科技进步起到较大推动作用。

我国科技社团的产生主要是西学东渐的结果。清末民初的留学生群体以科学救国为己任，通过组织学会、联络同志、振兴学术以图中国科学之发达，为近代科学技术引入中国打下了基础。中华人民共和国成立后，在中国共产党的领导下，我国科技社团蓬勃发展，形成了学科齐全、智力密集、人才荟萃的组织体系。仅中国科协所属科技类全国学会、协会、研究会达 210 个，地方科协所属各级科技社团 3 万余个，成为我国科技类社会组织的主要代表和生力军。当前，中国科协按照中央关于推进创新驱动发展战略和建设世界科技强国的部署，提出建设世界一流科技社团的目标，积极深化科技社团改革，提升科技社团自主发展和服务能力，力求进一步在促进创新、参与国家治理和促进中国科技走向世界的过程中释放能量。应当看到，一些发达国家与我国国情不同，我们不能生搬硬套其做法，但了解其发展概况，分析研究其成功经验，对于立足我国国情建设具有中国特色的现代科技社团有一定的积极意义。

为系统掌握国外科技社团的发展现状，2018 年年初，中国科协学会服务中心按照中国科协党组书记处的指示精神，组织多所高校的专家学者对美国、英国、德国、日本等国的科技社团进行了初步研究，学会服务中心科技社团研究所会同各课题组，通过收集、翻译、整理中外文科技社团研究文献，开展与国外社团函询，访问国外网站，采集主要国家社团联合组织或政府部门发布的相关数据、报告等获得了大批资料，并对国外一些主要科技社团驻中国的工作人员及相关专家学者进行深度访谈，对相关国家科技社团的规模、发展历程、运行特点及政府管理制度等进行了系统梳理，剖析其发展的内在特点，形成了初步的研究成果，进而在此基础上编成本书。目前，国内鲜见对发达国家科技社团的系统研究成果。希望借由本书的出版，使更多的社会组织研究者、领导者以及其他相关领域的专业人士获得更多世界范围先进科技社团发展的信息，也希望通过本书的出版，为我国科技社团的建设和发展提供参考和启示。

由于我们对于世界范围内科技社团的研究起步较晚，尚不够全面和深入，特别是由于各国在社会形态、政治体制、科技政策、历史文化等方面各不相同，在研究过程中，对科技社团的相关问题存在一些理解差异。因此，本书对于各国科技社团的论述均以研究对象国家的语境语义和社会组织形态进行调整和说明。尽管如此，相关论点的阐述也必然存在一些的问题和疏漏，恳请有关学者和读者批评指正！

目录

CONTENTS

CHAPTER 1

第1章 综述

科技社团是科技工作者自愿结合而形成的科技类社会团体，在推进科技创新、提供科技服务、参与社会治理等方面发挥着积极作用。综观世界主要发达国家，科技社团在各国创新体系建设和全民科技素养提升中均起着重要作用。了解发达国家特别是科技发达国家优秀科技社团的发展概况，总结世界一流科技社团的共性特点和发展规律，了解这些国家科技社团发展的路径与经济、社会和制度等因素，对于我们立足中国国情，建设具有中国特色的现代科技社团有积极意义。

1.1 美英德日四国科技社团发展概况

1.1.1 科技社团的历史演进

目前，有史可考的最早的科技社团成立于16世纪，距今已有500余年的历史。学界公认的、世界上最早的科技社团发端于欧洲文艺复兴时期，其产生及演进历程与近代自然科学的产生、科学体制的建立和经济社会的变迁息息相关，在人类科学活动和社会发展中扮演重要角色。

1.1.1.1 科技社团与近代自然科学的诞生和发展相生相伴

文艺复兴、宗教改革和科学革命是开启近代西方社会文明的三大潮流。前两者使科学思想从中古时代神学统治的压迫中日益摆脱出来并逐步兴起，也为科技社团的产生提供了思想基础和社会基础，而科技社团的产生则是科学革命的主要特征之一。文艺复兴运动的发源地——意大利，曾一度成为世界科学中心，亦成为西方发达国家科技社团最初主要的发祥地。有史料记载的、最早的科技社团中就包括意大利自然奥秘学会、林琴学社等文艺复兴式学会，伽利略就曾是林琴学社的成员。这一时期，一些专家学者和自然哲学的爱好者在贵族、高官或富豪的资助下组织起来，开展学术探讨，组织实验研究，探究自然奥秘，形成了一些学术圈。这些科技社团的雏形逐步成为促使科学技术专业化的“无形学院”[①]，也成为近代科学启蒙的摇篮。17 世纪后，欧洲科学与人文革命达到巅峰，以英国皇家学会（1660 年成立）、法国科学院（1666 年成立）为代表的一批重量级科技社团陆续出现，且获得了皇室等官方机构的特许，成为后来世界各国科技社团发展的示范样本。这些社团为促进科学技术的体系化和科学研究范式的形成创造了条件。

18 世纪 60 年代，第一次工业革命兴起，开创了以机器代替手工劳动的时代。这不仅带来了技术进步，更带来了人类社会深刻的社会变革。英国、法国率先开始工业化，大量企业主为解决科学技术的运用问题而组织和支持社团。新兴的科技社团在英国的伯明翰、曼彻斯特等主要工业区逐步发展。这些社团致力于科学研究和科学技术成果的运用，促进了纺织、采矿、交通等产业的技术进步。19 世纪初期，德国成为世界高等教育中心，科学的职业化发展和科技工作者队伍的成长推动了该国大规模的结社浪潮，为促进德国科学技术的发展创造了条件。而此时的美国则不断向欧洲学习，在工业化带来的专业化、职业化潮流中涌现了大量的科技社团。可以说，在 20 世纪之前，科技社团的发展阵地集中在欧洲大陆和北美地区，推动着近代科学技术的蓬勃发展，也成为科学知识传播和科技创新相关制度的重要推动者和见证者。

19 世纪中后期，自然科学研究取得重大进展，各种新技术、新发明层出不穷，并被应用于各个工业生产领域，极大地推动了生产力发展，引发了第二次工业革命，对人类社会的经济、政治、文化、军事等各个领域产生了深远影响，使社会面貌发生翻天覆地的变化，并使资本主义制度逐步确立起在西方主要国家的统治地位，逐渐形成了西方先进、东方落后的局面。20 世纪上半叶的两次世界大战，在一定意义上是第二次工业革命科技成果的检验场，也是第二次工业革命所带来的市场和世界霸权争夺的惨烈战场，并由此导致世界格局发生了巨大变化，世界科技发展中心开始向美国转移。因此，第二次世界大战之后，各国对科学技术都显现了前所未有的依赖与重视，作为世界科技发展中心的美国和作为世界科技创新后起之秀的

① 无形学院一词产生于 17 世纪，指当时科学家（包括自然科学家和其他领域学者）以非正式交流集会方式作为信息传递的重要手段，从而形成的非正式组织。

日本均迎来了新的一波科技社团大发展时期。从 1848 年美国科学促进会（AAAS）成立到 19 世纪末，美国已有 400 多个学会，第二次世界大战后，美国的科技社团则在各个科学细分领域喷涌而出。在日本明治维新后，1877 年第一个科技社团东京数学会成立，此后 10 年内成立了 20 余个主要学科的国家级科技社团，而在其战后经济发展黄金时期，年均成立科技社团数量超过 20 家。

1.1.1.2　科技社团推动了科学研究范式的形成和科技与经济、社会互动模式的变化

16—17 世纪，处于萌芽时期的科技社团多数以学术交流、实验研究为主要任务，为自然科学的发展提供了巨大助力。主要体现在：①为现代科学研究和学术交流提供了全新范式。如 17 世纪英国皇家学会最早创办了学术期刊《哲学汇刊》，建立了以学术期刊为平台的学术交流机制；英国皇家学会还最早创立了科技奖励和同行评议制度。②推动科学研究范式从培根的经验主义向实验哲学转换，推动了实验和观察的系统化应用。正是沿着实验哲学之路，近代科学得以在欧洲孕育并发展。

18 世纪中期至 19 世纪中期，科技社团活动与社会需求结合更加紧密。主要表现在科技社团逐渐淡化了具体的实验研究活动，将工作重心转向搜集实事、报道成就和交流学术。此外，科技社团充当了科学与工业、社会联系的纽带。这一阶段，以月光社、曼彻斯特文哲会及德国柏林物理学会等为代表的新型科技社团致力于推动技术进步和工业革命的发展，英国皇家学会等大型科技社团甚至开始关注以国家战略需求为导向的海外探险工作。总体来说，这一时期的科技社团逐步具备了当代科技社团的雏形。

19 世纪中叶是科学与生产、技术的相互关系的转折期，即此前是以生产—技术—科学的模式发展，此后则主要是以科学—技术—生产的模式发展。[①] 科技社团在这一时期蓬勃发展，社团与社会之间建立了更加有效的双向互动，形成现代科学发展的内部规范和社会认同。主要表现在：①由于工业和学科领域的专业化程度逐渐增强，科学技术和科学家职业日益得到社会大众的认可，科技社团逐步从兴趣团体向专业团体转变，会员主体不再是科学技术的爱好者，而逐渐成为科学研究和科技应用的专业人员；②科技社团的工作日益社会化、专业化，科学发现优先权、同行评议和学术奖励等学术规范普遍建立，成为现代科技社团的基本职能和业务；③科

① 中国科学院自然科学史研究所．科技发展的历史借鉴与成功启示［M］．北京：科学出版社，1998.

技社团的集成性凸显，各国的地区性科技社团开始呈现全球化的趋势，并逐渐出现了众多日后在国际上具有较强影响力的国际性科技社团，如电气与电子工程师协会（IEEE，1884 年成立）、国际化学联合会（ICU，1884 年成立）等。

近一百多年来，世界主要发达国家科技社团的建设和管理日益成熟和专业化。在功能方面，科技社团从最初以科学探索为主的研究功能逐步转变为以科学交流为主的服务功能，进而拓展形成社会同行认证、公共服务、国际合作、智库咨询等更加完整的功能系统。在组织方式方面，各国先进科技社团的发展路径虽不尽相同，但普遍建立了成熟完善的组织管理体系，充分体现了科学家主导的发展路径，以会员为本的组织体制，大部分实行基于基础信息共享的决策、执行、监督分立的管理模式，充分发挥科学共同体内部的自我调节和自我约束能力。

1.1.1.3　世界优秀科技社团呈现交叉、联合和全球化的突出特点

从 20 世纪开始，在美国、英国、德国、日本等国家，作为国家治理和科技创新的重要协同力量，科技社团已经成为法律地位明确、民众普遍认可的社会组织形式。随着世界范围内新一轮科技浪潮的汹涌澎湃，科技社团在全球科技发展中持续保持着旺盛的生命力和权威的影响力，其发展趋势可以概括为以下三点。

一是交叉性。随着科学研究日趋多层次、多元化，自然科学的系统性、复杂性、综合性逐渐体现，涌现了大量新兴交叉学科领域的社团，对新学科和新产业的发展起到了极大的前瞻引领和积极促进作用。

二是联合性。科技社团为了获得更多的社会影响力和话语权，组成各种形式的科技联合组织，在美国、英国、德国出现了一批由多个科技社团组成的“伞状协会”，以集合力量游说政府、获得社会关注和资助等。如由 30 多个工程类社团组成的德国科学技术联合会（DVT）是获得德国联邦议会游说资格的社团之一，在较大程度上可以代表其会员社团与政府进行直接沟通。

三是全球化。即先进科技社团活动方式日益全球化。以美国为代表的大型科技社团纷纷将国际化发展视为重要战略方向，从名称到业务范围均淡化国家界限而着眼于全球科技发展。如近年来，美国数学会、美国汽车工程学会等一些美国的优秀学会开始更改会名，以体现国际化色彩。美国等科技强国的一流科技社团在全球建立分支机构和招募会员已成为普遍现象，大型社团则发起或参与全球科学计划，以更加直接的方式参与到科技发展的全球化进程中。

1.1.2　美英德日四国科技社团发展态势

科技社团历经近代自然科学的诞生与发展、两次工业革命和两次世界大战的洗礼，始终与现代科技、经济社会的发展密切相连，成为与科学进步、技术创新

最相得益彰的组织形态之一，也是现代科技人才培养体系的有机组成部分，其发展程度往往能够代表一个国家的科技水平并影响世界科技话语权。美英德日四国科技社团从规模和性质、分类和主要职能等基本方面均显示出科技社团与国家科技水平的呼应。

1.1.2.1 规模和性质

从数量上看，经初步调研和相关数据分析，当前美国科技社团的总体规模[①]为近3 100个[②]，英国为1 300个[③]，日本近1 300个[④]，德国为1 500—1 800个[⑤]。

从发展程度上看，虽然各国科技社团数量众多，但发展情况并不一致。以英国为例[⑥]，如将收入视为衡量科技社团发展程度的主要指标之一，据统计年收入大于1 000万英镑的科技社团为14家，100万—1 000万的114家，90%以上的科技社团年收入在100万英镑以下。而在日本，科技社团注册会员数量在1万人以上的仅占不到5%，超过37%的科技社团注册会员数量在500人以下。[⑦]

从性质上看，科技社团在各国都为非营利性组织，但是否为公益性组织则不能一概而论。一方面，由于主要发达国家对科技社团并未强制要求登记注册，因此各国都存在一部分未注册的科技社团，但一般来说，未注册社团的规模和影响力一般较小，在此不做重点阐述。另一方面，在登记注册的科技社团中，各主要国家都在法律上将其定位为非营利组织，但其公益属性或公益程度则需要相应部门的认定。在美国，登记注册的科技社团均为非营利组织，但如果想要获得较高程度的税收优惠，则需要满足税法501（C）（3）条款的规定成为免税组织。在美国近3 100个科技社团中，符合501（C）（3）条款规定的科技社团约占66%。在英国，年收入

---

① 本书所指的各国科技社团总体规模是指全国性或业务范围覆盖该国大部分区域的科技社团数量，未统计该国地区性科技社团数量。

② 数据来源：根据美国国家慈善数据中心（NCCS）中关于美国非营利组织的数据，结合组织税收标准和国家免税组织分类法（NTEE）核心编码筛选统计得出，数据截止时间为2016年8月。

③ 数据来源：根据英国慈善委员会相关数据梳理统计得出，数据截止时间为2018年7月。

④ 数据来源：根据对日本最大的学术组织机构日本学术会议的数据采集和梳理得出，数据截止时间为2018年8月。

⑤ 数据来源：根据德国协会管理协会2017年调研数据、《世界科技组织与学者社团指南》（德国索尔出版社2005年版）数据和德国非营利组织管理机构（NPO—Manager）统计数据得出。

⑥ 数据来源：根据英国慈善委员会网站公布的英国科技社团数据梳理统计得出，数据截止时间为2018年7月。

⑦ 数据来源：根据日本学术会议网站公布的日本科技社团数据梳理统计得出，数据截止时间为2018年8月。

5 000 英镑以上的科技社团必须依照《慈善法》规定到慈善委员会进行登记注册，由慈善委员会对信息进行评估，确定是否可以登记为慈善组织。在日本，科技社团法人可划分为社团法人（一般社团法人和公益社团法人）、财团法人（一般财团法人和公益财团法人）两类。在德国，因其联邦制的国家制度，科技社团无论国家社团或地方社团均可以在任一联邦州的法院登记，且需向税务部门申请公益性质认定。

1.1.2.2 分类

根据会员资格及其联合程度，科技社团可以分为以个人会员为主的单独性科技社团和多家科技社团联合组成的联合性科技社团。单独性社团为科技社团的主要形式，以服务会员为基本宗旨，是科技社团最基础、最根本的存在方式。联合性科技社团，如美国物理联合会（AIP），成员包括与物理学科相关的十多个科技社团。根据日本学术会议相关数据分析统计，日本单独性科技社团共 1 142 家，占比为 99.68%，联合性科技社团有 13 家，占比为 1.03%。[①] 英国和德国存在大量的伞状组织，即由部分具有相似利益的地方、领域科技社团相互联合组成联合性科技社团，共同开展科技交流与服务。

根据专业和使命，科技社团可以分为科学倡导型的综合科技社团、学科发展型的专业科技社团和行业交流型的职业科技社团。综合科技社团以推动全民科技进步为使命，学科门类齐全，知识密集，集中了科技领域众多的学者和专业技术人员，通过跨部门、跨领域、跨行业、跨专业发展会员，强化横向联系，聚集智力资源，形成学术权威性和社会影响力。各主要发达国家均有历史悠久、影响力巨大的综合性科技社团，如英国皇家学会、美国科学促进会等。专业科技社团以某一学科发展为基础，旨在促进特定自然科学学科的发展及学术交流，是科技社团的主要形式，如英国物理学会、皇家化学学会等。职业科技社团以特定职业团体为主要会员对象，汇集自然科学与应用技术的专业工作者，在技术行业标准、从业人员培养和评价等方面发挥重要作用，如电气与电子工程师协会、德国工程师协会（VDI）等。

1.1.2.3 主要职能

美英德日四国科技社团在各个行业、各个领域甚至各个国家之间的横向联系，不仅促进和加强了创新主体之间的联系合作，而且促进了本国和国际科技和创新制度建设。

总体上看，科技社团的主要工作可以概括为：①学术交流，在强化科研成果分

① 数据来源：根据日本学术会议网站公布的日本科技社团数据梳理统计得出，数据截止时间为 2018 年 8 月。

享、科技创新和国际交流方面发挥重要作用。②科技奖励和人才评价，在学科领域树立公认的学术权威和公信力。③科学传播，积极传播科学知识，培育全民科学氛围，鼓励科技创新文化。④科学教育，提高职业技能、量身定制学科和行业发展所需一流人才。⑤专业认证，承接政府职能、制定行业规范和国际标准。⑥政策倡导和建言献策，满足国家需求、优化公共决策咨询成果供给等。这些工作经过历史的沉淀，已经成为科技社团的主要职能。

1.2　四国科技社团的共性特点

了解美英德日四国科技社团共性特点，其目的并不只是就科技社团来谈科技社团，而是以这四国科技社团当前所呈现出来的外化特点为观察始点进行描述，进而去分析这些科技社团何以具有这些共性特点，又如何能够为我们提供经验。

总体而言，这四国的科技社团以规范的治理体系和强大的科技服务能力、组织动员能力、自主发展能力和社会服务能力，成为科技界与政府、社会连接的桥梁，向民众传播科学知识、倡导科学精神，孕育创新文化，承担推动社会进步的责任。

1.2.1　具有规范有效的组织治理

在上述四个国家各自的社会文化传统和体制下，科技社团在组织治理方面均逐步形成了一套成熟的管理体系和运作机制。

一是治理结构规范而完整。科技社团的治理结构是指在科技社团中，会员、理事、监事、员工之间相互制衡所形成的有机整体，即会员（代表）大会、（常务）理事会、监事会、秘书长等的组织架构，以及各部分之间的权责利划分、制衡关系和配套机制。治理结构的基础单元是会员，以会员为核心，形成与会员相关的不同组织机构。这四个国家科技社团的治理结构大同小异，大体上，科技社团依照章程确立其治理结构；通过社团最高权力与决策机构——会员大会选举理事会、修改社团章程，会员大会闭会期间由理事会领导社团，执行会员大会的决议，选聘重要成员；受监事会或会员监督。治理结构的设立，要求决策透明、团队参与，以保证社团的有序运行。这四个国家的科技社团的日常工作机构一般都采取层级较少的扁平化结构，较少采取科层式的“金字塔”结构，这适应了科技社团作为科技工作者共同体的成员间平等性的特点，能够重视、包容和鼓励科学家的个性、内在潜力及创造力。理事会和日常工作机构往往规模小、效率高，能够针对不断变化的科技环境，采用灵活措施去适应和调整。

二是组织运作灵活高效。四国科技社团通常具有健全的快速反应和风险防范机制，寻求最优化的管理方式，决策科学有效，执行力强。会员大会、理事会（董事会）、日常工作机构等各司其职，各尽其责，规范运作，有效制衡。英国科技社团的理事会一般是主要权力和决策机构，会员代表大会、理事会、监事会由会员选举产生。美国科技社团的决策机构一般是董事会，也可能是理事会，它们是最高决策和权力机构，负责制定科技社团的发展战略、监督基本运行状况等活动。德国社团的最高权力机构、监控机构是全体会员代表大会，决定社团的重大事项，选举产生执行机构理事会（在德国非营利组织中也称为董事会）。日本科技社团有法人和非法人之分：社团法人的总会负责《一般社团法人及一般财团法人法》规定的一切事务，以及与社团法人相关的组织、运营、管理等相关事务。理事、监事、会计监察人的任免也由总会审议决定。财团法人的评议员会由评议员组成，负责《一般社团法人及一般财团法人法》规定的事务及财团法人章程规定的事务。财团法人通过评议员会决议，产生理事、监事及会计检查人。非法人社团的总会由全体会员组成，会长由会员选举产生，是社团对外的代表。理事由会员选举产生，理事会审议决定社团的日常事务。如前所述，这四国中有影响的科技社团的理事会（或者起决定性作用的常务代表）作为决策机构，往往规模较小，一般都是 10—30 人的专业人士，便于集中决策和管理。理事会践行章程规定，对学会发展战略、工作计划、发展方向、经营管理、人选提名、资金管理、重大活动等工作均深度介入，保证社团工作按照前瞻性和战略性部署开展工作，引领学科和行业领域的发展方向。在美国，理事会成员一般采取差额公开竞选的方式产生，因此，当选者不仅为业界公认的权威人士，而且对社团工作有强烈的志愿精神和热情。理事会成员必须严格遵守章程规定，积极参加日常决策会议和重大活动，否则将被警告或除名。此外，社团大部分活动由学科专业委员会、工作委员会和地方分会组织开展。其分支领导同样是该领域的专业人士，小核心。大分支的业务模式也是众多大型科技社团得以全方位发展的原因。

三是日常运营团队职业化水平高。日常工作机构的职业化，是保证社团科学高效运行的重要基础条件。这四个国家中有影响力的科技社团往往由相对稳定的、专业化的日常工作机构来执行会员大会和理事会的决策，进行日常运营。一般来说，运营团队的主要领导由理事会进行社会公开招聘，对专业水平、管理能力等方面均有较高要求。在社团组织相对成熟的美国、德国，均有支持社团职业化建设的中介型社团，以促进社团工作成为职业教育体系中的一个专业门类，如美国社团管理者协会就是专门致力于培养社团管理人才的社会组织，建立了一套面向不同层次、领域的完整知识体系和培训课程，为社团管理提供了极为有效的人才输送。

1.2.2 具有权威性的学术智力优势

优秀科技社团集中了各学科领域众多科技工作者，精英荟萃，具有突出的智力密集优势，注重发展核心科研技术引领力，对学术生态产生重要影响，尤其在以下领域表现突出。

一是学术交流与共享。有影响力的科技社团往往具有很强的学术交流和共享能力，这主要体现在其一系列相互联系、相互配合的活动策划和安排上：组织高端前沿学术交流活动（有影响力的高水平学术会议等）、提供知识交流产品（有影响力的高质量学术期刊等）、搭建体现最新科研进展的交流平台、构建学术交流网络、创新学术交流共享机制、组织跨学科学术交流活动、开展信息平台建设等。如美国科学促进会出版的《科学》（*Science*）周刊、美国物理学会（APS）出版的物理评论系列期刊都是各专业领域被引用次数最多、最受青睐的科技期刊之一，在国际学界拥有极高威望。

二是科技普及和传播。科技社团普遍重视向社会公众传播和扩散科学知识，从而推动社会理解科学，提高社会公众科学素质，这不仅有助于人类的总体科技进步，而且也为科技社团的发展提供了良好的社会生态。因此，科普往往都被科技社团作为重要职能之一。如成立于 1831 年的英国科学促进会将普及科学知识作为其最主要的职能，1799 年成立的英国皇家研究院将科学技术的普及与推广工作作为其两项最主要职能之一。科技社团大都在全社会倡导科学精神，开展多种多样的科学普及传播扩散活动，如围绕社会热点面向公众做科学讲座和培训、主办科技主题活动、举办公众科学日或科技活动周、举办科普展览、建立科普教育基地等，从而更好地激发公众的科学热情和提升全民科学素养。

三是科技鉴定与评价。科技社团的科技评价活动主要涉及技术标准制定、学术评价方法和程序制定、职业资格认证、科技成果评定、技术事故鉴定、科研计划评价、科研项目评价、学术机构评价等。以技术标准制定为例，全球最大的专业学术组织美国的电气与电子工程师协会非常重视标准的制定工作，并将其定位为“顶级发展战略”，目前拥有 1 000 多个现行的产业标准及 500 多个正在制定中的标准[①]。此外，设立科技奖励也是各先进科技社团普遍重点开展的科技评价工作之一，由于发达国家极少限制社会组织设奖，也由于有影响力的科技社团在其发展历史中具有相关科技领域的权威性，所以，科技社团设立奖项非常普遍且奖项种类、层

---

① 杨书卷. 美国 IEEE 科技社团运营模式的案例分析［J］. 学会，2017（5）：28–34.

次繁多，如美国发起成立的国际计算机学会（Association for Computing Machinery，ACM）设立20多个专业奖项，其中，图灵奖是世界公认的计算机专业领域的权威奖项。

四是促进产学研的结合。如前所述，19世纪中后期特别是20世纪以来，科学—技术—生产的科技引领经济发展模式已经成为全球模式，科技社团在促进产学研合作方面非常活跃。科技社团通过协调不同的企业和学术界伙伴，或自发，或响应政府号召，通过交流、讨论和共同采取行动从而推进产业标准和新技术的开发与应用，并使之向产品和服务转化。德国有各种产业行业联合社团、工程师职业社团等具有很高产业化特点的科技社团，如德国工业研究联盟协会是专门针对中小企业开展应用技术研究和服务、扶持创新领域青年科研人员和专业技术人员成长的联合社团，共有5万余家中小企业会员。德国制造业能够广泛采用新技术、保持高品质，科技社团功不可没。

值得注意的是，除少部分超大型的综合性国际化科技社团之外，大部分先进科技社团并非在其工作中面面俱到、多方发力，而是在优先发展方向上各有侧重，即根据组织宗旨、发展理念和优势条件打造核心业务，塑造核心品牌。例如，美国化学学会（American Chemical Society，ACS）以期刊出版和化学知识信息在线文摘服务为核心业务；德国农业协会将会展业务和食品检测工作作为重点打造领域；日本电气学会注重全球化合作和人才举荐；英国皇家地理学会在学校和科研系统的人才培养方面具有显著优势等。总体来说，并不是所有社团都能做到大而全发展，先进科技社团的“先进”之处，通常在于做强做大在本学科领域中有代表性、基础性的优势工作。换言之，通过核心工作树立权威和影响力，是大多数先进科技社团的发展状态。

1.2.3 聚焦精准化、多层次的会员服务

会员是科技社团得以存在的最基本要素，会员服务是科技社团一切业务的重心。数量众多的会员体现着一个社团的吸引力和凝聚力。较高程度的会员覆盖率、一定比例的国际化会员一定程度上体现着社团的先进性和影响力。具体来说，这四国科技社团在会员服务方面大都采取以下举措。

一是细化区分会员层级。先进科技社团普遍具有以会员为主体的办会理念，大力巩固和发展会员，收取会费，为会员服务，不断增进与会员的沟通与联系。学会大多对会员进行分级，再根据会员层级收取不同标准的会费。如德国计算机学会、德国物理学会等，根据入会人员的职业、收入、年龄的差别，人性化地区别对待，设定了不同的会费标准。但分级的会费不影响会员应享有的权利，会员之间人人平

等。科技社团一般对学生群体都特别照顾，以此体现对学生群体科技教育的重视程度，同时也激发学生群体加入学会，扩大科技社团的会员资源，延伸科技社团的影响力。

二是提供多样化的精准服务。先进科技社团能够根据“世易时移”不断调整服务项目、内容和形式，运用新技术手段，确保会员需求得到及时有效满足。如很多国外科技社团的会员可以优先参加社团举办的学术互动和参与国际交流培训，享受社团免费提供的有关信息咨询和资料齐全的网站、数据库资源等。如英国科学工程与制造联盟开设与科学、工程、制造相关的专业培训，鼓励那些年龄在 16—24 岁的年轻人、有资格在英国工作的失业者或缺乏工作经验的人申请培训，帮助他们提高专业知识技能和更快就业。

1.2.4　有效参与和服务于国家发展

这四个国家的科技社团不仅在本国的经济社会发展中发挥着科技牵引作用，而且通过对国家发展、政府决策过程的各种参与服务于国家发展的总体目标，成为国家和社会治理不可或缺的主体。

一是运用科技优势参与或影响立法及政策过程。先进科技社团一般都关注国家法律、政策的相关变化，并注重对国家立法和政策过程的参与，通过运用其专业知识和影响力而成为公共政策的重要塑造者和参与者。美英德日四国有影响力的科技社团因其业界影响力和良好信誉，往往受邀参与相关法律的起草、修正、改进及分析，在制度供给方面作用于国家治理。不仅如此，这些科技社团还会积极建立与政府机构之间的良好沟通渠道，主动为政府机构提供专业咨询。如美国科学促进会每年会针对政府预算举办“科学与技术政策讨论会”，影响国会和政府的决策。德国从 1972 年起每年批准发布一个经过认证、有合法资质的对联邦议会以及联邦政府施加压力的全国协会开放名单。名单上的科技社团可以对政府官员进行直接游说，充分表达其社会和专业诉求。

二是开展科技信息资料的统计研究及分析预测。四国的先进科技社团大都致力于专业领域中全球或全国科技信息情况的收集、调查和分析，撰写史志年鉴，并向政府提供本学科领域的发展趋势报告及技术路线规划，为政府制定科技发展规划及政策等进行前期研究，提出科技政策建议等。例如，美国物理学会曾围绕氦危机向国会递交专业建议，提交关于物理分支学科的倡议报告，为相关研究活动建议作证，呼吁国会对物理学相关领域加大政策支持和资金投入等。德国科技社团经常为政府部门提供行业发展方向和新兴技术等方面的咨询报告，围绕重大课题进行技术和经济论证。

三是在重大事件或热点事件中发挥积极作用。四国科技社团往往在国家重大突发事件或公共事件中运用专业优势为政府分担风险，或者围绕社会民众关心的热点事件或问题发声，消除公众疑虑，有效应对公众需求，促进社会和谐稳定。如英国皇家学会自 1998 年以来，先后就争议性很强的生物技术、转基因作物和食品中有关立法、环境和政策咨询方面连续发表了五次声明表达学会的立场和观点，并被政府部门采纳，也收到了良好社会反响。

1.2.5 拥有良好的资源支持体系和社会信誉

一定的资源条件是科技社团发展的重要基础，而社会信誉是科技社团软实力的有机组成部分。四国先进科技社团都非常重视支持性资源，由此形成了良好的资源支持体系和良好的社会信誉。

一是拥有突出的经营能力和丰富的社会网络资源。例如，美国的电气与电子工程师协会（IEEE）在电气电子工程业界拥有强大的支持性资源。作为一个专业性国际化社团，其拥有强大的经营能力，而经营能力带来的是可观的经济实力，可观的经济实力又意味着充足的公共产品提供能力。根据 IEEE 年报，2015 年总收入为 4.425 亿美元，其中会费、出版、会议、标准四大项目服务业务总收入为 4.417 亿美元，会费收入约 0.69 亿美元，期刊及数据库收入 1.68 亿美元，会议收入 1.66 亿美元，标准收入 0.37 亿美元，其所在比例分别为 16%、38%、37%、8%。2015 年总项目支出为 4.435 亿美元中，会员需求与公共需要支出为 1.14 亿美元，期刊及数据库支出 1.53 亿美元，会议支出 1.4 亿美元，标准支出 0.35 亿美元，其比例分别为 27%、34%、31%、8%[①]。由数据可见，IEEE 的优势项目期刊及数据库、会议、标准均收支平衡并略有盈余。良好的经营运作使学会可以有大量资金回馈会员与公众，投资着眼于未来发展的重要基础建设，不断改进和创新公共产品。这样，既满足了会员和社会需求，也促进了社团的健康良性发展。

二是拥有良好的社会信誉。社会信誉是社会组织的砝码。科技社团良好的社会信誉主要表现为其在不同国家和地区不仅得到会员的高度认可而具有业界凝聚力、号召力，而且在政府和社会公众当中均有良好的口碑。如美国的电气与电子工程师协会在全球 3/4 的国家和地区有较强的影响力，是具有良好社会信誉的典范。又如英国皇家学会 2017 年资金收入为 8 518 万英镑，其中来自慈善活动所得到的资助金额高达 7 514 万英镑，占总收入的 88%，充分体现了其优良的社会信誉。

---

① 杨书卷. 美国 IEEE 科技社团运营模式的案例分析［J］. 学会，2017（5）：28-34.

1.2.6 积极参与全球治理

当前，全球治理的三大主体包括各国的政府、正式的国际组织和非政府组织。四国的先进科技社团所实行的国际化战略，不仅拓展了它们在其他国家业界的影响力，而且也使它们自身得以整合全球业界资源而深入参与到全球治理当中，在诸如联合国发展目标、应对气候变化、国际贸易、节能环保、扶助贫困等国际事务方面显示话语权，展示活动经验和成果。

一是通过国际学术活动传播思想观点。四国的先进科技社团经常举办或策划有影响力的国际会议或论坛，发起国际性倡导或号召业界达成广泛共识，组织实施国际重大科研项目，推荐会员参与国际奖项评比、参与国际学术活动、进入国际学术组织任职，资助科技工作者参与国际交流或国际项目研究等。如美国物理学会为促进发展中国家和发达国家物理学家之间的交流，提供国际研究履行奖励计划，为被资助对象提供 2 000 美元的交通住宿补贴，2017 年支持了 10 位来自发展中国家的物理学家。通过这些学术活动，搭建了科技工作者交流的平台，使科学思想得以传播，技术创新得以分享，由此提升在全球科技相关领域中的影响力和号召力，增加参与全球治理的话语分量。

二是参与全球科技公益和社会服务。科技公益和社会服务是科技社团重视的领域，在本国和全球不同地区直接开展项目活动是其能力和价值的重要体现。这一方面可以充分发挥其专业优势，营造全球影响力和号召力；另一方面也可以通过参与社会公共服务而展示科技为人服务的公益精神，有助于维护良好的社会信誉，为科技社团更深入地参与全球治理背书。如英国科学协会从 1994 年开始每年举办英国科学周活动，国内外众多优秀科学参与者向公众展示科学技术的最新成果，吸引了英国各年龄段人的广泛参与，激发了公众对科学的热情和关注。

1.3 四国政府对科技社团监管的特点

美英德日四国政府对于科技社团等社会组织的监管基本上采用的都是零 / 低门槛准入的过程监管，并不直接干涉社会组织的内部事务，更多地通过法律程序进行后置管理，为社团的独立与自由发展留出了较大的空间。主要体现在以下方面。

1.3.1 清晰的法律定位和相对健全的法律保障

美英德日四国政府对科技社团均给予法律层面的清晰定位，且法律法规健全，特别是都有着较为完善的慈善法律体系和科技法律体系，以法律约束性、指导性和保障性来监管和引导科技社团的运行。如英国慈善法的历史可以追溯到 1601 年的

《慈善用益法》，此后，英国陆续出台了一些单行法律来规范慈善组织和慈善活动。1960 年，英国出台了《慈善法》，并经历了 1992 年、1993 年、2006 年、2011 年等数次修订，对慈善事业诸多方面进行了详尽的规定，科技则是慈善事业的当然组成部分。美国则通过税法及募捐法为主，辅以《国家科技政策、组织和优先法》《国家科学基金会法》《技术评价法》等科技相关立法构建了分散式立法体系。日本在 1995 年《科学技术基本法》的框架内制订实施科学技术基本计划。德国在宪法和民法典基础上，于 1964 年颁布了《联邦德国结社法》，对社团的定义、管理机关、社团的行为、注册、解散、财产关系等内容进行了详尽的规定。此外，各国在改革变动科技管理体制或开展重大科技计划时，几乎都会出台相应的法律法规对实施加以保障，由此形成了科技社团清晰的法律定位和行为体系。

1.3.2 相对宽松的登记注册制度

四国政府对科技社团在注册登记方面的管理都比较宽松，更多地通过法律程序进行后置管理。如美国科技社团在申请免税待遇时才需要注册登记；英国年收入 5 000 英镑以上或选择以慈善组织形式成立的科技社团才需要登记注册。德国科技社团也是分为注册社团和非注册社团，在注册成立时只要求由至少 7 人组成，拥有一个社团章程，并设立一个理事会，到当地地方法院登记注册即可，对注册资金并无要求；如果选择成为公益性的社团，则须将社团章程预先提交税务机关审查。日本也在 21 世纪初实行公益法人制度改革，从事非营利活动的法人向其主要事务所在地相关部门提交申请并提供相关文件，即可登记为一般法人，且消除了行政机关对公益法人成立登记的控制，从而降低了一般法人及公益法人设立登记的门槛。

1.3.3 注重以税收优惠鼓励科技社团的发展

四国政府都比较注重以税收优惠来鼓励科技社团的发展。其中，美国对科技社团的管理主要以税收调节为主，实行激励性的税收制度。税收优惠和支持主要表现在对科技社团自身收入的税收减免（如社团所有的收益都可免交所得税）和对向科技社团捐赠的公司及个人给予税收减免（如捐赠人持社团收款单据可免交政府及地方所得税）。英国的慈善法除规定税收优惠之外，慈善委员会还负有鼓励和培育、指导慈善组织发展的责任。美国、德国、日本等国要求具有法人资格的非营利社团在成立时进行免税申请登记，获批后即可享受相应程度的免税措施。

1.3.4 严格的信息披露制度

科技社团因其非营利性，或者非营利性与公益性的叠加，而使得信息披露成为其组织生命力和公信力的重要保障。美英德日四国在社团信息披露方面均有较高的要求。以美国为例，按照美国联邦税法的规定，科技社团如果是享受联邦免税 501

(C)(3)条款的组织，其免税资格申请表及所有材料都必须向全社会公开，并且有责任在工作时间向公众提供交给国税局审查的、最近 3 年的年度报告的主要信息，以供公众进行监督；年度报表中除专利、商业秘密、国防资料和其他法定不需公开的信息外，其他信息都必须向公众开放。可以说，公开财务运行过程，自觉抵制和消灭不合理的财务支出，接受会员和公众的质疑和拷问，是一流科技社团的基本职责和重要特征。

科技社团往往都珍视其结社基础和依章程自治的独立性，在与政府的交往过程中也往往强调二者之间的平等的伙伴关系。政府需要相关信息资料统计时，多通过招投标等方式委托科技社团进行研究，受委托的科技社团可以免于各种利害关系的干扰，从公正客观的立场出发，完全借助自身的专业、信息、人才、智力判断等来形成研究结论和咨询建议，较好地保证了为国家和政府提供的智力产出的理性化水平。

综上，科技社团在各国虽然有不同的发展模式和特点，但总体来说，其共性要素或表现特征仍有异曲同工之处。通过对美英德日有代表性的四国科技社团的总结，可以将有影响力的科技社团的核心要素归纳为以下几个方面。

- 具备影响力的品牌产品：国际代表性的品牌学术会议、国际一流水准的学术期刊、具备国际权威性的专业奖项等；
- 提供以会员为中心的精准服务；
- 具有完善有效的治理结构和专业高效的管理团队；
- 拥有丰富的社会资源和稳定而充沛的收入来源；
- 拥有丰富的外溢公共产品：面向社会的专业化、多样化科技服务、面向政府的政策制定过程参与和对全球治理的有效参与。

1.4 关于我国科技社团发展的几点思索

1.4.1 激发动能：切实落实和完善法人治理结构

治理结构决定组织功能的发挥。一流的科技社团必有良好的法人治理结构和完善的制度体系。

1.4.1.1 践行章程，落实法人治理结构

我国的科技社团和其他社会团体一样，在章程文本和形式上都具有较为健全的法人治理结构，但一些科技社团的章程仅仅停留在文本上，而未能成为科技社团的行为依据；法人治理结构也仅仅停留在文本上，而未能体现在现实运作当中。优秀科技社团的发展经验恰恰说明，章程、治理结构和社团行为保持一致性才能够使科

技社团的功能得到发挥。换言之，章程和社团的治理结构必须是“活的”，离开实践漫谈法人治理结构的健全，无异于痴人说梦。因此，科技社团健全法人治理结构的重点不在于章程中的条款如何漂亮，而在于使章程和治理结构从文本走向实践，使会员大会、会员代表大会、理事会、秘书处、监事会切实运转起来，且在实践运行中发现会员大会、会员代表大会、理事会、秘书处、监事会这些既有的结构设置存在的问题，继而解决问题，建立与科技社团自身实际相适应的制度规则，优化法人治理结构的运行。

1.4.1.2 体现科技工作者在科技社团中的主人地位

科技工作者是科技社团的主人，科技社团的会员、理事会当然需要以他们为主体来谋划科技社团的发展。理事、分支机构领导者在内的核心决策者和管理者不仅需要有业界影响力，而且需要有一定的战略思维和经营管理能力。我国的一部分科技社团由于各种因素，存在小圈子、内部人控制、行政化的特点，部分社团领导层中的科技人员志愿精神、管理经验和民主办会意识有待提高，会员参与决策机制还未普遍建立。需要通过改革，还原科技人员主体性，逐步建立会员为主体的体制机制，通过具体的参与机制和产品引导会员积极参加社团活动，发现、培养和遴选具有志愿精神与决策、运营才能的优秀专业人才，形成科技社团领导者人才梯队，确保科技社团作为科技工作者共同体的实至名归。

1.4.1.3 推进日常管理机构职业化

日常管理机构作为法人治理结构的重要组成部分，不仅要确保科技社团正常的日常运转，而且还要贯彻理事会决策和服务于会员需求。职业化是科技社团日常管理机构的必需。因此，推动日常管理机构的职业化是我国科技社团发展的当务之急。由于科技社团是会员自愿联合形成的组织，因此需要建立会员导向的用人机制。根据科技社团的专业特点和运行特点，通过社会化招聘机制，构建起既掌握科技社团所在学科领域的专业知识，又掌握社会团体管理和运营技能的职业化人员团队，并将责、权、利相统一的员工管理贯穿其中，应是近期科技社团实现发展的重点。

1.4.2 提高质量：提供高水平的学术供给

科技社团要想成为高层次的科学共同体，就必须积极围绕科技工作者和社会的需求，有效整合资源，发展核心业务，不断提升社团能力，提高服务质量，向会员继而向社会提供高水平的产品和服务。

1.4.2.1 建立动态需求－供给机制

科技社团要提高质量，重点在于提高面向会员服务的质量，而提高会员服务质量，在于全面而深入地了解会员的需求。因此，科技社团要生存和发展，一方面，需要建立以会员需求为基础的生命基线。在对会员需求进行科学而全面的摸排之后，建立会员需求基线，以此为据来设计社团的产品和服务内容、供给方式等。另一方面，在建立会员需求基线的基础上，以固定的时间周期来对会员需求进行动态调研，不断对产品和服务内容、供给方式等进行动态调整，形成良性的需求－供给循环。

1.4.2.2 做优做强社团核心品牌项目

品牌是品质和价值的保证，美英德日这四个国家中的领先科技社团的品牌美誉度和会员认可度普遍很高，其品牌价值具有全国乃至世界范围内的顶尖影响。我国科技社团须根据组织战略定位，选择发展优势项目，实行品牌战略，打造组织的品牌形象。除在增强实力的基础上提升品牌水平，还要进一步加大宣传力度，不断强化和更新外界认知。如在学术交流方面，可以把打造有影响力的常态化高水平学术会议和主办有影响力的高质量学术期刊等作为重点工作，进行品牌化经营；在学术评价方面，可以鼓励科技社团设立业内学术奖项，积极发展科技奖励、人才奖励品牌，形成对科技工作者的吸引力。

1.4.2.3 建立科技创新人才培养体系

在科技创新体系中，人才培养是科技社团发力的重要领域。科技社团应深度了解本专业本地区科技人才现状，结合对专业发展趋势的判断和科技工作者需求的调研，建立多层次、多方位的科技人才培养计划，组织专业培训和认证服务，实现全方位创新人才知识优化和技能提升。此外，还需要积极拓展人才举荐渠道，提升科技人员的社会地位和价值，维护科技工作者合法权益。

1.4.3 把握重心：建立服务和凝聚会员的具体机制

科技社团由会员构成，由会员治理，为会员服务。科技社团的良性发展应将精准化的会员服务作为核心业务。

1.4.3.1 以优化会员服务为核心吸引大量优秀专业人士

提升对会员的全面服务，吸引和团结大规模、高层次的专业科技工作者，是科技社团提升学术权威性和社会影响力的根本所在。我国科技社团在服务会员的意识、能力和手段等方面还有巨大的提升空间，需要在转变观念的基础上积极谋求会员工作的突破。如会员分类分层管理服务、积极发展付费会员比例，重视会员增长率、会员覆盖率、会员结构、会员国际化程度等会员指数，提供高质量、有价值的会员服务产品等。只有重视会员，以会员为中心提供服务，科技社团才能吸引大量优秀专业人士，做强社团。

1.4.3.2 细化会员层次，开展有针对性的服务

科技社团需要突出会员主体地位，但会员的需求和成长阶段不同，因此需要建

立会员分类与成长体系，根据会员类别和不同需求，采取精细化管理，设计和提供共真正想要的有价值的产品或服务。不同的会员资格对应不同的权利和义务；同时，也可以根据不同的会员类别，收缴不同的会费。另外，更要增加会员与非会员的福利区分度，增加会员对社团会员资格的重视程度，以增加会员黏性，吸引更多会员支持社团工作，为社团发展出力。

1.4.3.3 创新会员服务机制，提高会员满意度

科技社团需要构建完整的会员服务支持管理体系和组织体系，不断完善会员评价机制，定期征求会员对社团工作的意见，了解会员对社团服务和产品的满意度。完善社团工作人员评价机制，激发社团工作人员为全体会员特别是个人会员倾心服务的热情，提高会员对组织的认同。

1.4.4 扩大影响：积极承担公共责任

科技社团作为高层次的科技共同体，在公共政策、社会治理和社会创新活动中也需要积极发挥作用。

1.4.4.1 以专业优势参与立法和公共政策过程

科技社团可以以优质的专业知识发挥智库作用，倡导、发起或参与公共政策制定，提升相关决策的质量。如积极呼吁、发起并参与国家法律的出台和制定，以中立的客观角度分析和研究政策，提供决策咨询信息，为国家立法和改革提供建议和论证等。针对公共政策的决策咨询方式包括：专题研究、专门讨论、接受委托、推荐专家、开展对话等；同时，科技社团还应注重促进会员与政策制定部门之间的互动，发挥社团中权威专家的社会影响力和专业号召力，增强决策影响力。此外，科技社团还可以积极参与到公益慈善和公共服务活动当中，塑造科普形象，为提升全民科学素养做贡献。

1.4.4.2 以学术道德自律，树立良好社会形象

优秀的科技社团往往是特定专业领域的执牛耳者，往往通过提供学术研究制度规范、设定学术道德准则进行学术自律，并建立完善学术评价体系和导向机制，引导科技工作者坚守学术诚信，遵守学术规范，以此树立良好的社会形象，赢得良好的公众口碑。而学术道德自律也能够通过向社会公众传达科技共同体的严谨作风而为科技社团运行提供重要保障，从而优化国家学术环境、学术生态和推动学术道德建设，也可推动政府构建符合学术发展规律的科研管理体系。

1.4.5 拓展空间：深度参与国际治理

在当前的全球治理中，社会组织是重要主体，科技社团参与全球治理也因此是一大趋势。不仅如此，科学无国界，科学只有通过跨国界的交流才能更好地服务于

人类的生产生活，因此，不同国家的科技社团之间的交流本身就构成国际治理的重要内容。本书所选美英德日四个国家的优秀科技社团都有着推动国际科技交流和深度参与国际治理的经历与经验。因此，我国科技社团也需要有参与国际治理的理念和行动。

1.4.5.1 结合国家战略制订国际化发展规划

美英德日四国的优秀科技社团往往都具有一定的国际影响力，这就意味着它们具有与其国家的整体对外战略相互衔接配合的国际化战略。我国目前推出了“一带一路”倡议及中外经济、科技合作等国家行为，建立着眼于全球发展的工作规划和“走出去”路线。科技社团需要深入研究国家发展战略，跟随国家发展战略步伐，努力参与全球治理，不断累积丰富的活动经验和成果。如通过在重点国家或区域开设分支机构（代表处）来影响或助力所在区域经济社会发展，积极发展全球会员，与国际或重点国家的相关组织建立长久、密切的合作关系，以积极主动的姿态和切实的行动参与全球化。

1.4.5.2 发起或策划规模化、常态化国际学术活动

如前所述，科技社团的影响力在于品牌项目，而品牌项目往往体现在各种国际学术活动上。我国科技社团应立足科技共同体基调，策划、举办有影响力的全球或地区大型会议或论坛，就不同议题与国外同行、专家或学者开展交流；发起国际性倡导或号召；打造世界一流学术期刊；设计、发起和组织实施国际重大科研项目；推荐会员参与国际奖项评比，鼓励会员或学会参与国际学术团体活动等，逐步走向世界科技舞台的中央。

1.4.5.3 开展学术资源的国际供给

中国在全球的地位和影响决定了学术性社会组织在未来发展中要更多地肩负起科技和文化国际传播的责任，科技社团可以密切跟踪国际和国别学科发展动态，加强学科调研，及时发布多语种的学科发展报告、全球统计分析、国别区域领域研究、未来趋势发展预测等有价值的报告成果，不断拓展知识及智力资源的国际供给渠道及方式，不断提升智力资源国际供给的权威性，保证智力资源国际供给的持续性等。

1.4.6 优化监管：形成良好的科技社团支持体系

1.4.6.1 逐步完善科技社团监管制度

我国长期对社会组织实行“双重管理体制”，对于规范社会组织的管理、维护社会稳定起到了重要作用，但是，一些业务主管单位与科技社团之间形成了庇护与依赖的关系，社团以会员为本的机制未完全建立，社会功能的发挥受到影响。因

此，需要在全面深化改革过程中逐步完善社团监管体制，进一步厘清政社权责边界，有意识地使科技社团从行政系统中慢慢剥离出去，增强社团联系会员、依靠会员和服务会员意识，提升科技社团的自主意识和自我管理能力，提高社团功能的实现度。

1.4.6.2 以税收杠杆引导科技社团发展

通过税收优惠来调节社会组织发展，是美英德日四国的共同做法，也是相对成熟有效的引导科技社团发展的举措。从我国情况看，一方面，有关部门可以面向非营利组织的税收政策还需要统一执行规范，如对享受税前扣除优惠政策的社会组织，变目前的“审批制”为“审核制”，建立方便、快捷、易于操作的免税程序。另一方面，结合我国国情和国家发展战略，可以考虑设立对科技社团的专向税收优惠举措。在目前以所得税优惠为主的基础上，在财产税、商品税、房产税、车船使用税、城镇土地使用税等方面也给予科技社团相应的税收优惠，使科技社团能够获得更多的资源支持。

1.4.6.3 鼓励科技社团形成联合组织

美英德日四国的科技社团往往形成一些联合组织来发挥综合优势，如美国科学促进会、日本学术会议等。中国科协作为我国科技社团管理最重要的组织系统，目前正在发挥着越来越重要的作用，在协调各种学术组织、推动国家科技创新方面担当重要职责，积累了很多成功的经验。近年来，中国科协还在鼓励科技社团形成不同领域的科技社团联合体，这一探索无疑有助于增强科技社团、科技工作者之间的领域内和跨学科交流，但还需要从制度层面对科技社团形成联合组织予以鼓励。例如，鼓励特定领域的不同科技社团形成该领域的科技社团联合组织，并在政策和资金等方面予以支持，由此形成科技社团、科技社团联合组织，作为科技工作者和科技社团联合体的科协系统结成的科技社团网络，助力科技创新。

CHAPTER 2

第2章 美国科技社团发展概况及管理体制

美国虽然只有两百多年的建国历史，但其科技发展水平却处于世界领先地位。在促进科技发展的过程中，政府、企业和非营利组织都发挥了重要的作用。美国社会一贯有“小政府、大社会”的特点。美国非营利组织数量繁多、服务范围广泛，在社会治理过程中发挥重要的支持和补充作用，相较世界上其他国家发展得更为充分、更为活跃。美国非营利组织的持续发展有赖于诸多因素，最为关键者有三：其一是美国社会深厚的公民自治传统；其二是非营利组织发展的外部环境，这主要指受宪法保护的言论与结社自由、比较宽容的社会环境，以及建立在法治基础上的以联邦免税组织制度为代表的政府监管体制；其三是非营利组织不断完善的内部治理，包括自律措施、内部约束机制、成套的行为或道德标准、制度建设要求等[①]。科技社团是非营利组织的一类，科技的进步离不开科技工作者，开展科学活动的研究者结成科技社团，以期通过学术交流、科学传播、科技评价、科学教育等活动，维护同行业从业者的共同利益，发出统一而有力的声音。美国科技社团多为“百年老店”，有些甚至有近两百年的历史。悠久的历史在客观上为科技社团的发展壮大积淀了丰富的运营和管理经验，各类科技社团在美国社会拥有广泛的社会影响。

---

① 徐彤武，等. 美国公民社会的治理——美国非营利组织研究［M］. 北京：中国社会科学出版社，2016：153.

2.1 起源与发展历程

2.1.1 第一阶段（萌芽期）：殖民地时期至 19 世纪中期

美国科学的传统来源于英国。美国殖民地时期，于 1683 年在英克里斯·马塞的倡导下，在波士顿建立了波士顿哲学学会，宗旨是讨论如何促进哲学研究和扩大自然历史知识。这是美国历史上的第一个学会。后因波士顿陷入一场政治上和神学上的争论，马塞忙于参加辩论，无暇顾及学会活动，这一新生的学会不久就消失了。

进入 18 世纪，美国的学术研究氛围更加浓厚。在本杰明·富兰克林的倡导下，于 1727 年成立了一个秘密的人文科学和自然科学学会。后来，在此基础上，富兰克林又建议成立一个规模更大、影响更广泛的团体，这就是建于 1743 年的美国哲学学会。最早建立的专门化科技社团是 1742 年成立的波士顿海洋学会，其宗旨除通过互助使大家免于贫困或其他不测事故，还有其他慈善目的，如援助海员遗孀、遗孤。学会也进行科学资料的收集工作。由于医学是一种非常实用的技术，在美国联邦政府成立以前，已经有 12 个医学方面的团体成立，如费城市的美国医学会、波士顿医学会、马萨诸塞医学会等①。

建国初期，美国政府财力有限，除部分基本公共事务，在其他方面都没有能力进行大规模的投入，在科技方面的支持和投入也十分有限。这一阶段，在全美范围之内都有科技社团的出现，但其规模和影响力都没有成型，分布相对零散，总体发展缓慢。这一阶段出现的主要是以行业从业者自发组织并成为主体的科技社团，组织数量虽然不多，但是却奠定了美国现代科技社团的发展基础。如成立于 1847 年的美国医学会和成立于 1848 年的美国科学促进会至今在相关领域都有着巨大的影响力。

根据 1961 年美国国家科学院和国家研究委员会共同出版的《美国和加拿大科技社团（第 7 版）》②，在其收录的 1 594 个科技社团当中，有 55 家成立于 1850 年之前，目前还存在的有 39 家，其中有 30 家为地方科技社团，9 家为国家级科技社团，26 家科技社团属于医疗和保健相关领域。现存的 39 个科技社团分布于 18 个州（特区），如图 2-1 所示，白色表示没有科技社团登记的记录，红色表示 1 家科技社团，绿色表示科技社团的数量较多。其中，位于宾夕法尼亚州的科技社团数量最

① 湖北省科技社团研究会，中外科技团体，1986。

② John H. Gribbin. *Scientific and Technical Societies of the United States and Canada*[M]. 7th ed. Washington, D. C.: National Academy of Sciences—National Research Council, 1961.

多，有 7 家；纽约州有 6 家。从图 2-1 中可以明显看出，这一阶段成立的科技社团大多数分布在东部和北部，中西部的科技社团数量相对较少，与当时的经济发展水平相关。

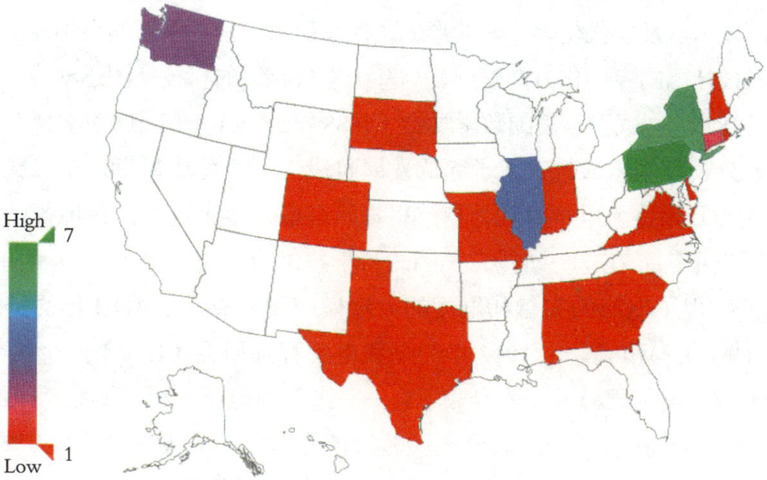

图 2-1　1850 年美国科技社团分布情况

在这一时期，美国科技社团的职能主要是联合相关行业的从业者。在当时，无论是在联邦层面还是州层面，政府承担公共事务的范围都比较有限。而非营利组织发挥了重要的作用，弥补了政府职能的不足，甚至在某些领域承担了政府的职能。例如，这一时期出现在不同地区的医生执业联盟，就是形成美国医学会的基础。当时，美国没有卫生部这样的政府机构对医生的职业资格进行认定，也没有药监局这样的机构对药品进行管理和控制，导致医疗水平参差不齐，假药横生。因此，各地方成立的医学会通过会员资格的认定，初步发挥了医师执业资格认证的作用。

2.1.2　第二阶段（成长期）：19 世纪中期至 20 世纪中期

这一时期，农业是美国经济的主宰，美国政府通过了几项重大法案，以“赠地”的方式支持大学进行农业研究。《1862 年莫里尔法案》（*The Morrill Act of 1862*）为“促进农业和机械的发展”，将联邦土地用于创建州立学院和大学。许多根据这一法案建立的州立大学被称为“赠地学院”或农机（A&M）学院，如德克萨斯农机学院，其中不乏康奈尔这样的名校。1879 年颁布的《哈奇法案》规定在全国各州建立由赠地学院管理的农业实验基地，进一步促进了农业研究的发展。1890 年通过的第二部《莫里尔法案》将覆盖领域拓展到了南方各州的黑人学校。到 1910 年，农产品出口占美国国家出口总额的一半，1/3 的国家劳动力从事农业活动。1920 年，美国农学会成立，该学会对美国农业部的政策提出建议。在这一阶段，一些与园艺、种植、养殖、农业机械等技术领域相关的组织不断涌现，但其中只有小部分成为现代科技社团，其他都以行业协会和商会的形式存在。

这一阶段，美国科技社团的主要发展趋势是进一步专门化。其原因主要是科学和工业的不断发展以及现代化大工业的形成，伴随而来的是一些新的科学前沿和分支不断出现，科技社团向专门化方向发展，与基础学科相关的科技社团逐渐成立。如美国化学学会（1876 年成立）、美国数学学会（1888 年成立）、美国物理学会（1899 年成立）等。此外，技术领域也进入了新的发展阶段。19 世纪中后期，第二次工业革命的兴起使人类开始进入电气时代，自然科学研究取得重大进展，各种各样的新技术和新发明层出不穷。在这一阶段，美国的科学技术也取得了重大的进展和突破，美国的发明家实现了电机的完善和电力的大规模应用。成立于 1884 年的美国电气工程师协会（AIEE）和成立于 1912 年的无线电工程师协会（IRE）两个机构在 1963 年合并，形成了美国规模最大的专业学会——电气与电子工程师协会（IEEE）。

这一阶段的科技社团，除联合相关领域的专家学者，发挥资质认定的作用外，还承担了同行评议、标准制定的职责。科技社团集合了同行业的专家，学科成果的贡献和有效性需要得到行业内专家的认可，因此科技社团的地位日益重要。例如，在电力大规模投入使用之前，对于使用交流电还是直流电一直存在着争议，在这个过程中，电气与电子工程师协会发挥了标准制定的作用，最终决定将交流电大规模投入使用。

第二次世界大战为美国科技突飞猛进发展并成为世界第一科技强国提供了另一个契机。其间，美国政府动员了全国的民间力量参与科技发展，以赢得战争的胜利。原子弹、雷达、青霉素等重大发明展示了科技的巨大威力，也使得美国政府开始重视从联邦层面对科技发展进行引导和投入，对科技支持的资金自此纳入了联邦政府的财政预算。而在此之前，联邦政府是不承担支持科学发展职责的①。为了支持本学科的发展，科技社团开始建立与国会议员之间的联系，通过游说国会议员的方式影响预算的分配和科技政策的制定，科技社团当中也逐渐建立了与公共政策和公共关系相关的委员会，实行对政策的影响和倡导。第二次世界大战后，美国出现了更多新的科技社团，在专门化发展基础上又出现了交叉边缘学会。随着不同学科的结合和渗透，新出现的学会大大打破了传统学科分类的框框。如数学方面成立了计

① [美] 荷马・A. 尼尔，托宾・L. 史密斯，珍妮弗・B. 麦考密克. 超越思普尼克——21 世纪美国的科学政策 [M]. 樊春良，李思敏，译. 北京：北京大学出版社，2017.

算机学会，工程方面成立了材料处理学会等。这类交叉、边缘学科社团不仅顺应了科学发展的特点，而且应用目标也非常明确，所起的作用也愈来愈大[①]。

通过对《美国和加拿大科技社团（第 7 版）》中美国科技社团名录进行梳理，我们共获得了 1 596 家科技社团的名称。图 2–2 显示了该名录中科技社团成立的年份分布，少量的科技社团成立于 1800 年之前，20 世纪之前成立的科技社团的总量占所有科技社团的 15%，名录中 1 354 家科技社团成立于 1900—1961 年，占科技社团总量的 85%。

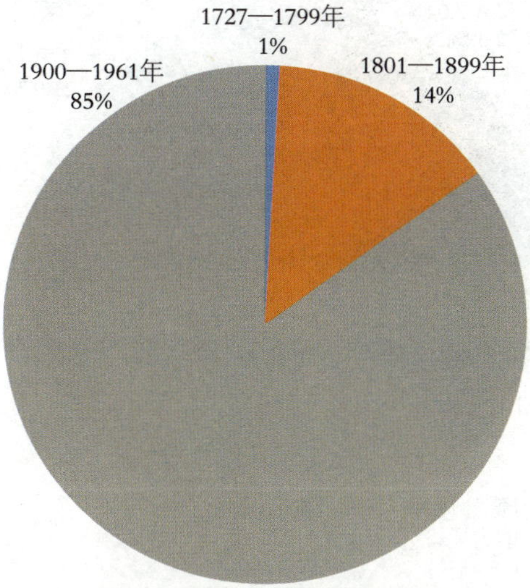

图 2–2　科技社团成立年份分布

为了明确这些科技社团的发展现状，我们通过检索美国国家慈善统计中心（NCCS）[②] 和慈善导航（Charity Navigator）[③] 的数据库发现，在前述 1 596 家科技社团中，目前存在的有 858 家。这些科技社团在税收方面主要是符合 501（C）（3）条款和 501（C）6 条款的相关规定。其活动范围分布广泛，根据 NTEE 核心代码，这些科技社团的活动范围涉及：（A）艺术、文化和人文，（B）教育，（C）环境，（D）动物相关活动，（E）保健，（F）心理健康和危机干预，（G）志愿健康协会和医学学科，（H）医学研究，（J）就业，（K）食品、农业与营养，（M）公共安全、防灾救灾，（N）娱乐和体育，（S）社区建设和能力建设，（U）科学和技术，（V）社会科学，

① 湖北省科技社团研究会，中外科技团体，1986。

② https://nccs.urban.org/.

③ https://www.charitynavigator.org/.

（W）公共和社会福利，[①]分布如图 2–3 所示。可以看出，（U）科学和技术、（G）志愿健康协会和医学学科、（E）保健三个领域所成立的科技社团所占的比重最大，超过了整体的 50%。其中，U 主要包括与科学和技术相关的非营利组织，如美国化学学会、美国数学学会等；G 和 E 主要包括与医学相关的组织，如各州的医学会、护理学会、公共卫生学会等。

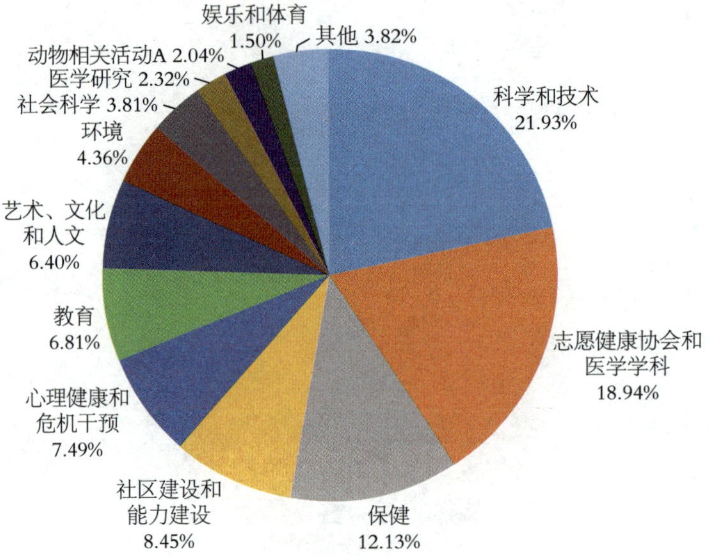

图 2–3　1961 年统计科技社团业务范围分布

2.1.3　第三阶段（成熟期）：20 世纪中后期至今

第二次世界大战后，资本主义国家进入经济发展黄金时期，美国也不例外。美国政府对科技的重视和投入进一步加强，对科技社团的作用也更加重视。这一阶段，科技社团的发展趋于稳定，其使命和作用也逐渐发生变化。如美国医学会最初的职责包括医师资格的认定和药品质量控制，现阶段的职责更多地转向对医疗伦理道德的监督。

无论是基础研究还是应用研究都离不开科技人员的参与，而现代科技社团是科技工作者的联盟，其作用包括：促进行业发展，为业内人士的进步提供帮助；维护行业科技人员的利益；在科技政策的制定中发挥倡导和建议的功能；与社会公众建立广泛的联系，提高整个社会的科学素养。科技社团的发展与科学技术的进步密不

① https://learn.guidestar.org/help/ntee-codes，不包括社团数量小于 5 的行业分类。

可分，随着各个学科的发展逐渐完善，与各学科相关的主要科技社团的地位也逐渐确立。各种各样的小型科技社团层出不穷，但对业界有影响力且能发挥倡导作用的基本上都是大型的科技社团，因此，具有相同利益的机构形成的联盟的影响力也在持续提升。现阶段，第四次科技浪潮汹涌而至，人工智能等技术的发展可能会促进新的科技社团形成与发展。

2004 年出版的《科技社团与学术社团世界指南（第 9 版）》① 包含了 171 个国家和地区的科技社团和学术社团。美国的科技社团和学术社团共有 4 316 家，其中，除了科技社团还包含了一些与科学技术研究相关的学术机构和基金会，超出了对科技社团的定义。在排除了宗教、管理、经济、政治等部分社会科学类的学术团体的基础上，以 1961 年出版的《美国和加拿大科技社团（第 7 版）》中确定的科技社团标准，结合中国科协所属学会的分类方法，按照理科、工科、农业、医学、交叉五个领域，分学科对科技社团的数量进行了统计，分类结果如表 2-1 所示。统计后，获得学科 137 个，科技社团 2 554 个。

表 2-1　科技社团学科分类表

学科	具体科目
理科	声学、天文学、生物学、生物物理学、生物技术、制图学、化学工程、腐蚀学、结晶学、生态学、昆虫学、液体力学、地球化学、地理学、地质学、地球物理学、爬虫学、水文学、湖泊学、海洋科学、海军工程、数学、气象学、微生物学、矿物学、分子生物学、真菌学、自然资源、自然科学、核研究、海洋科学、光学、鸟类学、古生物学、石油化学、石油地质学、物理学、辐射化学、科学（science general）、地震学、光谱学、火山学
工科	航空航天科技、气溶胶、建筑学、自动化、汽车工程、航空航天医疗、建筑材料、土木工程、计算机和信息科学，数据处理、控制论（神经机械学）、电机工程、电化学、电子工程、能源、工程学、环境工程、测量学、空调（制热制冷）、镭射科技、材料科学、机械工程、冶金、导航、精密工程、放射学、机器人技术、交通运输、真空技术、垃圾处理
农业	农业工程、植物学、林业、植物生理、植物保护、土壤学、太阳能
医学	艾滋病、免疫学、麻醉学、血管学、哮喘、动脉粥样硬化、听力治疗、孤独症、行为科学、生物医学工程、心脏病学、心血管疾病与手术、细胞生物学、癌症研究、化疗、临床化学、牙医学、皮肤病学、糖尿病、进食障碍、急救、内分泌学、流行病学、法医学、胃肠病学、遗传学、老年病学、妇科医学、肝脏学、卫生保健、免疫学、传染病、内科、医学药理学、医学、肾脏学、神经病学、神经生理学、神经外科、放射医学、眼科学、整形外科、骨科、耳鼻喉科、病理学、药理学、静脉学、精神病学、心理学、呼吸疾病、风湿病、医学外科、毒理学、泌尿科学、兽医、病毒学
交叉	人文科学、生物化学、生物气候学、生物统计学、图书馆学、营养学

① K. G. Saur. World Guide to Scientific Associations and Learned Societies [M]. 9th ed. Die Deutsche Bibliothek，2004.

对分类表和科技社团数量进行统计，2004 年美国科技社团按学科分布数量如图 2–4 所示，其中，医科类的科技社团数量最多。美国的医学类科技社团科目分类更细，除基本的分科之外，还按照病种、治疗方法等进行分类，每一类都包含一定数目的科技社团，因此医学类科技社团数量最多。数量最少的是农业类科技社团。事实上美国政府非常重视农业，农业部是政府机构当中最早成立的部门，农业类科技社团是美国最早开始发展的一类科技社团。但由于农业在美国经济中的比重较小，农业领域的就业人员也相对较少，而跟农业相关的种子、机械等又往往可以归入生物和其他制造业的社会团体中去，所以，农业类科技社团数量相对较少，并不意味着农业类科技社团的影响力小。

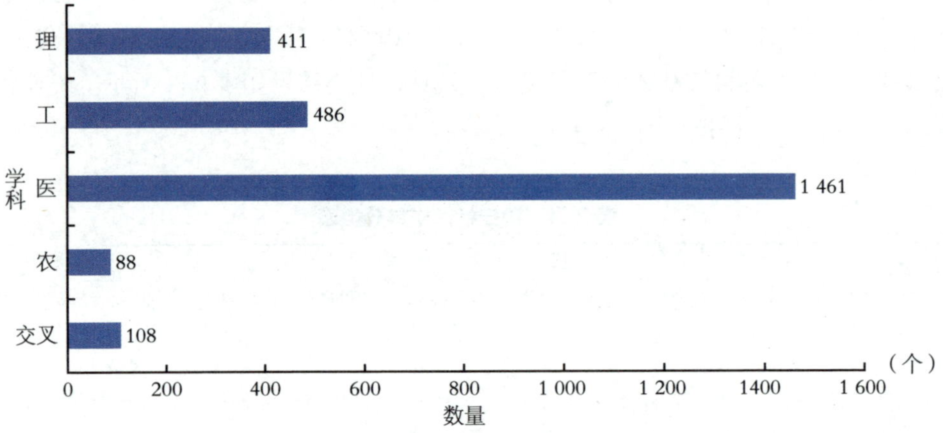

图 2–4　2004 年美国科技社团按学科分布数量表

综上所述，美国科技社团的发展脉络逐渐清晰。19 世纪末期，科技的进步带来了科技社团的蓬勃发展，美国科学促进会、美国化学学会、美国医学会、美国物理学会等具有影响力的科技社团在这一时期出现。20 世纪中叶，美国科技社团的数量出现了大幅攀升。在进入 21 世纪之后，科技社团的数量没有发生明显的变化，但随着第四次科技浪潮的到来，科学技术的进步很可能进一步促进科技社团规模的扩展。在现有的科技社团当中，数量最多的就是医学类的社团。在美国的各州都有医学会、护士学会和公共健康学会等。美国医学会本身就是各地医学会的联合会。

2.2　发展现状

美国没有中国科协这样的组织对科技社团进行专业、统一的指导，因此无法直接获得美国科技社团的名录与行业构成。为了明晰美国科技社团的发展现状，本文首先确认美国对科技社团所设定的标准。

2.2.1 美国科技社团相关概念界定

科技社团属于非营利组织，这一点在中美两国之间并无差异。在美国，科学（science）和技术（technology）是两个不同的概念，与科学相关的组织包括科学社团（scientific society）和科学组织（scientific organization）。

2.2.1.1 科学社团

科学社团的标准可以参照美国科学促进会（AAAS）对其所属成员的要求。AAAS 是世界上最大的一般科学社团，其目标为“促进科学家的工作；促进科学家之间的合作；促进科学自由和责任；提高科学在促进人类福利方面的有效性；提高公众对科学方法在人类进步方面重要性和前景的认知与认识”①。作为其成员，需要与 AAAS 的目标一致；成员的活动计划和记录显示了社团对科学研究、出版物或科学教学、科学进步的兴趣或实质性支持；社团致力于实现 AAAS 关于工作场所歧视的声明中所述的机会平等原则；社团有足够多的会员（通常至少 200 个），并且已经存在了足够长的时间（通常至少五年），以保证继续得到支持和开展有价值的活动。AAAS 对其成员的规模和运营能力的标准较高，不适用于一些小规模的科学社团，但其中关于科学社团的目标具有较高的参考价值，一般的科学社团都拥有并致力于实现这些目标。

2.2.1.2 科学组织

科学组织的标准来源于美国免税组织 501（C）（3）标准的相关规定。科学组织的研究是为了公众利益，研究结果（包括任何专利、版权、程序或公式）需要在非歧视的基础上提供给公众；研究是为美国或某个州、县或市政府而开展的。如果研究是出于所述目的之一，那么这项科研就被认定为是符合公众利益的：帮助大学生进行科学教育；获取在论文、期刊或任何其他公众感兴趣的形式中发表的科学信息；发现一种治疗疾病的方法；通过吸引新产业进入社区或地区、鼓励在社区或地区发展或保留某一产业来帮助社区或地区。

科学研究不包括通常与商业或工业经营有关的活动，例如，对材料或产品的普通检验或测试，设备、建筑物等的设计或建造。科学组织进行的是符合公众利益、与商业或工业经营无关的活动，因此可以获得较大的税收优惠。

① https://wenku.baidu.com/view/7c0b96e9b8f67c1cfad6b8e7.html.

2.2.1.3　科学与技术社团

科学与技术社团的标准来自 1961 年美国国家科学院编撰的《美国和加拿大的科学与技术社团（第 7 版）》（简称 1961 年名录）。该名录统计了当时美国和加拿大所有科技社团的名称，并规定“准入资格仅限于科学技术领域中的专业团体和选定的某些业余团体”。其中，全国性和地方性会员制社团均有准入资格，但不包括几类团体：“贸易协会；主要由受薪人员组成的机构；大部分县级以及小城市的医疗和工程团体；大部分全国性组织的地方分支；仅由本科生构成的社团；以为研究和治疗筹集资金为单一成员活动的志愿性健康机构；以及在本议题中不以科学或技术为主要利益的社团”。最后一类团体之所以被排除在外，是因为有一些种植花卉的社团与园艺学这一学科并无真正联系，同时，还有一些名为“自然研究”的团体，实际只关注园艺的娱乐和消遣价值。总之，其目的就是将那些成员没有亲自参与某一科学技术领域的社团排除在外。这一标准具有较高的参考价值，该名录的统计对象就是美国当时的科学与技术社团，符合本书的要求。

综上所述，在美国，科技社团是科技工作者的集合，其成员需要从事相关的工作。科技社团需要拥有与科学相关的明确目标，如促进学科的发展、提升公众对科学的认识、促进科技工作者的团结和发展等；科技社团的活动具有公益性，其研究成果需要无差别地提供给公众，日常运行与商业或工业经营活动无关。因此，美国的科技社团是非营利组织，可以享受税收优惠待遇，部分满足 501（C）（3）条款的科技社团还能享受免税组织的更多税收优惠。

2.2.2　界定现有美国科技社团范围的标准

美国对非营利组织的分类主要从两个方面进行：税收和组织业务范围。一个非营利组织可以获得三个代码以描述其不同的特点：一是根据美国国税局（IRS）对组织性质的分类，确定组织符合的免税条例，简称为 IRS 分类代码；二是根据组织活动的领域，使组织获得符合 NTEE 核心编码表的 NTEE 编码；三是根据组织所处的行业获得的 NAICS（北美产业分类体系）代码。

2.2.2.1　税收标准分类

根据美国国税局的相关规定，有 35 类组织可以获得所得税减免，表 2-2 显示了这些免税组织的代码、性质描述和一般性的活动内容。

表 2-2　非营利组织分类表

代　　码	性　质　描　述	一般性的活动内容
501（C）(1)	国会授权成立的组织	美国的国家机构所开展的工作
501（C）(2)	获得免税资格的控股公司	拥有被豁免组织的财产所有权并向其分配净收入
501（C）(3)	宗教、教育、慈善、科学、文化、公共安全测试、促进国家或国际业余体育比赛，或防止虐待儿童或动物的组织	由组织类别描述所表现性质的活动
501（C）(4)	公民联盟、社会福利组织、地方雇员协会	推进社区的福利、慈善、教育和娱乐
501（C）(5)	劳工、农业和园艺组织	教育和指导，目的是提升工作条件、改善产品、提高效率
501（C）(6)	商业联盟、商会、房地产同业会等	改善一个或多个商业部门的经营状况
501（C）(7)	社会和休闲俱乐部	社交娱乐活动
501（C）(8)	信托互助受益协会	在组织内的成员去世、生病或遇到意外时提供援助，形成成员之间的互助关系
501（C）(9)	志愿员工福利协会	在成员去世、生病、遇到意外等时提供援助
501（C）(10)	国内联谊会	收入用于慈善、联谊及其他指定用途，不为其成员提供福利
501（C）(11)	退休教师基金协会	为退休教师提供福利
501（C）(12)	地方人寿保险协会、灌溉公司、电话公司等类似组织	互助或合作活动
501（C）(13)	墓地公司	殡葬业务
501（C）(14)	国家特许的信用合作社和共同储备金	向成员提供贷款
501（C）(15)	共同保险公司或协会	按成本向会员提供保险
501（C）(16)	资助农业的合作组织	与营销或采购协会共同为农业生产提供资助
501（C）(17)	补充事业救济金信托	提供补充事业补偿福利
501（C）(18)	员工资助养老金信托（在 1959 年 6 月 25 日之前成立）	员工资助的退休金计划下产生的福利支付
501（C）(19)	现役军人和退伍军人组织	根据组织性质提供服务
501（C）(21)	硅肺病福利信托	由煤矿经营者资助，以承担因硅肺病致残或致死的责任
501（C）(22)	提取责任支付基金	提供资金以应对雇主从多雇主退休基金中撤回的责任
501（C）(23)	退伍军人组织（成立于 1880 年之前）	为退伍军人提供保险和其他福利

续表

代　　码	性　质　描　述	一般性的活动内容
501（C）(25)	拥有多个母公司的公司或信托	持有所有权并向 35 名或更少的母公司或受益人提供不动产收益
501（C）(26)	国家支持的为高危人权提供健康保险的组织	为高危人群提供健康保险
501（C）(27)	国家支持的工伤补偿再保险组织	根据《工伤补偿法案》向会员赔偿损失
501（C）(28)	国家铁路退休投资信托	管理和投资铁路退休账户的资产
501（C）(29)	合作医疗保险发行者	根据合作社计划获得贷款或补助金的合格健康保险发行人
501（d）	宗教和信徒协会	常规业务活动
501（e）	合作医院服务组织	为医院提供合作服务
501（f）	经营教育机构的合作服务组织	为教育机构提供集体投资服务
501（k）	儿童照护组织	提供儿童照护服务
501（n）	慈善风险池	集中 501（C）(3) 组织特定的保险风险
501（q）	信贷咨询机构	信贷咨询服务
521（a）	农民合作组织	农业程序中的合作销售和采购
527	政治组织	直接或间接接受捐款或为政治活动支出

资料来源：Tax-Exempt Status for Your Organization. IRS Publication 557.

表 2-2 当中包含了所有能够获得免税待遇的组织类型，但其中有一类组织可以获得双向税收优惠，即组织本身的所得税获得免税的同时，向这些社团捐赠的机构和个人也可以获得税收优惠。这种双向税收优惠属于对支持公益事业的回报，机构和个人的捐赠额度可以在缴纳所得税之前扣除，以促进个人和机构对这些组织的支持，能获得这类优惠的组织符合税法 501（C）(3) 条款的规定，因此这类机构也可以称为 501（C）(3) 组织。

科技社团属于免税组织，其中一部分属于满足 501（C）(3) 条款的免税组织，另外一部分符合免税的要求，但不属于满足 501（C）(3) 条款的组织，前者可以获得的税收优惠大于后者，科技社团和 501（C）(3) 组织与非营利组织的关系如图 2-5 所示。大部分的科技社团还是希望能够获得 501（C）(3) 条款的认可，但是这个条款的要求比较严格，需要组织满足的条件更多，因此，不是所有的科技社团都能获得批准。根据美国科学促进会的相关要求，要成为其组织成员的一个要求就是要证明组织本身属于 501（C）(3) 组织。根据对 1961 年美国科技社团名录的统计，从 1961 年至今仍然存在的科技社团中有 60% 左右属于 501（C）（3）组织，35% 属于 501（C）（6）组织。

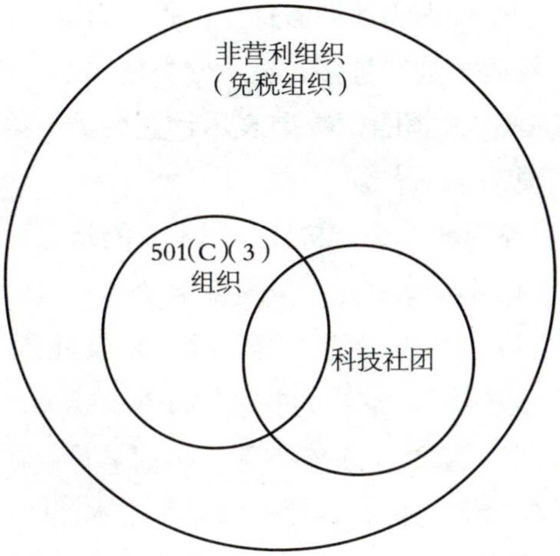

图 2–5　科技社团、501（C）（3）组织和非营利组织的关系

2.2.2.2　核心业务范围分类

还有一种方式是通过非营利组织从事活动的性质来对组织进行分类。美国国税局开发了国家免税组织分类法（NTEE）（64 页附件：NTEE 核心编码表），用不同的字母和数字代表不同的组织类型。在 NTEE 分类表中，第一层次为 A—Z 26 个字母，代表了非营利组织的主要分组，如健康、教育等；第二层次包含 140 个十进制的代码，字母后面通过两位数字进一步细分组织的活动区域；第三层次进一步细化了组织的活动性质，通过最后一位数字的变化表示不同的组织类型。

结合 1961 年出版的《美国和加拿大科技社团（第 7 版）》，对现阶段依然存在的科技社团名录进行分析，结果发现科技社团分布在：（A）艺术、文化和人文，（B）教育，（C）环境，（D）动物相关活动，（E）保健，（F）心理健康和危机干预，（G）志愿健康协会和医学学科，（H）医学研究，（K）食品、农业与营养，（S）社区建设和能力建设，（U）科学和技术，（W）公共和社会福利等领域①。其中（U）科学和技术、（E）保健、（G）志愿健康协会和医学学科三个领域的科技社团数量最多。

2.2.2.3　北美产业分类体系

北美产业分类体系（The North American Industry Classification System，NAICS）

① 需要明确的是，在其他分类当中也有少量的科技社团存在，但是不具有代表性，因此没有列出。

是美国联邦统计局为收集、分析和发布与美国商业经济相关统计数据而形成的，针对经营性机构进行分类的标准。该标准由管理和预算办公室（OMB）支持开发，于1997年取代了标准工业分类（SIC）系统投入使用。NAICS是一个2—6位的分级分类代码系统，提供了5个级别的详细信息。代码中的每一位数字都是一系列逐渐缩小的类别的一部分，代码中数字越多，表示分类越详细。前两位数字表示经济部门，第三位数字表示分部门，第四位数字表示行业大类，第五位数字表示NAICS分类，第六位数字表示国家特征①。

根据NAICS代码分类标准，结合科技社团本身的特点，通过查询20个具有代表性的科技社团（包括美国物理学会、美国化学学会、美国医学会等）的NAICS代码，结合代码本身的特点和包含的内容，确定科技社团所属的NAICS代码为“813920”，题名为“专业机构”。这类机构致力于促进其成员的专门利益和整个行业的发展，可以进行研究，统计，人才举荐，标准认证，政府官员游说，出版通讯、书籍、期刊等分发给会员。例如，律师协会、学术社团、牙医协会、同行评议委员会、工程师协会、专业标准评议委员会、卫生专业人员协会、科学家协会等。中英文对照分类如表2-3所示②。

表2-3 “813920”代码中英文对照分类表

Accountants’ associations	会计师协会
Architects’ associations	建筑师协会
Bar associations	律师协会
Consultants’ associations	咨询师协会
Dentists’ associations	牙医协会
Dietitians’ associations	营养师协会
Educators’ associations	教育工作者协会
Engineers’ associations	工程师协会
Health professionals’ associations	卫生专业人员协会

① 美国、加拿大和墨西哥对NACIS的使用达成了协议，使用统一的标准。美国、加拿大和墨西哥一致认为，5位编码将代表该系统在这三个国家中具有可比性的水平。第六位数允许每个国家都有额外的细节（例如，以5位分类）。在美国没有选择创建额外细节的情况下，美国NAICS中的5位和6位分类是相同的，美国NAICS中的6位代码以0结尾。在一些分层表示中，6位代码与5位代码相同的地方被省略。因此，6位数的美国代码可能与加拿大或墨西哥的代码不同，但在5位数水平上，它们是标准化的。

② https://www.naics.com/naics-code-description/?code=813920.

续表

Hospital administrators' associations	医院管理者协会
Learned societies	学术团体
Medical associations	医学协会
Nurses' associations	护士协会
Occupational therapists' associations	职业治疗师协会
Optometrists' associations	验光师协会
Peer review boards	同行评审委员会
Personnel management associations	人事管理协会
Pharmacists' associations	药剂师协会
Professional associations	专业协会
Professional membership associations	专业会员协会
Professional standards review boards	专业标准评审委员会
Psychologists' associations	心理学家协会
Scientific associations	科学学会
Social workers' associations	社会工作者协会
Standards review committees professional	标准评审委员会专业人士

资料来源：https://www.naics.com/naics-code-description/?code=813920.

2.2.3　美国科技社团的规模估测

由于美国的科技社团分布在庞大的非营利组织队伍当中，也没有特定的机构对科技社团进行类别管理，所以，无法获得官方的统计数据。本章选择了（美国）国家慈善数据中心（NCCS）关于美国非营利组织相关信息的数据库。这些数据来源于美国国税局和非营利组织公布的相关数据，截至 2016 年 8 月，共收录了一百多万个非营利组织的信息，包括组织的雇主身份识别码（EIN）、NTEE 核心编码、名称、注册地点、税收标准、NAICS 代码、主要财务指标等信息。

通过对 1961 年名录（全部）和美国科学促进会成员名录的词频分析，获得了其中的高频词，在剔除"of""for"等介词的基础上，统计了科技社团名称高频词，如表 2–4 所示，这些名词体现了科技社团的性质，且相互之间不会在同一名称中交叉出现。其中，1961 年名录中有 1594 个科技社团名称，美国科学促进会有 258 个成员名称，而包含这些词语的科技社团数量可以达到总体的 90%，是科技社团名称当中出现的高频词。

表 2-4　1961 年美国科技社团名录和 AAAS 附属机构名称高频词表

词　语	1961 年词频	AAAS 名单词频
society	709	96
association	534	73
academy	98	51
institute	60	15
council	41	5
合计	1 442	240
总机构数	1 594	258

以这些高频词作为关键词在非营利组织数据库中进行筛选，发现名称中包含 society 的非营利组织有 19 283 个，包含 association 的有 48 649 家，包含 academy 的有 7 422 家，包含 institute 的有 8 493 家，包含 council 的有 8 241 家，共计 92 101 个非营利组织。以此为基础，结合税收标准、业务范围和行业分类，对数据库的数据进一步筛选后，获得了 3 072 个组织的名录。根据之前的分析，这些组织均属于非营利组织，其北美产业分类体系代码（NAICS）为“813920”，属于“专业机构”，其税收标准符合 501（C）(3）关于慈善组织的要求或者符合 501（C）(6）关于商业联盟的要求，NTEE 核心编码的行业分布主要在:（A）艺术、文化和人文,（C）环境,（D）动物相关活动,（E）保健,（F）心理健康和危机干预,（G）志愿健康协会和医学学科,（H）医学研究,（K）食品、农业与营养,（U）科学和技术,（W）公共和社会福利等领域①，组织的主要类型为“03：专业社团和协会（professional society & association）”。根据这些组织特点可以确定，该名录能够体现美国科技社团的基本数量规模和分布特点。需要明确的是，由于数据获得渠道的限制，可能存在统计误差，加之分类标准的不同，出现遗漏和将超出本研究界定的科技社团范围的其他社团组织纳入名录的可能性是存在的，但这种组织存在的比例相对较小，对于描述整体趋势特点的影响有限。

2.2.4　美国科技社团的分布特点

对 3 072 个组织的名录进行分析，可以发现美国科技社团的基本特点。图 2-6

① 1961 年美国科技社团名录中现存的科技社团包含部分属于（B）教育和（S）社区建设和能力建设的组织。经过数据的筛选之后发现，前者大部分符合本研究提出标准的组织属于大学联合会、教职人员联合会等，后者主要是一些行业协会，均不属于科技社团的范畴，因此将这两类组织剔除。

显示了在这些组织中，501（C）(3）组织和 501（C）(6）组织分别所占的百分比，前者占总体数量的 66%，多于后者。

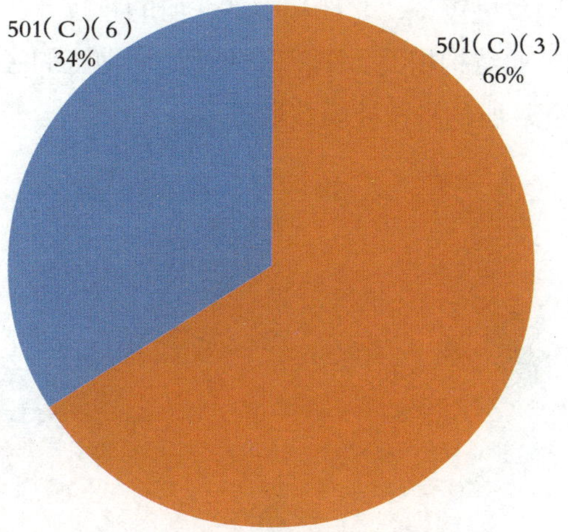

图 2-6　美国科技社团税收标准分布

图 2-7 体现了不同行业科技社团的分布，其中（F）心理健康和危机干预领域的组织数量最多，该领域包含的主要是心理学会、精神健康学会、对特定人群心理问题进行干预的机构、由从业人员组成的联合机构等。(U）科学和技术包含了最“纯粹”的科技社团，包括基础学科学会，如美国数学学会、美国物理学会等，也包括电气与电子工程师协会这样的专业技术学会。

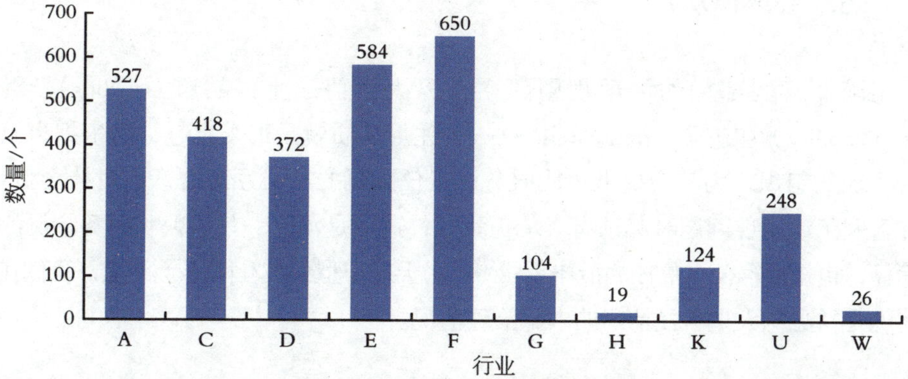

图 2-7　美国科技社团行业分布

注：字母所代表的行业见上文所述。

图 2-8 反映了目前科技社团在美国本土的分布情况，不同的颜色代表该州注册的科技社团数量的差异。其中红色表示注册的科技社团数量较少，绿色表示科技社团数量较多。其中，纽约州注册的科技社团数量最多。由图 2-8 可见，东部地区和西部沿海地区科技社团数量较多，北部和中部注册的科技社团数量较少，这与不同地区经济发展水平和产业结构相关。东部和西部沿海地区的经济更为发达，集中了更多高科技产业，因此注册的科技社团数量更多。

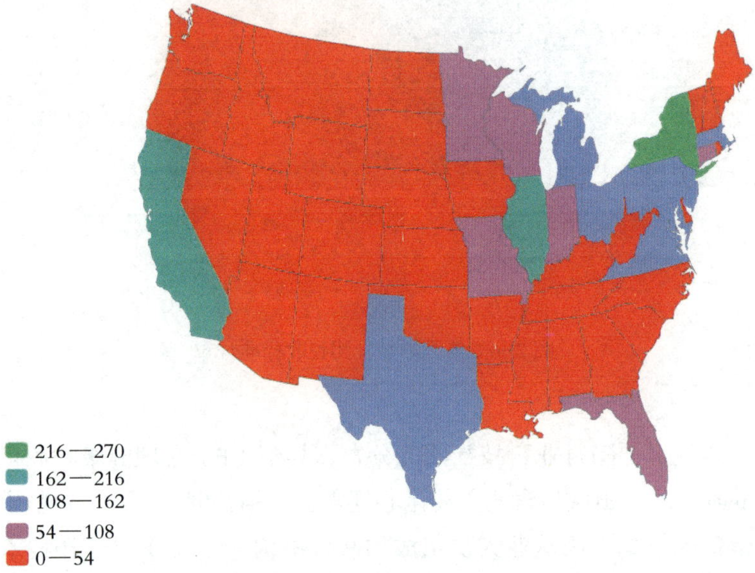

图 2-8　美国科技社团注册地分布（单位：个）

2.3　内部治理概况

美国非营利部门的治理规则建立在三大价值之上：品质（quality）、责任（accountability）和透明（transparency）——注重品质就是追求卓越，力争把自己打造为一流的组织，为社会提供优质服务；责任强调的是必须对公众、对社会负责，当非营利组织出现问题时必须有人承担责任；透明是消除一切腐败和财务漏洞的有效途径，也是赢得公众信任的最佳手段①。由于对小型科技社团不予关注，我们在此描述的是常见的大型科技社团的内部治理情况。

① 徐彤武，等. 美国公民社会的治理——美国非营利组织研究［M］. 北京：中国社会科学出版社，2016：186.

2.3.1　内部治理结构

2.3.1.1　“委托 – 代理”式治理结构

美国科技社团的治理结构属于“委托 – 代理”形式，即决策机构和运行机构之间是分离的。对于科技社团而言，章程和细则是组织运行的基础，美国科技社团普遍建立起了较为完善的规章制度，无论是社团中的组织还是个人都需要遵守章程的相关规定。一般而言，美国科技社团的决策机构是董事会，也是最高权力机构，负责制定科技社团的发展战略、监督基本运行状况等，类似于中国科技社团中的理事会，具有决策权；美国科技社团中的理事会受董事会的领导，负责科技社团的日常运作，类似中国科技社团的秘书处，但其职责范围更为广泛。根据业务需求，美国科技社团会设置不同的委员会，如教育委员会、伦理委员会、章程委员会、政府事务委员会、财务委员会等。委员会负责某项具体的业务，有的向董事会进行汇报，有的向理事会进行汇报，有的接受董事会和理事会的双重领导和管理，主要是根据委员会的具体职责而定。有的机构是在理事会中下设执行委员会，有的机构是直接设置执行委员会，不设置理事会（如美国牙科研究协会），但委员会负责具体职责运作的性质没有变化。吸收个人会员的科技社团一般还会成立分支机构，包括：根据会员的兴趣设立学部或者兴趣小组，重点关注学科的某一领域；根据会员的地域差异建立地方分部，便于会员进行活动和管理。不吸收个人会员的科技社团一般不成立分支机构，各成员机构各自运行。

2.3.1.2　开放的民主选举

美国科技社团的董事会、理事会等领导机构的成员均由会员民主选举产生，例如，美国硅谷科技社团的会员代表大会、理事会、监事会等社团领导机构的成员均由会员民主选举产生，通常是由学术上有权威、管理上有经验的专家担任，他们具有丰富的专业知识和管理经验，能真正站在会员的角度考虑问题，重大决策需要 2/3 以上的会员代表表决通过方可生效，能够真正代表会员利益。

与上述治理结构相对应的组织架构，在美国科技社团中，最为典型的是庞大且复杂的电气与电子工程师协会（IEEE）。IEEE 有一个地理区域和技术领域互为补充的组织结构，以地理位置或技术中心为组织单位（例如，IEEE 费城分会和 IEEE 计算机专业协会）。IEEE 设有代表大会、理事会和执行委员会。重大事项由理事会和代表大会进行决策，日常事务由执行委员会负责完成，见图 2–9[①]。

---

① 崔宇红．世界知名科技社团治理方式与管理模式研究［R］．中国科协调研宣传部内部课题报告．北京：中国科协调研宣传部，2016．

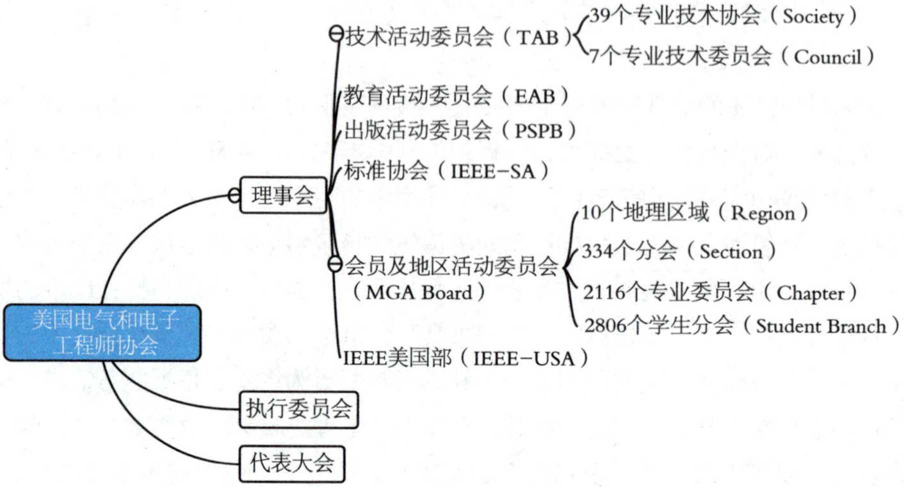

图 2-9　IEEE 组织架构简图

2.3.2　会员服务

2.3.2.1　重视会员分类管理

美国科技社团是以会员为主体的非营利组织，因其业界影响力、社会影响力甚至国际影响力而有较高的社会地位，受到国家和政府的重视。按照不同的分类方式，会员可以分为个人会员和团体会员，个人会员可以分为国内会员和国际会员、学生会员和一般会员等。例如，美国物理学会（APS）主要由个人会员构成，具体会员分类见表 2-5。

表 2-5　APS 会员分类表

会员类别	资 质 要 求	会费标准
一般会士（Fellows）	满足对会士和会员的要求	$159/ 年
一般会员		$159/ 年
早期职业（会员）	必须是目前的正式会员或初入职场会员，正在积极寻求就业	$79/ 年
终身会士	满足对会士和会员的要求	$1 185
终身会员		$2 385
资深会士	至少 10 年会员资格并满足其中一个标准：年龄在 70 岁以上；已退休；因残疾退休	$79/ 年
资深会员		$79/ 年
付费学生会员	学生身份	本科生：$25/ 年 硕士生：$39/ 年
一年免费学生会员	入学第一年的学生	0

资料来源：美国物理学会官方网站。https://www.aps.org/

而美国物理联合会是由团体会员构成的联合会，不吸收个人会员，其会员包括：美国声学学会（Acoustical Society of America，ASA）、美国医学物理学家协会（American Association of Physicists in Medicine，AAPM）、美国物理教师协会（American Association of Physics Teachers，AAPT）、美国天文学会（American Astronomical Society，AAS）、美国晶体学会（American Crystallographic Association，ACA）、美国气象学会（American Meteorological Society，AMS）、美国物理学会（American Physical Society，APS）、材料、界面、加工科学与技术（Science & Technology of Materials，Interfaces，and Processing，AVS）、光学会（The Optical Society，OSA）、流变学学会（The Society of Rheology，SOR）等。

美国科技社团拥有严格的会员准入制度，使得会员身份不仅表征其学术地位而且也与职业资格相联系，故而社团对会员有很大的吸引力。例如，美国硅谷科技社团设有严格的会员分类制度和晋升审查制度，一般将会员按等级分为荣誉会员、高级会员、会员、准会员、学生会员，将会员等级与会员的学术地位和职业资格紧密联系起来①。

2.3.2.2　多元化的会员服务

美国大多数学会或学会联合会，都为帮助其会员的职业发展开展了大量的核心服务，并明确将这些服务一一列出，以供会员及有意愿成为会员的科技工作者了解。譬如，电气与电子工程师协会（IEEE）专门说明了“会员可享受的服务”包括：可以和国际同行建立联系，开展各种交流和合作活动，免费获得一两种 IEEE 出版的期刊，按会员优惠价格订购 IEEE 所有的出版物，有权参加 IEEE 举办的所有会议，并可享受会议注册费优惠，可以查阅 IEEE Xplore 数据库中的文献目录和摘要，阅读 IEEE Spectrum、IEEE 标准新闻和 The Institute 的最新消息等。同时 IEEE 还提供了专门的搜索工具，可以让会员按照自己的具体研究领域和所在地域，查询自己具体可以享受到的服务项目。美国科学促进会（AAAS）则表示，会员可以获得一年的科学成果寄送服务，在新论文付梓之前提前阅读，接受各个学科前沿的新闻，参与学科交流会与网络研讨会，参与在线学习等。

在悠久的结社传统影响下，美国科技社团往往不仅仅是学术团体，而且还是某个行业从业者的利益团体，具有学术、商业、政治三重属性。但一般而言，科技社团的政治属性往往是其潜在属性。因此，除提供最基本的学术领域核心服务外，美国科技社团深植于社会中，为会员的职业需求、经济需求和政治需求有选择地提供

---

① 王志章，严方超. 美国硅谷科技社团发展现状及其启示 [J]. 经济研究导刊，2013（25）：273.

一些其他服务。如在政治上，近年来饱受不利政策影响的美国社团，倾向于向政府表露出对立立场，向政府提出利益诉求，极力避免政府做出有损自己利益的决策。大部分学会专门设立了政府关系办公室，负责与国会进行沟通，提出自己的政策意见。正如AAAS学会介绍所说的那样，学会将“继续在与科学基金和政策相关的所有问题上大力倡导，并致力于成为科学的无党派声音”。而经济上，作为独立的非营利组织，美国各行业的科技社团往往进行独立运作、经营、核算。虽然不以营利为目的，但在许多运作上完全遵从市场经济的规律，并以会费减免、非学术期刊订购、保险福利等方式为会员反馈经济收益。

团体会员服务方面，许多科技社团在举办学术会议等大型学术交流活动的同时，通常会为企业会员举办大规模展会。这种展会一般被企业视为一种推广自己产品的宝贵机会，因为与会人员基本都是与行业相关的人士，而且不乏高校或研究院所的领导，他们通常掌握着采购产品的决定权。因此，与大规模学术会议相伴而行的展会对企业来说无疑是一个绝无仅有的、以逸待劳的精准营销的机会。科技社团为企业提供服务时，对会员企业和非会员企业给予显著的差异化对待，这种差异主要体现在企业购买服务的价格和优先权上。如企业会员在科技社团主办的各种期刊和官方网站上投放广告时能够享受到非会员企业所没有的折扣价格，而且可以有限挑选版面，在参加展会挑选展位的时候会员企业通常具有优先权，且展位费相对更便宜①。

2.3.3 财务运营

2.3.3.1 多元化的收入来源

资金和资产是维持科技社团生命的血液。财务状况不仅能够反映一个社团的业务能力，而且还能够反映其可持续发展能力。美国的科技社团寻求多元化的筹资渠道，除少量承担政府以第三方采购方式委托的科研任务和政策研究课题而得到预算内拨款外，美国科技社团基本没有来自政府的财政支持，其收入来源主要包括会员会费、企业或社会捐赠、出版或服务收入三部分。图2-10反映了美国物理学会（APS）2017年的经营状况，其主要收入来自研究成果的出版、科技会议和会费，公共事务的收入相对较少。

① 尚智丛．国内外科技社团会员服务方式及机制比较研究［R］．中国科协学会服务中心研究课题报告．北京：中国科协学会服务中心，2018.

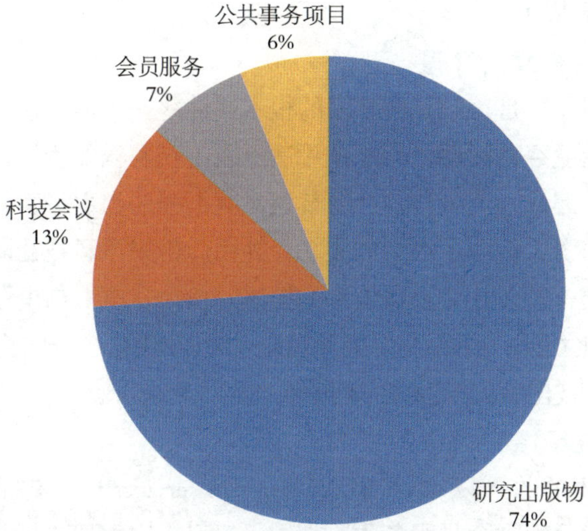

图 2-10　APS 收入分布比例（2017 年）

2.3.3.2　学术出版收入占比较大

鉴于科技社团所处的国际学术环境和自身发展的需要，美国科技社团非常重视出版工作，很多科技社团凭借其招牌期刊闻名于世，而权威学术期刊因其影响力和订阅量而成为许多科技社团的重要经济来源，例如,《科学》期刊的出版收入占美国科学促进会总收入的 80% 以上。图 2-11 反映了美国物理联合会（AIP）2017 年的经营活动状况，其收入主要来自出版活动，因为 AIP 旗下有一家出版公司，负责相

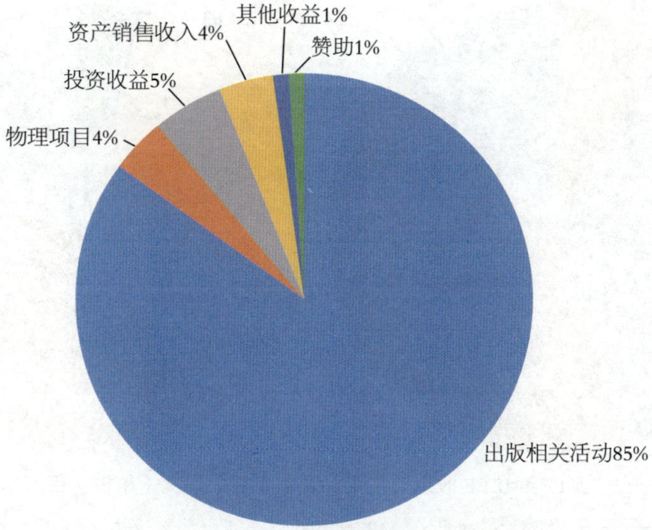

图 2-11　AIP 收入分布比例（2017 年）

关研究成果的出版活动。

2.3.3.3 自主经营能力强

尽管“非营利性”是美国科技社团的根本属性之一，但“非营利性”不等于科技社团不能从事商业经营活动，而是从用途上限定获利只能用于社团发展目的且不得用于红利分配。因此，美国科技社团普遍具有很强的自主经营能力，通过市场化运作以服务盈利筹资，获得了很大的成功，并由此带来了科技社团的财务健康和业务活动可持续拓展，以及社会公益效率的提高。例如，电气与电子工程师协会作为一个专业性国际化社团，拥有突出的经营能力和可观的经济实力，每年在会员会费、学术会议、科技出版、标准等方面的收入近5亿美元。

2.3.3.4 收入反馈会员服务

美国科技社团的收入以项目支出（program serviecs）和支撑支出（supporting services）两种方式反馈到会员服务中。其中，项目支出主要包括会员、期刊、会议等内容，支撑支出包括运营管理、会员推广以及其他形式的劳务薪资支出等。科技社团作为公益性组织，各项活动的收入与相关的支出应当基本持平①。图2-12反映了2017年电气与电子工程师协会的收支水平，由此看出其刊物收入基本用于刊物支出，标准收入基本用于标准支出，会议收入基本用于会议支出，会费收入除使会员得到各种优惠外主要用于行政机构的维持。

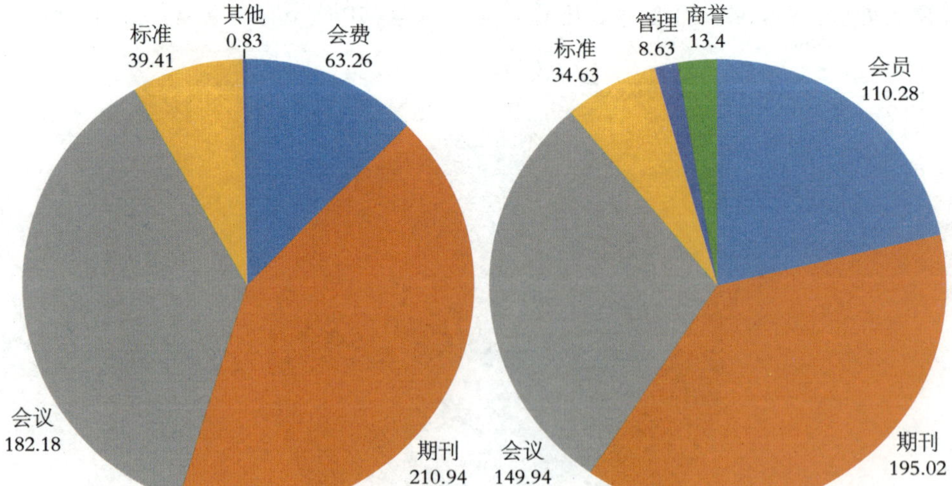

图2-12　2017年IEEE收入（左）和支出（右）情况（单位：百万美元）

① 中国科协综合计划局. 美国非营利组织的经济问题［M］. 1988：3.

2.4　主要业务活动

2.4.1　促进学术交流

科技社团区别于其他社会组织的重要特征是其科学性、学术性和中立性。学术性之于科技社团是立命之本，促进学术交流的功能直接关系科技社团的生存与发展。学科发展到一定阶段需要更高的平台，这种平台可能是业界的、全国的，也可能是全球的，而科技社团恰恰扮演着学术交流平台的角色。美国科技社团促进学术交流的具体方式包括以下几个方面。

2.4.1.1　学术会议

美国科技社团每年举办的学术会议规模和次数存在较大差别。规模较大的科技社团如电气与电子工程师协会（IEEE），拥有超过 43 万名遍布世界 100 多个国家和地区的会员。因此，IEEE 每年在全球范围主办或资助举办的学术会议多达 1 800 余场，每年参会人数累计超过 50 万人，单场会议参会人数经常突破万人规模。而规模较小的学会如美国天文学会（AAS），其会员人数仅有 7 000 人规模，每年举办的学术会议只有数十场，参会人数从数百人到数千人不等。

美国科技社团举办的学术交流活动除正式的学术会议外，还包括网络研讨会、区域性小规模研讨会、专为学生群体举办的假期交流会和技能竞赛等。其中，网络研讨会只面向会员开放，举办频率较高，有些科技社团甚至每周都会举办一次。区域性小规模研讨会既包括专业性学术研讨会，也包括面向非专业会员举办的带有科普性质的交流会。面向学生群体举办的假期交流会经常以夏令营的方式进行，学生不仅能够与其他优秀学生和专家进行充分交流，还能促使他们之间建立长期的联系。此外，通过组织学生参加各种技能竞赛，能够使他们在切磋技能的同时达到充分交流和建立友谊的目的[①]。

2.4.1.2　学术期刊

除各类学术会议外，美国科技社团另一项重要的运营手段就是学术期刊。学术期刊的出版是科学社会最古老的任务之一，经历了当代科学中最尖锐的变革，逐步沉淀为既是服务于会员的基本产品，又是对外经营的重要载体。在学术科学的知识生产领域，由于学术期刊对科学家及科技工作者的付出具有选择性过滤功能，影响

① 尚智丛. 国内外科技社团会员服务方式及机制比较研究［R］. 中国科协学会服务中心研究课题报告. 北京：中国科协学会服务中心，2018.

着他们的声誉和在社会地位、科学资源分配中的重要性，往往使拥有学术期刊的社团机构成为科学进程中最强大的组织之一。因此，几乎每个美国科技社团都有自己创办的专业性学术期刊，并且极端重视期刊的经营，将期刊的编辑出版作为社团的重要工作之一，每年都会投入大量科研资金保障高质量论文的产出，以保证期刊在学科和行业中的权威性和影响力。通常科技社团期刊完全采用市场化运作，在出版界开展自由竞争，根据市场需要决定期刊的价值。

在世界上很有影响力的《科学》期刊，由美国科学促进会出版，一直引领着世界科技的走向，政府非常重视其科研成果的学术价值。在美国较有影响力的《美国医学会杂志》《美国化学学会会志》等也都是由科技社团编辑并发行的。专业性学术期刊的高度发展不仅可以提升科技社团的形象，塑造社团的品牌效应，推动相关科研进步，其收益还可以反哺科技社团，保障社团的经济基础①。

此外，美国科技社团期刊出版服务的数字化程度较高。数字化出版不仅是信息化技术发展所引导的趋势，也是各科技社团建立自己的专业数据库的必然要求。基于信息化技术的发展，很多科技社团都建立了自己的数字图书馆。数字图书馆收录了以往保留的所有纸质文献资料，包括期刊论文、会议论文、图书资料、各种历史和档案资料和会议纪要等。这些数字图书馆，数据资料内容极其丰富，向会员开放，提供检索和阅读服务②。

2.4.1.3 科技奖励

美国的科技奖励大部分属于社会力量设奖，而政府设立的奖项则相对较少。尤其是各学科内部分量较重的奖励和荣誉通常是由科技社团设立的，如美国计算机协会的图灵奖、美国化学学会的贝克兰奖、电气与电子工程师协会的IEEE勋章等。这些奖励的对象是那些为本学科知识的增进和传播以及本学科的发展做出杰出贡献的人。获奖人通常由上一任获奖人提名，或由若干名国际著名同行推荐，经由理事会批准后在各科技社团举办的专门的颁奖会或其他隆重的盛会上颁发给获奖人。

除专门设立的奖励和荣誉外，美国科技社团还为会员提供各种资助服务。资助服务大多具有一定的奖励性质。资助服务大体上可以分为奖学金资助和工作生活类资助两类。奖学金资助旨在为本学科研究做出过杰出贡献的人提供奖励资助。与学校的奖学金不同的是，科技社团设立奖学金的奖励对象不仅包括学生，也包括社团

---

① 崔宇红. 世界知名科技社团治理方式与管理模式研究［R］. 中国科协调研宣传部内部课题报告. 北京：中国科协调研宣传部，2016.

② 尚智丛. 国内外科技社团会员服务方式及机制比较研究［R］. 中国科协学会服务中心研究课题报告. 北京：中国科协学会服务中心，2018.

内的非学生会员。奖学金的奖励目标包括硕士和博士论文、优秀期刊论文、原创性研究成果、创新发明等。工作生活类资助服务是指为了促进会员的职业发展而提供的各种与工作和生活相关的资助服务。这些资助服务包括向优秀会员提供参加学术会议等学术活动的差旅资助、向有前景的研究项目提供经费资助、向贫困会员或刚进入职业领域的早期职业会员提供一定的经济援助等①。

2.4.2 提供社会化公共服务

在世界各国的公共服务改革过程中，公共服务社会化是一个较有共性的发展趋势。参与公共服务供给的社会主体主要包括非营利组织、社区及公民，其中最主要的是第一种。随着公共服务改革的推进，非营利组织逐渐成为支持社会稳定发展，弥补政府和市场失灵领域的重要社会部门，以及执行重要社会政策的一项根本工具。美国科技社团作为专业性的非营利组织，在推动公共服务社会化进程中发挥着举足轻重的作用。

2.4.2.1 教育培训

美国科技社团一项重要的社会职能就是提供面向全国的科技教育培训。这些教育培训服务主要是通过线上和线下两种方式来完成的。线上教育培训的方式主要是通过对视频课程、多媒体资料以及一些实践案例的学习来完成。线下教育培训主要是通过编写和修订教材、开设讲座、举办研讨会或交流会和组织参观走访学习等方式实现。这些教育培训大多免费向学校和社会提供，少数科技社团会开设线上收费课程。如美国机械工程师协会（ASME）就在其网站上投放了大量收费课程培训，购买这些课程的费用通常为两三千美元，即便是会员也需要支付仅比非会员便宜一两百美元的费用购买这些课程。而美国农学会的在线课程则比较便宜，价格通常在100 美元以内。总体而言，国外科技社团的教育培训服务大致可以分为三类：面向学生的教育培训，面向教师的教育培训，面向社会的教育培训。

首先，面向学生的教育培训。美国科技社团肩负着对本国处于基础教育阶段的学生提供 STEM（科学、技术、工程、数学）方面的学习指导或科普教育的责任。美国各门学科对应的科技社团向美国 K-12 教育阶段（kindergarten through twelfth grade，泛指大学以下的基础教育阶段）的学生提供教育服务。一些科技社团在其官网上专门开辟了针对儿童和青少年学生的页面，里面包括各种有趣的推荐读物、实验案例、科普故事等内容，旨在激发学生对本学科的兴趣，深化学生对该学科知识

① 尚智丛. 国内外科技社团会员服务方式及机制比较研究［R］. 中国科协学会服务中心研究课题报告. 北京：中国科协学会服务中心，2018.

的了解，为本学科未来的发展积蓄后备人才。

其次，面向教师的教育培训。主要包括针对 K−12 教育阶段的教师提供的教学培训和针对刚走向教学岗位的青年教师提供的教学培训。美国科技社团通常会在其官网上为 K−12 教育阶段的教师提供丰富的教学案例和实验课程指导，制定课堂实验安全守则，并为其提供由本学科领域专家精心编制的教学素材。对刚走向教学岗位的青年教师提供线上教学案例指导，并为他们提供教学素材，而且还会在线下组织他们参加与教学相关的研讨会。需要指出的是这些教学素材并不都是免费的，有些是需要教师会员在线购买的。

最后，面向社会的教育培训。通过安排讲座或组织参观学习以及在网上发布在线培训课程视频的方式为从事与某一学科相关工作的职业人员和所有热心于某一学科的社会人士提供继续教育服务。对于从事与某一学科相关工作的职业人员，与该学科对应的科技社团通常会为他们开设一些在线视频课程，这些课程既有免费的，也有收费的。对于其他热心于该学科的非专业会员或其他社会人士，科技社团将组织各种区域性小规模的讨论会，安排与某学科相关的行业中的佼佼者为他们提供相关学科的讲座，指导他们进行与该学科相关的科学技术实践活动等。作为社团会员，他们还可以参加社团组织的开放性的网络研讨会，研讨会的视频或录音将被上传至学会网站相应的栏目中。

2.4.2.2 标准制定与资格认证

美国科技社团有众多企业参与，因此制定出的行业标准容易获得更多的认可。在制定行业标准时，美国科技社团往往邀请科学家、工程师、政府官员等不同类型人员参与。这使行业标准的社会认可度提高了。例如，美国机械工程师协会是机械工程科学、技术和实践等相关领域制定代码和标准（Code and Standard）的世界领先机构。从 1914 年首次发布锅炉和压力容器代码开始，协会的代码和标准已发展到目前的 600 余种。这些代码和标准覆盖的领域包括压力技术、核电站、电梯 / 自动扶梯、建筑、工程设计、标准化和性能测试等。美国机械工程师协会代码和标准的制定和修订贯穿全年。每年有超过 4 700 名专职志愿者在保护公共安全的同时贡献其技术专长，同时反映行业的最佳实践，这些志愿者包括工程师、科学家、政府官员等。协会根据市场需求开发和修订标准，通过共识机制制定和修订标准的会议向所有公众开放。协会的共识委员会由某一领域专家志愿者组成，他们来自各种各样的利益群体，包括制造商、用户、政府等。美国机械工程师协会标准和随后的修订基于共识委员会及其下级委员会对技术数据的可靠性审查。目前，美国机械工程师协会制定的代码和标准被全球 100 多个国家所采纳和使用。所有代码和标准均可在其网站上检索查询，用户可以在其网站上在线购买相关标准的 PDF 电子版浏览权限，费用为数十美元到数万美元不等[①]。

在美国，认证工作通常由科技社团等非官方机构进行管理。虽然资格认证项目始于医疗学会，但是认证活动已经拓展到各行各业，如财务规划、咨询、汽车服务、会议策划等。一般来说，认证要求申请人必须满足特定的实践标准和教育标准，并且要通过考核。许多社团通常还利用继续教育方式，要求申请人每 3—5 年重新认证。只有社团资格认证项目管理完善，激励作用强，个体从业者才能从中获益，同时也能使整个专业领域繁荣发展。获得资格认证的从业者相比那些没有获得认证的同行，要具有竞争优势，并且随着从业者个人能力的提升，整个行业也受益匪浅[②]。

2.4.2.3　产学研连接

科技社团通过组织科技攻关力量实现技术创新，充分发挥自身的桥梁和纽带作用，通过建立产学研相结合的科学创新和传播体系，为促进新知识转化为现实生产力打下良好的基础。同时，科技社团利用已有的研发成果和成熟技术去影响、帮助进行科技攻关和重大技术项目的改造，增强新创企业的技术创新能力，通过科技的创新保证创业的成功。

美国硅谷作为世界上最具有技术活力的地区，每天可以推出几十项影响世界科技发展的新技术成果。如果一项技术和产品水平不能在世界上占据前三位，就必然被淘汰出局。这就迫使硅谷的产学研体系异常发达，能够迅速地将研究出来的科研成果向现实生产力转换。而科技社团作为第二方的组织，研发能力有限，也不参与产品的生产，但是可以利用其自身的优势，通过会员之间形成的社交网络系统，开展研究成果和产品之间的中介服务，迅速地帮助研究成果向产品转换。

在硅谷，社团成员具有不同的背景，有来自高等院校的学者、教授，有来自公司企业的管理者、研究人员，也有来自独立科研机构的工程师。他们为了共同的兴趣、共同的事业聚集在了一起，通过学术交流加强关系和合作，并因此形成了特殊的社团情谊。他们中有的拥有研发的实力，有的拥有转化的条件，各成员借助于社团这个平台，将产学研紧密地联系在了一起，架起了一座无形的桥梁，最终实现社团成员的价值最大化。

---

① 尚智丛. 国内外科技社团会员服务方式及机制比较研究［R］. 中国科协学会服务中心研究课题报告. 北京：中国科协学会服务中心，2018.

②［美］亨利 · 恩斯特塔尔. 社团管理——原理与方法［M］. 北京：中国科学技术出版社，2014：95-96.

2.4.3 参与科技政策制定

2.4.3.1 公共政策的主要参与者

美国国家层面的科学政策制定是一个复杂的过程，涉及多个参与者，包括：联邦政府、行政办公室、立法机构（国会）、代表科学群体的非政府组织等，如图2-13的复杂网络。该网络当中包括核心组织和外围组织，核心组织包括：白宫主要的行政办公室、联邦机构、国会和代表科学利益的科技社团、大学联盟和类似国家科学院的非政府组织。

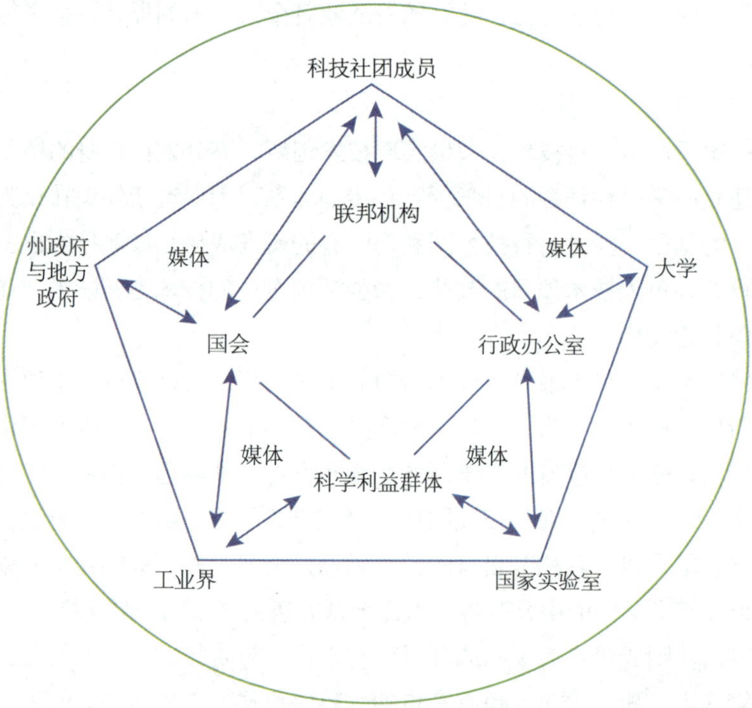

图 2-13　科技政策制定网络①

科技社团在美国科技政策的制定过程中是有影响的参与者。在这些科技社团当中一般都设有公共或政府事务委员会，由专人负责联络、组织和宣传活动。科技社团关注与行业相关的立法和政策的表决，鼓励和支持团体当中的成员与国会代表建立联系，使其能够在关键的问题上发出统一的声音，例如，争取更多的拨款资助、

① ［美］荷马 · A. 尼尔，托宾 · L. 史密斯，珍妮弗 · B. 麦考密克．超越思普尼克——21 世纪美国的科学政策［M］．樊春良，李思敏，译．北京：北京大学出版社，2017.

在重要的科学议题上表明立场等。

1. 游说与影响科技政策制定者和实施者

在联邦层面，行政部门和立法部门共同承担制定科学政策的责任，司法部门会在与科学相关的法律出现矛盾或与宪法冲突时介入。总统和国会主要成员是高级别的政策制定者，但是具体政策的解释和实施权力是在州和基层政府完成的，因此，科技社团作为科技政策制定过程中有影响力的参与者，会从联邦和州两个层面对科技政策的制定和实施产生影响。

在联邦层面，科技社团又有两个渠道参与政策制定。一是重视与鼓励会员与国会议员之间建立联系。国会属于立法部门，负责设立、授权、资助和监督机构及项目计划，通过立法的形式资助其认为有必要的学科，在科学方面帮助设置优先发展的领域，将其与国内外的需求相平衡。鉴于国会对科学发展的重要影响，科技社团重视会员与国会议员之间的联系，大部分的科技社团都设有公共和政府事务委员会，当与学科相关的有待决定的立法出现时，除了告知会员，委员会还联络和组织会员对国会议员进行宣传和游说活动，以期发出统一而有力的声音，为本学科的发展争取更多的利益，如更多的联邦预算资金。二是与有关政府部门开展形式各样的沟通，积极参加政策咨商，向政府部门提供研究报告、科技信息，为政府部门的行政提供专业意见，以保持持续的存在感和影响力。

除了在联邦层面的影响，科技社团也可以向州政府和基层政府进行游说，在实施层面为本学科的发展争取更多的资源。

2. 支持成员竞选国会议员

美国国会议员的职业背景丰富，其中就包括科学家和工程师，科技社团的成员通过参选国会议员，能够直接对国会的政策制定产生影响。例如，美国科学促进会负责科学与技术政策的高级会员兰迪·瓦金斯（Randy Wadkins）在任期结束之后就参与了国会议员的竞选。2017 年 4 月，瓦金斯在密西西比州的第一国会参选区宣布参选，这是他的家乡。他本人是一位科学家，从事抗癌药物的研发，同时他也支持与科技政策相关的研究人员参政。瓦金斯的参选也得到了美国科学促进会首席执行官（CEO）、前国会成员拉什·霍尔特（Rush Holt）的支持。

3. 进行政策倡导

科学家本身也是公众的一部分，公众关心的问题也会在科学共同体中产生共鸣，但由于专业水平的不同，科学家和普通民众之间对于一些科学问题的认识往往会产生分歧，如对人类胚胎干细胞研究的争议。科学家通过将研究的进展和潜在的风险报告给社区当中的民众，并进行相关的政策倡导，会在一定程度上提升公众对这一问题的认识，从而消除一部分顾虑，使科学研究获得公众认可和支持，进而形成一定的政策影响力。科学家们已经充分认识到将其工作对公众进行宣传的重要性，科技社团通过向公众解释科学事业的本质，说明相关问题，倡导科学教育，扩大政策倡导的社会基础。例如，美国物理学会为向公众解释科学信息方面做出突出贡献的会员授予荣誉称号。

综上所述，科技社团在政策制定过程中的角色是参与者，尽管不会直接对科技政策的制定有话语权，但他们是政策的重要影响者，可以通过游说、宣传、专家论证、参与竞选等多种方式来影响政策的制定和实施。

2.4.4　加强国际化

全球化进程引发“全球治理”的概念，使主权国家的科技活动越来越受到多种国际组织和国际制度的约束，出现了崭新的国际科技活动路径及规则。超越国家层面的跨国企业集团及一些企业联合组织、政府及政府间国际组织、非政府国际组织，还有其相对应的国家层次和次国家层次的组织，形成了全球治理结构的雏形。其中，各种跨国性国际非营利组织的作用和影响增大，日益成为社会发展各领域的新兴力量。

许多科技领域的项目研究越来越需要集合多个国家的资源来进行，科技合作在某些研究领域已经占据主导地位，科技社团的国际合作也呈现出增加的趋势。应对变化的环境，科技社团日益呈现集中化、大型化趋势，形成以国家甚至国际核心社团为主要结点的庞大而复杂的科技社团网络。随着全球化进程的不断加强，美国科技社团国际合作的方式已冲破原有的地域、学科、专业限制，全面实现期刊国际化、学术交流国际化、业务合作国际化、人才国际化、会员国际化（表 2–6）。

表 2–6　部分美国科技社团的会员分布统计

学会名称	全球分支机构数量	会员人数	会员分布国家和地区数量	外籍会员比例
美国化学学会（ACS）	200 多个	16.3 万	140 多个	8%
美国物理学会（APS）	—	5.5 万	109 个	25%
美国机械工程师协会（ASME）	400 多个	13 万	151 个	20%
美国汽车工程师学会（SAE）	100 多个	14.5 万	100 多个	—
电气与电子工程师学会（IEEE）	334 个	41.7 万	160 多个	50%
美国计算机学会（ACM）	860 多个	10 万	100 多个	50%
美国药学科学家协会（AAPS）	—	1.2 万	—	23%

数据来源：推进世界一流学会建设调研报告。

注：一表示无数据，全书后同。

美国化学学会（ACS）早在 20 世纪 80 年代就开启了国际化进程。1979 年 11 月，ACS 对 1947 年订立的协会章程进行了最重大的一次修正。修正案中写道："ACS 应当同全世界科学家合作，使化学能够被应用于每一个民族的需求"。ACS 国际会员数量超过 24 000 人，他们来自 140 个国家，ACS 会员中约有 15% 是外国公民。学会总收入中大约 40% 来自国外，主要是通过销售出版物和学会的期刊。ACS 出版的期刊文章中，60% 来自美国本土以外的会员，化学文摘资料的 50% 以上来自美国本土以外的会员①。ACS 发起召开两年一次的化学学会主席会议，在全世界 65 个主要国家的化学学会里，通常有一半以上参加会议。有越来越多的 ACS 大会与外国化学学会联合召开。在 ACS 大会上提出的论文中，外国作者占有相当比例。ACS 成立了国际活动办公室（ACS Office of International Activities，简称 OIA），ACS 理事会批准在澳大利亚、巴西、印度、尼日利亚、秘鲁、阿拉伯联合酋长国和中国台湾成立新的分会，使得国际分会从原来的 10 个增加到 16 个②。

2.5 管理体制

美国科技社团运行的基础是遵守相关法律，但其日常的运营主要是按照社团的章程和细则进行，无论是联邦政府还是州政府都不会给予过多的干预。法律和税收是政府对非营利组织进行管理的主要方式，美国科技社团属于非营利组织，联邦政府和州政府对于科技社团的管理与其他非营利组织相比并无明显差异。鉴于科技社团主要属于 501（C）（3）和 501（C）（6）两种类型，因此主要对这两种类型的组织面临的管理体制进行分析。

2.5.1 科技社团的成立

科技社团在成立之时需要具有组织文件、规章制度、雇主身份识别码和慈善募捐资格。

2.5.1.1 组织文件

组织文件指的是组织的章程和满足法律规定的相关文件。如 501（C）（3）组织的成立需要满足特定的条件等。这些条件包括：第一，组织的活动领域主要包括慈善、教育、宗教、科学、文学、促进国家或国际体育竞赛、防止虐待儿童或动物，

---

① 崔宇红. 世界知名科技社团治理方式与管理模式研究［R］. 中国科协调研宣传部内部课题报告. 北京：中国科协调研宣传部，2016.

② 崔宇红. 世界知名科技社团治理方式与管理模式研究［R］. 中国科协调研宣传部内部课题报告. 北京：中国科协调研宣传部，2016.

以及公共安全测试等；第二，组织须以公司、信托或法人团体的形式存在，在章程当中明确组织的活动范围和目标满足 501（C）（3）条款的要求，不从事与免税目的无关的活动，资产将永久性用于实现使组织获得免税资格的目标；第三，组织的活动和运作围绕目标进行，在运作中限制或者禁止参与某些活动，如参与政治竞选活动、为个人的利益进行活动、将收益在股东或员工之间进行分配、将与免税目的无关的业务作为主营业务、进行违法或违反基本公共政策的活动。

2.5.1.2 规章制度

规章制度是一个组织进行内部运转的基本规则，联邦税法对于大多数组织的规章制度没有特殊要求，州法律一般会要求非营利组织制定规章制度的细则，不过大多数的非营利组织认为制定规章制度对于组织的运转是有帮助的，都会非常认真地制定和执行组织内部的章程和规章制度。对于规章制度的细则涵盖范围，各州之间也存在一定的差异。

2.5.1.3 雇主身份识别码

雇主身份识别码（EIN）是一个数字，是组织在美国国税局进行登记的身份标识，每个组织对应一个唯一的 EIN 代码，在美国领土上进行活动的合法登记组织都需要有 EIN 代码，这与其是否有雇员并不直接相关。想申请 EIN 代码的非营利组织需要填写 SS-4 申请表，并通过网站、邮箱、传真等多种方式向美国国税局进行申请。

2.5.1.4 慈善募捐

筹款是每个慈善组织进行生存和发展的必要条件，美国目前有大约 40 个州颁布了与慈善相关的法令，通常要求组织在该州进行慈善募捐活动之前需要在该州进行注册。其中，有部分组织被特别排除或者免除登记，各州具体的豁免标准各不相同。科技社团会接受来自社会和会员的捐赠，但是一般不直接发起筹款活动，这点与一般的慈善机构存在着差别。

2.5.2 免税资格的获得与维持

科技社团要获得免税地位，需要向美国国税局提交申请。根据《国内税收法典》（Internal Revenue Code，简称 IRC）第 501（C）（3）条款，获得免税资格的非营利组织除可以免除联邦所得税之外，还可以依据州的相关法律和规定获得其他税收方面的附带利益。因此，这一身份的认定对于组织而言有着重要的意义。科技社团中有一部分满足 501（C）（3）条款的要求，能够获得更多的税收优惠。

2.5.2.1 免税资格的获得

申请 501（C）（3）身份的机构应了解所需提交的表格、用户费、提交期限和审理流程。一个完整的申请流程包括：申请雇主身份识别码—填写 1023 表格—提交申请费—授权人签字—提交费用收据—提交机构文件副本—提交组织活动的详细内容—提供章程或规章制度的复印件。大多数机构必须在其依法成立后的 27 个月内提交申请。成立日期的计算按组织性质的不同有所差异：对于公司，其章程提交至国家机关后，即依法成立；对于非公司，其机构文件由两名或以上人员签署通过后，即依法成立；对于信托机构，在所有信托财产的非慈善机构利益到期或在其没有非慈善利益时获得资助，即依法成立。在截止日期前提交申请的机构，如符合免税要求，则通常根据国内纳税法第 501（C）(3）条的规定，自其成立之日起确认为免税。在截止日期之后提交申请的机构，通常认定为自申请日期起免税。其也可以申请自成立之日起免税。

2.5.2.2　免税资格的维持

科技社团需要向美国国税局提交收入和支出的年度申报表，如果没有按照要求进行提交或者逾期提交就会受到处罚，若一个组织连续三年没有提交年度申请表就会失去免税资格。根据免税的类型，不同类型的组织可能会填写的表格包括：990 表格，990–EZ 表格、990–N 表格、990–PF 表格及其附表，具体分类如表 2–7 所示。符合 501(C)(3）标准的科技社团填写表格的类型主要与其收入和资产的额度相关。

表 2–7　科技社团类型与年度报表类型对应

组　织　类　型	表　格　类　型
收入总额≤ 50 000 美元	990–N
总收入 <200 000 美元，且总资产 <500 000 美元	990–EZ or 990
总收入≥ 200 000，或总资产≥ 500 000	990
私人基金会（不考虑经济状况）	990–PF

资料来源：美国国税局官方网站。https://www.irs.gov/charities–non–profits/life–cycle–of–an–exempt–organization.2018–9–19.

科技社团为了保持其免税资格，需要符合年度报税要求，同时获得税收豁免的机构还需要提交和披露一些报税表和报告。这些披露的内容包括雇佣税信息、慈善募捐信息、公共信息等。

雇佣税是每一个支付工资的雇主都需要扣缴、存放、支付和报告的，包括联邦就业税和联邦失业税。即使组织获得了免交联邦所得税资格，也不代表可以免除雇佣税，除非组织符合法定的免税条件，但是免除的雇佣税也会作为补偿发放给雇员。能够获得雇佣税豁免的组织包括宗教组织、国际学生组织和免征失业税的 501（C）(3）组织，大部分的科技社团都不属于这个行列，没有豁免资格，需要支付雇佣税并披露相关信息。

501（C）(3）组织有资格获得免税的慈善捐款，但是组织也有披露捐赠信息和为捐赠人提供捐赠凭证的责任。联邦税法规定了两个一般披露规则：①单笔捐款额为 250 美元或以上，捐赠者必须获得慈善机构出具的书面确认，方可进行联邦所得税慈善捐款纳税申报；②如果捐赠者的捐赠金额超过 75 美元，且此捐款一部分是作为捐款，一部分是用于慈善机构提供商品和服务，则慈善机构必须向捐赠者提供书面披露。对于在 2007 年 1 月 1 日或以后，以现金、支票或其他货币、实物形式捐款，除非捐赠者留有捐赠记录的，如银行转账记录（如已取消的支票）或慈善机构的书面通知（如收据或信件），上面显示慈善机构的名称、捐款日期和捐款金额，否则此款项不能申请免税。慈善捐赠虽然不是科技社团的主要资金来源，但体现了会员对组织的认可和情感。许多科技社团都会获得这样的收入，为了保持免税资格，这些组织也负有披露慈善信息的责任。

除对慈善信息的披露，免税组织还需要依法公开其他的公共信息。免税机构有义务向提出查询申请的公众提供免税申请表和申报表。作为 501（C）(3）组织的科技社团，也有向公众披露相关信息的义务，如 1023 表格、990 表格以及其他国家税务局规定需要向公众进行披露的信息。

除定期进行汇报以外，符合 501（C）(3）条款的科技社团也需要在这些方面与国税局之间进行互动，报告变化、接受审计等。如向国税局汇报组织名称、地址、治理结构和运行方式的变化；对于一些活动会产生的税务后果可以向国税局进行申请；国税局还可以依法对 501（C）(3）组织进行审计，以确保其符合免税和缴纳所需税款的要求。

2.5.3　501（C）(3）组织的禁止规则与责任

501（C）(3）组织可以免除所得税，向这类组织捐款也可以获得税收减免，因此对于这类组织的运营要求也非常严格，其运营目的一定要符合 501（C）(3）相关法规的规定。大量的科技社团属于 501（C）(3）组织，因此对其相关规定再进行一下详细的介绍。

2.5.3.1　501（C）(3）组织的禁止活动

组织不能参加地方、州或联邦政府候选人的政治竞选活动，不能支持或反对任何公职候选人，其主要活动不是对立法进行支持或反对，而且不能向支持个人竞选或从事政治游说的机构进行捐款。这并不是说完全不能参与政治活动，事实上，很多科技社团在政策制定和政策倡导方面都发挥了重要的作用。

组织不能将与其免税目的无关联的经营活动作为主营业务，如学校的工厂运作；组织可以开展经营活动，但其收益不能在创始人、董事会成员或组织内部进行分配。组织可以获得经营性收益，具有免税地位的组织在一些经营活动中也能获得免税待遇，这需要根据其经营活动的目的和内容进行判断。如获得收入的活动与组织的宗旨相关可以免税，无关则不能免税。

美国政府对于非营利组织和利益相关人之间的关联交易具有明确的限制，禁止与非营利组织利益相关的组织或个人与非营利组织之间发生自我交易。组织不得为个人利益进行运作，如创始人的利益，包括买卖，租赁，交换，信贷，提供物品、服务或设施设备，支付报酬与开支，转让或使用非营利组织的收入、财产，与政府官员进行交易等，目的是防止利益相关者从组织之中谋取个人利益。

此外，这类组织也不得有违法或违反基本公共政策的目的和活动。

2.5.3.2　501（C）（3）组织的责任

在赋予符合 501（C）（3）条款的机构以利益的同时，联邦税法也规定获得此身份的机构需承担责任。

1. 记录保存

符合 501（C）（3）条款的机构必须保存详细记录所有活动的账簿和记录，包括财务和非财务活动的财务信息，特别是关于其支持来源（捐款、赠款、赞助和其他收入来源）的信息，对于确定机构的私人基金会身份至关重要。

2. 信息提交

501（C）（3）组织需要提交年度信息报告，包括 990 表格、990−Ez 表格、990−N 表格或 990−PF 表格，以及可能需要提交的某些清单。某些类机构无需提交 990 表格或 990−EZ 表格，如教会。为符合年度申报要求，通常总收入为 50 000 美元或以下的机构可选择使用 990−N 表格提交年度电子通知，使用电子通知（电子卡片）的免税机构，无需提交 990 表格或 990−E 表格。依照法律，任何未能连续 3 年提交所需年度报告或通知的机构，将自动失去免税身份，自连续 3 年的第 3 年提交截止日期起，开始执行。

除提交 990 表格、990−EZ 表格或 990−PF 表格外，如免税机构在当年内无关联的贸易或业务总收入为 1 000 美元或以上，则必须提交 990−T 表格。如果该机构预计其年度纳税义务为 500 美元或以上，则该机构必须按季度缴纳与无关联业务收入相关的估计税费。该机构可使用 990−W 表格，帮助其计算所需缴纳的预计税费金额。通常，税费征收对象是对于机构符合免税身份的目的没有推动作用的、定期进行的贸易或业务（提供资金除外）。

3. 信息披露

免税的机构必须将其申请材料（1023 表格或 1023–EZ 表格）和年度报告（990 表格、990–EZ 表格或 990–PF 表格）公开，应要求供公众查看，且不得收取任何费用（合理的复印费用除外）。每年的年度报告必须自上报之日起，3 年内可供查看。国家税务局还要求这些文件可供公众查阅和复印。在正常工作时间，机构的主要办公室必须可提供这些文件。可亲自或以书面形式提出请求。

501（C）（3）组织的慈善捐款证明需要披露。符合国内纳税法规第 501（C）（3）条规定的免税机构必须满足记录慈善捐款的特定要求。

2.5.4 科技社团法律管理体系①

有关政府对科技社团在法律方面的管理方式可以参考对非营利组织的相关规定。美国非营利组织法律管理体系主要包括联邦法、州立法和法院判例三部分，具体见图 2–14。联邦法主要是对非营利组织的税收问题做出相关规定，其中包括国会法律、国际条约、财政部规章和税务局规章；州立法主要涉及非营利组织的基本运行活动；法院判例是对立法的补充，通过其独立地位对法律和规章当中不合理的地方做出调整。

联邦法	州立法	法院判例
· 国会法律 · 国际条约 · 财政部规章 · 税务局规章	· 组织设立 · 组织劝募 · 免税地位审批 · 组织的变更、终止与解散	· 最高法院 · 上诉法院 · 审判法院

图 2–14 美国非营利组织法律管理体系

2.5.4.1 联邦法构成

1. 国会法律

美国政府主要通过税收的方式来对非营利组织进行管理，根据宪法的规定，国会具有税法制定权，有权力修改税法。国会通过修改《国内税收法典》要求非营利组织向公众公布其税表（990）。《国内税收法典》是非营利组织税收管理的主要法律依据，该法典是美国国会制定的统一法典。

① 本部分内容参考王名，李勇，黄浩明. 美国非营利组织［M］. 北京：社会科学文献出版社，2012：23–41.

2. 国际条约

国际条约主要是指美国与其他国家签订的、涉及非营利组织的一些税收协定，如捐款减免税收等。这些协定在法律层级上具有联邦立法的效力，因此要高于各州的和各部门的规章。

3. 财政部规章

财政部是税务局的主管部门，因此是非营利组织名义上的主管机关，其发布的规章税务局有义务遵守，其内容会对非营利组织造成影响。财政部规章包括提议性规章、暂行规章和最终规章，只有最后一项是真正有效力的。

4. 税务局规章

税务局是非营利组织的实际主管部门，负责对非营利组织的监管，有权依据税法的规定对违反规定的组织进行处罚或者撤销免税地位，是美国整个公益慈善事业管理体制的核心。非营利组织的免税资格认定、日常运营监督、年度审查等都受到税务局的监管。同时，税务局还有权颁布税务局的决定、税收程序和公告等相关规章，从立法方面对非营利组织进行规制。

2.5.4.2　州立法

州层面的法律主要涉及非营利组织的运营活动，包括组织的设立，组织的劝募，州免税地位的审批，组织的变更、终止与解散。各州一般都会就非营利组织的设立出台法律，组织的劝募需要在不同的州展开，也需要遵守当地的规则。联邦免税地位和州免税地位是两套平行的体系，因为联邦税和州税是不同的，因此非营利组织想获得州免税地位也需要向当地税务机关提交申请。不过，州免税地位的获得常常是以联邦免税地位为条件的，因此非营利组织需要先获得联邦免税地位。组织的变更、终止和解散也由相应的州立机关负责。

2.5.4.3　法院判例

美国的法律体系属于英美法系，判例在司法活动中发挥重要的补充功能，对于法律和规章中不合理的部分，可以做出司法上的调整。美国的法院分为三级，分别为最高法院、上诉法院和审判法院。

1. 最高法院

最高法院具有宪法审查权，可以对税法和规章中不合理的地方进行调整，而且经其审查的案件一般都具有较大的社会影响力，一定程度上可以推进司法进程。

2. 上诉法院

上诉法院分为巡回上诉法院和联邦巡回上诉法院，前者按属地原则接受其管辖范围内的区法院和税务法院的上诉，后者则按事项进行管辖。

3. 审判法院

审判法院是美国的地方法院，其中包含区法院和税务法院，而税务问题是非营利组织常常遇到的问题，审判法院的判例对税务局的决定也有一定的调整作用。

2.6 发展特色

美国具有强大的科技实力。在科学技术的发展过程中，科技社团作为科研从业人员的集合，发挥了重要的作用。美国科技社团在发展环境、发展理念和发展经验方面有其独特的发展特点，主要表现在以下几个方面。

2.6.1 践行悠久的公民结社传统

美国科技社团根植于北美殖民地早期人民的结社及从结社中发展而来的自治传统。美国发展历程中的一个独特之处是先有各种民间组织，后有国家。换言之，在北美殖民地首先存在并发挥作用的是公民自发的意愿、公民社团的私权、人民的自治权，而后才产生了由政府行使的公共权力[①]。这种结社传统在21世纪被继续发扬光大，催生出包括科技社团在内的各类社会组织。它们广泛存在于美国社会的各个阶层、各个领域或行业之中，聚集着有各种共同诉求、事业、职业和兴趣的人群，通过各种途径影响决策过程、引导公众舆论，在美国社会甚至全球产生巨大影响。

2.6.2 以专业精神参与公共事务

科技社团对美国国内政治的影响显而易见。它们积极介入与自身相关的政治过程，通过各种方式表达意见、倡导诉求、施加影响，一些规模庞大、组织严密、资金雄厚的科技社团，可以改变甚至阻止某项立法或政策的制定。出于倡导活动的需要，科技社团非常注意收集、积累、整理和发布相关资料，建立高度专业化的信息系统，并在此基础上进行专题研究，很多科技社团的研究报告甚至成为政府部门必须参考的重要材料。

2.6.3 重视规范的内部治理

在联邦和州相关法律法规的指导下，在非营利部门的治理监督和评估组织以及公众的监督下，美国各类科技社团不断进行内部治理改革，以求达到高质量、高透明、负责任的“善治”标准[②]。包括围绕使命设计组织的运营项目和经营模式，通过加强信息公开提升公众对社团的认识及信任度，以会员为本开展精准化会员服

①② 徐彤武，等. 美国公民社会的治理——美国非营利组织研究［M］. 北京：中国社会科学出版社，2016：2.

务等。

2.6.4　独立且有价值的运营

美国科技社团是独立于政府的社会主体，其生存和发展不依赖于政府的利益与资源，而是在市场经济条件下自主经营。它们利用社会对非营利性科技服务需求的增长，扩大收费范围，进行商业化投资，与工商企业结成伙伴关系，采用企业的治理方法，在利用政府资助项目时更多考虑用户，重组自己的机构，在筹资活动中使用成熟的市场营销和资金管理技巧，利用市场化机制和资源促进本组织的事业①。

2.6.5　拓展国际化生存

20 世纪 70 年代以后的本轮经济全球化改变了非营利部门的发展，使非营利组织的国内和国际界线日趋模糊，非营利组织不可避免地要更多地跨越国界，深度介入国际事务，提供国际公共物品②。开放背景下，美国科技社团在促进科技知识在全球范围内的循环流转和有效运用中发挥重要作用，通过促进国际合作研究和资源共享，在解决全球性及区域性问题中占据国际话语权或主导权。

参考文献

[1] 徐彤武，等. 美国公民社会的治理——美国非营利组织研究 [M]. 北京：中国社会科学出版社，2016.

[2] [美] 亨利 · 恩斯特塔尔. 社团管理——原理与方法 [M]. 北京：中国科学技术出版社，2014.

[3] 杨文志. 现代科技社团概论 [M]. 北京：科学普及出版社，2006：18，343.

[4] 罗伯特 · K. 殷. 案例研究：设计与方法 [M]. 重庆：重庆大学出版社，2017：8.

[5] 罗伯特 · K. 殷. 案例研究方法的应用 [M]. 重庆：重庆大学出版社，2017：10–23.

[6] 李平，曹仰峰. 案例研究方法：理论与范例. [M]. 北京：北京大学出版社，2012.

[7] 中国物理学会. 关于英国与美国物理学会的调研 [J]. 学会，2002（7）：27–30.

[8] 刘剑文，翟继光. 国外促进科技社团发展的税收政策评析与借鉴 [J]. 税务研究，2007（9）：74–78.

[9] 雷崇鸽，尚智丛. 开展政策咨询，提高科技社团服务社会经济发展能力——美国物理学会的经验与启示 [J]. 科技和产业，2017（7）：134–137.

①② 徐彤武，等. 美国公民社会的治理——美国非营利组织研究 [M]. 北京：中国社会科学出版社，2016：17，18.

[10] 黄琴，刘松年，张太玲，等. 美、德及中国香港地区科技社团运行案例分析及其启示［J］. 管理观察，2008（23）：248-250.
[11] 杨书卷. 美国 IEEE 科技社团运营模式的案例分析［J］. 学会，2017（5）：28-34.
[12] 吴迪. 中美科技社团基于使命的能力比较分析［J］. 学会，2018（1）：1-3.
[13] 王志章，严方超. 美国硅谷科技社团发展现状及其启示［J］. 经济研究导刊，2013（25）：271-273.
[14] 王春法. 美国科技决策咨询的体制机制及其对我国的启示［J］. 中国科学院院刊，2012，27（5）：545-552.
[15] 夏婷. 美国科技社团参与决策咨询的体制机制及其对我国的启示——以美国科学促进会为例［J］. 学会，2013（8）：5-9.
[16] 董亚峥，韩晋芳. 美国物理学会分支机构的现状和管理经验［J］. 学会，2014（1）：25-32.
[17] 张国玲，田旭. 欧美国家科技社团发展的机制与借鉴［J］. 科技管理研究，2011（4）：24-27.
[18] 万兴旺，赵乐，侯璟琼，等. 英国科技社团在科学传播和科学教育中的作用及启示［J］. 学会，2009（4）：12-18.
[19] 中国科协考察团. 中国科协“科技社团在国家创新体系中的作用”赴法德意三国考察报告（下）［J］. 科协论坛，2008（4）：42-45.
[20] 王名. 非营利组织管理概论［M］. 北京：中国人民大学出版社，2003：71-72.
[21] 王名. 社会组织概论［M］. 北京：中国社会出版社，2010：136.
[22] 王名，李勇，黄浩明. 美国非营利组织［M］. 北京：社会科学文献出版社，2012：23-41.
[23] 马庆钰. 社会组织能力建设［M］. 北京：中国社会出版社，2011：11.
[24] 周志家. 公益性非政府组织的组织能力及政府的作用——以德国环境标准化协会为例［J］. 德国研究，2009（2）.
[25] 刘松年，李建忠，罗艳玲. 科技社团在国家创新体系中的功能及其建设［J］. 科技管理研究，2008（12）：42-44.
[26] 潘建红，石珂. 国家治理中科技社团的角色缺位与行动策略——以湖北省为例［J］. 北京科技大学学报（社会科学版），2015（3）：87-96.
[27] 赵冬梅，孙继强. 新常态下科技社团承接政府转移职能问题研究——以江苏科技社团为例［J］. 中国科技论坛，2016（7）：48-54.
[28] 黄浩明，赵国杰. 现代科技革命与科技社团的国际合作［J］. 中国农业大学学报（社会科学版），2011（2）：41-47.
[29] 马长山. 民间社会组织能力建设与法治秩序［J］. 华东政法学院学报，2006（1）：

3–15.

[30] 美国快速未来. 规划未来：社团和非营利组织领导人面对的趋势挑战和选择 [M]. 李勇，译. 北京：中国科学技术出版社，2014：29–33.

[31] 亨利 · 恩斯特塔尔. 社团管理——原理与方法：4 版 [M]. 北京：中国科学技术出版社，2014：34–40.

[32] 张举，胡志强. 英国科技社团参与决策咨询的功能分析 [J]. 科技管理研究，2014（2）：27–30.

[33] W. 理查德 · 斯科特，杰拉尔德 · F. 戴维斯. 组织理论：理性、自然与开放系统的视角 [M]. 高俊山，译. 北京：中国人民大学出版社，2011：12–20.

[34] 周海炜. 核心竞争力：知识管理战略与实践 [M]. 南京：东南大学出版社，2002：14，17，20.

[35] 张旭. 智库背后的资本力量——美国智库筹资市场及其制度分析 [J]. 情报杂志，2018（5）：21–25.

[36] 张勇安. 业界利益与公共福利双赢：美国医学会与药品管理的联邦化（1891—1912）[J]. 历史研究，2009（1）：134–154.

[37] 张勇安. 美国医学会药品广告政策的制度化（1883—1915）[J]. 史学月刊，2010（12）：82–94.

[38] 董艳春，徐治立，霍宇同. 从奥巴马到特朗普：美国科技创新政策特点和趋势分析 [J]. 中国科技论坛，2017（8）：20–24.

[39] 荷马 · A. 尼尔，托宾 · L. 史密斯，珍妮弗 · B. 麦考密克. 超越思普尼克——21 世纪美国的科学政策 [M]. 樊春良，李思敏，译. 北京：北京大学出版社，2017.

[40] 高然. 学会社会化公共服务供给模式探究——以美国公共卫生学会为例 [J]. 学会，2017（2）：5–13.

[41] 李玲娟. 美国智库的研究及对中国民间智库的启示 [J]. 辽宁行政学院学报，2008，10（6）：27–28.

[42] 周琪. 美国智库的组织结构及运作——以布鲁金斯学会为例 [J]. 人民论坛，2013，（35）：8–14.

[43] Adrian Sargeant，Jen Shang. Fundraising Principles and Practice [M]. 2nd ed. Hoboken：Wiley，2017.

[44] K. G. Saur. World Guide to Scientific Associations and Learned Societies [M]. 9th ed. Die Deutsche Bibliothek，2004.

[45] John H. Gribbin. Scientific and Technical Societies of The United States and Canada [M]. 7th ed. Washington，D. C.：National Academy of Sciences—National Research Council，1961.

[46] Koch, H. William. Renewing a Scientific Society: The American Association for the Advancement of Science from World War II to 1970 [J]. *Science*, 1990, 247 (4942).

[47] Kirsten A. Gmnbjerg. Using NTEE to classify nonprofit organizations: an assessment of human service and regional applications [J]. *Voluntas*, 5: 3, 301–328.

附件：NTEE 核心编码表

NATIONAL TAXONOMY OF EXEMPT ENTITIES–CORE CODES (NTEE-CC) CLASSIFICATION SYSTEM (rev. May 2005)

ARTS，CULTURE & HUMANITIES

A01 Alliances & Advocacy

A02 Management & Technical Assistance

A03 Professional Societies & Associations

A05 Research Institutes & Public Policy Analysis

A11 Single Organization Support

A12 Fund Raising & Fund Distribution

A19 Support NEC

A20 Arts & Culture

A23 Cultural & Ethnic Awareness

A24 Folk Arts

A25 Arts Education

A26 Arts & Humanities Councils & Agencies

A27 Community Celebrations

A30 Media & Communications

A31 Film & Video

A32 Television

A33 Printing & Publishing

A34 Radio

A40 Visual Arts

A50 Museums

A51 Art Museums

A52 Children's Museums

A54 History Museums

A56 Natural History & Natural Science Museums

A57 Science & Technology Museums

A60 Performing Arts

A61 Performing Arts Centers

A62 Dance

A63 Ballet

A65 Theater

A68 Music

A69 Symphony Orchestras

A6A Opera

A6B Singing & Choral Groups

A6C Bands & Ensembles

A6E Performing Arts Schools

A70 Humanities

A80 Historical Organizations

A82 Historical Societies & Historic Preservation

A84 Commemorative Events

A90 Arts Services

A99 Arts，Culture & Humanities NEC

EDUCATION

B01 Alliances & Advocacy

B02 Management & Technical Assistance

B03 Professional Societies & Associations

B05 Research Institutes & Public Policy Analysis

B11 Single Organization Support

B12 Fund Raising & Fund Distribution

B19 Support NEC

B20 Elementary & Secondary Schools

B21 Preschools

B24 Primary & Elementary Schools

B25 Secondary & High Schools

B28 Special Education

B29 Charter Schools

B30 Vocational & Technical Schools

B40 Higher Education

B41 Two–Year Colleges

B42 Undergraduate Colleges

B43 Universities

B50 Graduate & Professional Schools

B60 Adult Education

B70 Libraries

B80 Student Services

B82 Scholarships & Student Financial Aid

B83 Student Sororities & Fraternities

B84 Alumni Associations

B90 Educational Services

B92 Remedial Reading & Encouragement

B94 Parent & Teacher Groups

B99 Education NEC

ENVIRONMENT

C01 Alliances & Advocacy

C02 Management & Technical Assistance

C03 Professional Societies & Associations

C05 Research Institutes & Public Policy Analysis

C11 Single Organization Support

C12 Fund Raising & Fund Distribution

C19 Support NEC

C20 Pollution Abatement & Control

C27 Recycling

C30 Natural Resources Conservation & Protection

C32 Water Resources，Wetlands Conservation & Management

C34 Land Resources Conservation

C35 Energy Resources Conservation & Development

C36 Forest Conservation

C40 Botanical，Horticultural & Landscape Services

C41 Botanical Gardens & Arboreta

C42 Garden Clubs

C50 Environmental Beautification

C60 Environmental Education

C99 Environment NEC

ANIMAL-RELATED

D01 Alliances & Advocacy

D02 Management & Technical Assistance

D03 Professional Societies & Associations

D05 Research Institutes & Public Policy Analysis

D11 Single Organization Support

D12 Fund Raising & Fund Distribution

D19 Support NEC

D20 Animal Protection & Welfare

D30 Wildlife Preservation & Protection

D31 Protection of Endangered Species

D32 Bird Sanctuaries

D33 Fisheries Resources

D34 Wildlife Sanctuaries

D40 Veterinary Services

D50 Zoos & Aquariums

D60 Animal Services NEC

D61 Animal Training

D99 Animal-Related NEC

HEALTH CARE

E01 Alliances & Advocacy

E02 Management & Technical Assistance

E03 Professional Societies & Associations

E05 Research Institutes & Public Policy Analysis

E11 Single Organization Support

E12 Fund Raising & Fund Distribution

E19 Support NEC

E20 Hospitals

E21 Community Health Systems

E22 General Hospitals

E24 Specialty Hospitals

E30 Ambulatory & Primary Health Care

E31 Group Health Practices

E32 Community Clinics

E40 Reproductive Health Care

E42 Family Planning

E50 Rehabilitative Care

E60 Health Support

E61 Blood Banks

E62 Emergency Medical Services & Transport

E65 Organ & Tissue Banks

E70 Public Health

E80 Health（General & Financing）

E86 Patient & Family Support

E90 Nursing

E91 Nursing Facilities

E92 Home Health Care

E99 Health Care NEC

MENTAL HEALTH & CRISIS INTERVENTION

F01 Alliances & Advocacy

F02 Management & Technical Assistance

F03 Professional Societies & Associations

F05 Research Institutes & Public Policy Analysis

F11 Single Organization Support

F12 Fund Raising & Fund Distribution

F19 Support NEC

F20 Substance Abuse Dependency，Prevention & Treatment

F21 Substance Abuse Prevention

F22 Substance Abuse Treatment

F30 Mental Health Treatment

F31 Psychiatric Hospitals

F32 Community Mental Health Centers

F33 Residential Mental Health Treatment

F40 Hot Lines & Crisis Intervention

F42 Sexual Assault Services

F50 Addictive Disorders NEC

F52 Smoking Addiction

F53 Eating Disorders & Addictions

F54 Gambling Addiction

F60 Counseling

F70 Mental Health Disorders

F80 Mental Health Associations

F99 Mental Health & Crisis Intervention NEC

DISEASES，DISORDERS & MEDICAL DISCIPLINES

G01 Alliances & Advocacy

G02 Management & Technical Assistance

G03 Professional Societies & Associations

G05 Research Institutes & Public Policy Analysis

G11 Single Organization Support

G12 Fund Raising & Fund Distribution

G19 Support NEC

G20 Birth Defects & Genetic Diseases

G25 Down Syndrome

G30 Cancer

G32 Breast Cancer

G40 Diseases of Specific Organs

G41 Eye Diseases，Blindness & Vision Impairments

G42 Ear & Throat Diseases

G43 Heart & Circulatory System Diseases & Disorders

G44 Kidney Diseases

G45 Lung Diseases

G48 Brain Disorders

G50 Nerve，Muscle & Bone Diseases

G51 Arthritis

G54 Epilepsy

G60 Allergy-Related Diseases

G61 Asthma

G70 Digestive Diseases & Disorders

G80 Specifically Named Diseases

G81 AIDS

G83 Alzheimer's Disease

G84 Autism

G90 Medical Disciplines

G92 Biomedicine & Bioengineering

G94 Geriatrics

G96 Neurology & Neuroscience

G98 Pediatrics

G9B Surgical Specialties

G99 Diseases，Disorders & Medical Disciplines NEC

MEDICAL RESEARCH

H01 Alliances & Advocacy

H02 Management & Technical Assistance

H03 Professional Societies & Associations

H05 Research Institutes & Public Policy Analysis

H11 Single Organization Support

H12 Fund Raising & Fund Distribution

H19 Support NEC

H20 Birth Defects & Genetic Diseases Research

H25 Down Syndrome Research

H30 Cancer Research

H32 Breast Cancer Research

H40 Diseases of Specific Organ Research

H41 Eye Diseases，Blindness & Vision Impairments Research

H42 Ear & Throat Diseases Research

H43 Heart & Circulatory System Diseases & Disorders Research

H44 Kidney Diseases Research

H45 Lung Diseases Research

H48 Brain Disorders Research

H50 Nerve，Muscle & Bone Diseases Research

H51 Arthritis Research

H54 Epilepsy Research

H60 Allergy–Related Diseases Research

H61 Asthma Research

H70 Digestive Diseases & Disorders Research

H80 Specifically Named Diseases Research

H81 AIDS Research

H83 Alzheimer's Disease Research

H84 Autism Research

H90 Medical Disciplines Research

H92 Biomedicine & Bioengineering Research

H94 Geriatrics Research

H96 Neurology & Neuroscience Research

H98 Pediatrics Research

H9B Surgical Specialties Research

H99 Medical Research NEC

CRIME & LEGAL–RELATED

I01 Alliances & Advocacy

I02 Management & Technical Assistance

I03 Professional Societies & Associations

I05 Research Institutes & Public Policy Analysis

I11 Single Organization Support

I12 Fund Raising & Fund Distribution

I19 Support NEC

I20 Crime Prevention

I21 Youth Violence Prevention

I23 Drunk Driving–Related

I30 Correctional Facilities

I31 Half–Way Houses for Offenders & Ex–Offenders

I40 Rehabilitation Services for Offenders

I43 Inmate Support

I44 Prison Alternatives

I50 Administration of Justice

I51 Dispute Resolution & Mediation

I60 Law Enforcement

I70 Protection Against Abuse

I71 Spouse Abuse Prevention

I72 Child Abuse Prevention

I73 Sexual Abuse Prevention

I80 Legal Services

I83 Public Interest Law

I99 Crime & Legal–Related NEC

EMPLOYMENT

J01 Alliances & Advocacy

J02 Management & Technical Assistance

J03 Professional Societies & Associations

J05 Research Institutes & Public Policy Analysis

J11 Single Organization Support

J12 Fund Raising & Fund Distribution

J19 Support NEC

J20 Employment Preparation & Procurement

J21 Vocational Counseling

J22 Job Training

J30 Vocational Rehabilitation

J32 Goodwill Industries

J33 Sheltered Employment

J40 Labor Unions

J99 Employment NEC

FOOD，AGRICULTURE & NUTRITION

K01 Alliances & Advocacy

K02 Management & Technical Assistance

K03 Professional Societies & Associations

K05 Research Institutes & Public Policy Analysis

K11 Single Organization Support

K12 Fund Raising & Fund Distribution

K19 Support NEC

K20 Agricultural Programs

K25 Farmland Preservation

K26 Animal Husbandry

K28 Farm Bureaus & Granges

K30 Food Programs

K31 Food Banks & Pantries

K34 Congregate Meals

K35 Soup Kitchens

K36 Meals on Wheels

K40 Nutrition

K50 Home Economics

K99 Food，Agriculture & Nutrition NEC

HOUSING & SHELTER

L01 Alliances & Advocacy

L02 Management & Technical Assistance

L03 Professional Societies & Associations

L05 Research Institutes & Public Policy Analysis

L11 Single Organization Support

L12 Fund Raising & Fund Distribution

L19 Support NEC

L20 Housing Development，Construction & Management

L21 Low-Income & Subsidized Rental Housing

L22 Senior Citizens' Housing & Retirement Communities

L24 Independent Housing for People with Disabilities

L25 Housing Rehabilitation

L30 Housing Search Assistance

L40 Temporary Housing

L41 Homeless Shelters

L50 Homeowners & Tenants Associations

L80 Housing Support

L81 Home Improvement & Repairs

L82 Housing Expense Reduction Support

L99 Housing & Shelter NEC

PUBLIC SAFETY，DISASTER PREPAREDNESS & RELIEF

M01 Alliances & Advocacy

M02 Management & Technical Assistance

M03 Professional Societies & Associations

M05 Research Institutes & Public Policy Analysis

M11 Single Organization Support

M12 Fund Raising & Fund Distribution

M19 Support NEC

M20 Disaster Preparedness & Relief Services

M23 Search & Rescue Squads

M24 Fire Prevention

M40 Safety Education

M41 First Aid

M42 Automotive Safety

M60 Public Safety Benevolent Associations

M99 Public Safety，Disaster Preparedness & Relief NEC

RECREATION & SPORTS

N01 Alliances & Advocacy

N02 Management & Technical Assistance

N03 Professional Societies & Associations

N05 Research Institutes & Public Policy Analysis

N11 Single Organization Support

N12 Fund Raising & Fund Distribution

N19 Support NEC

N20 Camps

N30 Physical Fitness & Community Recreational Facilities

N31 Community Recreational Centers

N32 Parks & Playgrounds

N40 Sports Associations & Training Facilities

N50 Recreational Clubs

N52 Fairs

N60 Amateur Sports

N61 Fishing & Hunting

N62 Basketball

N63 Baseball & Softball

N64 Soccer

N65 Football

N66 Racquet Sports

N67 Swimming & Other Water Recreation

N68 Winter Sports

N69 Equestrian

N6A Golf

N70 Amateur Sports Competitions

N71 Olympics

N72 Special Olympics

N80 Professional Athletic Leagues

N99 Recreation & Sports NEC

YOUTH DEVELOPMENT

O01 Alliances & Advocacy

O02 Management & Technical Assistance

O03 Professional Societies & Associations

O05 Research Institutes & Public Policy Analysis

O11 Single Organization Support
O12 Fund Raising & Fund Distribution
O19 Support NEC
O20 Youth Centers & Clubs
O21 Boys Clubs
O22 Girls Clubs
O23 Boys & Girls Clubs
O30 Adult & Child Matching Programs
O31 Big Brothers & Big Sisters
O40 Scouting Organizations
O41 Boy Scouts of America
O42 Girl Scouts of the U.S.A.
O43 Camp Fire
O50 Youth Development Programs
O51 Youth Community Service Clubs
O52 Youth Development–Agricultural
O53 Youth Development–Business
O54 Youth Development–Citizenship
O55 Youth Development–Religious Leadership
O99 Youth Development NEC

HUMAN SERVICES

P01 Alliances & Advocacy
P02 Management & Technical Assistance
P03 Professional Societies & Associations
P05 Research Institutes & Public Policy Analysis
P11 Single Organization Support
P12 Fund Raising & Fund Distribution
P19 Support NEC
P20 Human Services
P21 American Red Cross
P22 Urban League
P24 Salvation Army

P26 Volunteers of America

P27 Young Men's or Women's Associations

P28 Neighborhood Centers

P29 Thrift Shops

P30 Children & Youth Services

P31 Adoption

P32 Foster Care

P33 Child Day Care

P40 Family Services

P42 Single Parent Agencies

P43 Family Violence Shelters

P44 In−Home Assistance

P45 Family Services for Adolescent Parents

P46 Family Counseling

P47 Pregnancy Centers

P50 Personal Social Services

P51 Financial Counseling

P52 Transportation Assistance

P58 Gift Distribution

P60 Emergency Assistance

P61 Travelers' Aid

P62 Victims' Services

P70 Residential Care & Adult Day Programs

P71 Adult Day Care

P73 Group Homes

P74 Hospices

P75 Supportive Housing for Older Adults

P80 Centers to Support the Independence of Specific Populations

P81 Senior Centers

P82 Developmentally Disabled Centers

P84 Ethnic & Immigrant Centers

P85 Homeless Centers

P86 Blind & Visually Impaired Centers

P87 Deaf & Hearing Impaired Centers

P88 LGBT Centers

P99 Human Services NEC

INTERNATIONAL，FOREIGN AFFAIRS & NATIONAL SECURITY

Q01 Alliances & Advocacy

Q02 Management & Technical Assistance

Q03 Professional Societies & Associations

Q05 Research Institutes & Public Policy Analysis

Q11 Single Organization Support

Q12 Fund Raising & Fund Distribution

Q19 Support NEC

Q20 Promotion of International Understanding

Q21 International Cultural Exchange

Q22 International Academic Exchange

Q23 International Exchange NEC

Q30 International Development

Q31 International Agricultural Development

Q32 International Economic Development

Q33 International Relief

Q35 Democracy & Civil Society Development

Q40 International Peace & Security

Q41 Arms Control & Peace

Q42 United Nations Associations

Q43 National Security

Q50 International Affairs，Foreign Policy & Globalization

Q51 International Economic & Trade Policy

Q70 International Human Rights

Q71 International Migration & Refugee Issues

Q99 International，Foreign Affairs & National Security NEC

CIVIL RIGHTS，SOCIAL ACTION & ADVOCACY

R01 Alliances & Advocacy

R02 Management & Technical Assistance

R03 Professional Societies & Associations

R05 Research Institutes & Public Policy Analysis

R11 Single Organization Support

R12 Fund Raising & Fund Distribution

R19 Support NEC

R20 Civil Rights

R22 Minority Rights

R23 Disabled Persons' Rights

R24 Women's Rights

R25 Seniors' Rights

R26 Lesbian and Gay Rights

R28 Children's Rights

R30 Intergroup & Race Relations

R40 Voter Education & Registration

R60 Civil Liberties

R61 Reproductive Rights

R62 Right to Life

R63 Censorship，Freedom of Speech & Press

R67 Right to Die & Euthanasia

R99 Civil Rights，Social Action & Advocacy NEC

COMMUNITY IMPROVEMENT & CAPACITY BUILDING

S01 Alliances & Advocacy

S02 Management & Technical Assistance

S03 Professional Societies & Associations

S05 Research Institutes & Public Policy Analysis

S11 Single Organization Support

S12 Fund Raising & Fund Distribution

S19 Support NEC

S20 Community & Neighborhood Development

S21 Community Coalitions

S22 Neighborhood & Block Associations

S30 Economic Development

S31 Urban & Community Economic Development

S32 Rural Economic Development

S40 Business & Industry

S41 Chambers of Commerce & Business Leagues

S43 Small Business Development

S46 Boards of Trade

S47 Real Estate Associations

S50 Nonprofit Management

S80 Community Service Clubs

S81 Women's Service Clubs

S82 Men's Service Clubs

S99 Community Improvement & Capacity Building NEC

PHILANTHROPY，VOLUNTARISM & GRANTMAKING FOUNDATIONS

T01 Alliances & Advocacy

T02 Management & Technical Assistance

T03 Professional Societies & Associations

T05 Research Institutes & Public Policy Analysis

T11 Single Organization Support

T12 Fund Raising & Fund Distribution

T19 Support NEC

T20 Private Grantmaking Foundations

T21 Corporate Foundations

T22 Private Independent Foundations

T23 Private Operating Foundations

T30 Public Foundations

T31 Community Foundations

T40 Voluntarism Promotion

T50 Philanthropy，Charity & Voluntarism Promotion

T70 Federated Giving Programs

T90 Named Trusts NEC

T99 Philanthropy，Voluntarism & Grantmaking Foundations NEC

SCIENCE & TECHNOLOGY

U01 Alliances & Advocacy

U02 Management & Technical Assistance

U03 Professional Societies & Associations

U05 Research Institutes & Public Policy Analysis

U11 Single Organization Support

U12 Fund Raising & Fund Distribution

U19 Support NEC

U20 General Science

U21 Marine Science & Oceanography

U30 Physical & Earth Sciences

U31 Astronomy

U33 Chemistry & Chemical Engineering

U34 Mathematics

U36 Geology

U40 Engineering & Technology

U41 Computer Science

U42 Engineering

U50 Biological & Life Sciences

U99 Science & Technology NEC

SOCIAL SCIENCE

V01 Alliances & Advocacy

V02 Management & Technical Assistance

V03 Professional Societies & Associations

V05 Research Institutes & Public Policy Analysis

V11 Single Organization Support

V12 Fund Raising & Fund Distribution

V19 Support NEC

V20 Social Science

V21 Anthropology & Sociology

V22 Economics

V23 Behavioral Science

V24 Political Science

V25 Population Studies

V26 Law & Jurisprudence

V30 Interdisciplinary Research

V31 Black Studies

V32 Women's Studies

V33 Ethnic Studies

V34 Urban Studies

V35 International Studies

V36 Gerontology

V37 Labor Studies

V99 Social Science NEC

PUBLIC & SOCIETAL BENEFIT

W01 Alliances & Advocacy

W02 Management & Technical Assistance

W03 Professional Societies & Associations

W05 Research Institutes & Public Policy Analysis

W11 Single Organization Support

W12 Fund Raising & Fund Distribution

W19 Support NEC

W20 Government & Public Administration

W22 Public Finance， Taxation & Monetary Policy

W24 Citizen Participation

W30 Military & Veterans' Organizations

W40 Public Transportation Systems

W50 Telecommunications

W60 Financial Institutions

W61 Credit Unions

W70 Leadership Development

W80 Public Utilities

W90 Consumer Protection

W99 Public & Societal Benefit NEC

RELIGION–RELATED

X01 Alliances & Advocacy

X02 Management & Technical Assistance

X03 Professional Societies & Associations

X05 Research Institutes & Public Policy Analysis

X11 Single Organization Support

X12 Fund Raising & Fund Distribution

X19 Support NEC

X20 Christianity

X21 Protestant

X22 Roman Catholic

X30 Judaism

X40 Islam

X50 Buddhism

X70 Hinduism

X80 Religious Media & Communications

X81 Religious Film & Video

X82 Religious Television

X83 Religious Printing & Publishing

X84 Religious Radio

X90 Interfaith Coalitions

X99 Religion–Related NEC

MUTUAL & MEMBERSHIP BENEFIT

Y01 Alliances & Advocacy

Y02 Management & Technical Assistance

Y03 Professional Societies & Associations

Y05 Research Institutes & Public Policy Analysis

Y11 Single Organization Support

Y12 Fund Raising & Fund Distribution

Y19 Support NEC

Y20 Insurance Providers

Y22 Local Benevolent Life Insurance Associations，Mutual Irrigation & Telephone

Companies & Like Organizations

Y23 Mutual Insurance Companies & Associations

Y24 Supplemental Unemployment Compensation

Y25 State–Sponsored Worker's Compensation

Reinsurance Organizations

Y30 Pension & Retirement Funds

Y33 Teachers Retirement Fund Associations

Y34 Employee Funded Pension Trusts

Y35 Multi–Employer Pension Plans

Y40 Fraternal Societies

Y41 Fraternal Beneficiary Societies

Y42 Domestic Fraternal Societies

Y43 Voluntary Employees Beneficiary Associations (Non–Government)

Y44 Voluntary Employees Beneficiary Associations (Government)

Y50 Cemeteries

Y99 Mutual & Membership Benefit NEC

UNKNOWN

Z99 Unknown

NEC = Not Elsewhere Classified

The National Taxonomy of Exempt Entities–Core Codes (NTEE–CC) is the industry–wide standard for nonprofit organizational classification.

CHAPTER 3

第3章 英国科技社团发展概况及管理体制

英国人口不到7 000万人，却是近代科学和工业革命的发源地，先后产生了130多位诺贝尔奖获得者[①]，资助了全球10.7%的科学研究，高引用率论文的数量占全球高引用率论文总数的15.2%，位居世界第三[②]。探索近代科学革命和工业革命在英国率先发生并蓬勃发展的积极因素，可以发现英国科技社团是开启近代科学技术制度化进程的关键一步，亦是推动现代科技形成发展的重要力量。

3.1 历史演进

有关科技社团的历史起源，众说纷纭，不一而足。有学者认为，“专业社团的起源与发展可以追溯到文艺复兴后期，那时成立了收集和传播知识的科技性社团。成立最早的科技性社团是1560年成立的那不勒斯自然奥秘学院。”[③] 也有学者考证，16世纪初，英国就有一批早期医学团体在活动。据1986年版《简明不列颠百科全

① 人口数据来源：欧盟统计局 https://ec.europa.eu/eurostat/tgm/table.do?tab=table&init=1&language=en&pcode=tps00001&plugin=1. 诺贝尔奖数据来源：https://en.wikipedia.org/wiki/List_of_Nobel_laureates_by_country#United_Kingdom.

② Department for Business，Energy & Industrial Strategy. International Comparative Performance of the UK Research Base-2016. https://www.elsevier.com/__data/assets/pdf_file/0018/507321/ELS-BEIS-Web.pdf.

③ 亨利·恩斯特塔尔. 社团管理——原则与方法:（第4版）[M]. 朱晓红，陈吉，等译. 北京：中国科学技术出版社，2014：5.

书》，1505 年爱丁堡皇家外科医师学会得到特许而设立，成为苏格兰外科医师组织；1518 年，伦敦皇家内科医师学会（RCP）成立并活动至今，主要职能是培训医师和医院工作人员以及颁发行医执照，医师持照后方可在联合王国行医。英国皇家外科医师学会（RCS）的前身是 150 年前成立的理发师 – 外科医师公会，1745 年改名为外科医师公会，1843 年又改为伦敦皇家外科医师学会，最后改为现名。此外，与上述学会并列的一些学会有苏格兰格拉斯哥皇家内、外科医师学会等。有明确成立年份记录的有三个学会，分别是 1505 年成立的爱丁堡皇家外科医师学会，1518 年成立的伦敦皇家内科医师学会和 1540 年成立的理发师 – 外科医师公会。因此，目前文献资料记载最早成立的自然科学学会应为爱丁堡皇家外科医师学会。①

3.1.1 17 世纪：英国科技社团的初创与近代科学的产生

17 世纪，欧洲产生了两个重要的科技社团，英国皇家学会和法兰西科学院。两个科技社团分别代表了欧洲科技社团发展的不同模式。后来，世界各国成立的科技社团大都继承了这两个科技社团所形成的固定模式。英国皇家学会成立之时的英国正处于剧烈的社会变革中：确立了君主立宪制的政治体制、获得了海上霸权、开始发展对外贸易、发生了从天主教向新教转变的宗教改革。正是在这样的背景下，对探索自然获取新知识感兴趣的英国新教徒们建立了对近代科学发展至关重要的科技社团：英国皇家学会。英国皇家学会全称为伦敦皇家自然知识促进协会，是世界上历史最为悠久、影响最为深远的科技社团。英国皇家学会成立的初衷是 12 位经常在一起讨论弗兰西斯 · 培根（Francis Bacon）思想的学者想有一个固定的机构和活动地点，能在一起讨论物理 – 数学知识，于是在 1660 年于伦敦格雷山姆学院（Gresham College）自发成立了这个学会。根据自然哲学家的数量来分析，查尔斯 · 吉利斯皮（Charles C. Gillispie）编撰的《科学家传记辞典》（*Dictionary of Scientific Biography*）统计发现，17 世纪的 92 名自然哲学家中，65 人是英国皇家学会会员，占比高达 70%；根据自然哲学研究成果的数量来分析，亚历山大 · 赫莱曼斯（Alexander Hellemans）和布瑞恩 · 邦切（Bryan Bunch）统计，1645—1700 年，英国共有 88 项科学成果，其中与英国皇家学会相关的成果超过了 90%。② 可见，英国皇家学会在推动 17 世纪英国的科学进步方面起到了关键性作用，是 17 世纪英国自

---

① 沈爱民. 世界最早的自然科学学会应是爱丁堡皇家外科医师学会［J］. 学会，1994,（10）：7.

② 罗兴波. 17 世纪英国科学研究方法的发展——以伦敦皇家学会为中心［M］. 北京：中国科学技术出版社，2012：105.

然哲学（科学）研究的代表。

与法兰西科学院等欧洲知名科学院不同，英国皇家学会从一开始就不是一个由国家组织并支持的科技社团，而是一个由自然哲学家和爱好者们自发形成、以自下而上的方式建立的松散的民间科技社团。这一时期以英国皇家学会为代表的科技社团会员大多是对探索自然哲学知识感兴趣的贵族、医生等。英国皇家学会自成立之初就明确了发展宗旨：为了增加自然知识，包括制造、力学和实验性发现。可以说，通过实验获取自然哲学知识、促进自然哲学研究为目的的求真，是英国皇家学会一贯秉持的传统。英国皇家学会成立之初，虽然会员对科学研究的方法没有达成一致，但大家公认英国皇家学会的成立就是为了实现培根在《新大西岛》中所描述的乌托邦，并把培根倡导的观察自然的归纳法作为理解自然的主要途径。但是，随着艾萨克·牛顿（Isaac Newton）、罗伯特·波义耳（Robert Boyle）等人的努力，英国的自然哲学家们开始信奉数学是认识自然的有力工具，以往被培根排斥的数学主义的研究方法开始被普遍接受，人类之理性得到前所未有的颂扬，实验的重要性从科学研究唯一有用的工具转变为仅是对理论或假说的检验工具[①]，英国皇家学会的研究范式从培根的经验主义转换为实验哲学纲领。正是沿着这一研究纲领，进而孕育出了近代科学。为了方便学术活动的积累，英国皇家学会开办了英国现存至今最早的学术期刊《哲学汇刊》（Philosophical Transactions）。这本刊物除了有学术交流这一基本功能，还有一项最重要的功能，即树立了科学共同体的一项重要的内部学术规范：科学发现的优先权。皇家学会虽然是一个民间科技社团，但凭借国王在 1662 年、1663 年、1669 年授予的三张特许状获得了法人资格，拥有自我决策、独立发展的自治权，以及为开展科学研究而具备的出版物免检权、解剖权和自由开展学术交流的学术特权。

3.1.2 18 世纪：英国科技社团的兴起与工业革命的联系

18 世纪中叶到 19 世纪上半叶发生在英国的第一次工业革命是英国近代史上一个重要的里程碑。第一次工业革命之前，农业是英国最主要的产业，大多数人口都以农为生。第一次工业革命完成后，英国从农业国转变成为世界上第一个工业国，英国的工业在世界中占据垄断地位：煤产量达到 11 200 万吨、钢产量达到 22 万吨，棉纱产量达到 10 万磅（1 磅 =453.6 克），还有世界上最大的商船队、最大的造船厂、最强大的海军。英国成为名副其实的世界工厂和世界金融中心。回顾第一次工

① 罗兴波. 17 世纪英国科学研究方法的发展——以伦敦皇家学会为中心. 北京：中国科学技术出版社，2012.

业革命的历史，我们可以清晰地看到这场革命与科学技术的发展有着密切关系。第一次工业革命期间，以月光社（Lunar Society of Birmingham）和曼彻斯特文哲会（Manchester Literary and Philosophical Society）为代表的英国新兴科技社团充当了科学与工业联系的纽带，社团成员及社团举办的各类活动有力地推动了技术进步和工业革命的发展。

18 世纪，以英国皇家学会为代表的传统科技社团呈现出稳定发展的趋势。18 世纪初，牛顿担任英国皇家学会主席，为英国皇家学会带来了巨大的声望。1727 年，牛顿逝世之后，以约瑟夫·班克斯（Joseph Banks）为代表的历任皇家学会主席都在维持皇家学会的传统和制度，英国皇家学会的自身发展和科学知识生产都有显著增长，但研究旨趣和定位等都有了较大的变化。学会的研究领域从以实验性和哲学思考为基础的天文学和数学转向了博物学，对自然、人工的奇异现象，例如，各种怪物、异域的动植物、矿物、化石、奇特的工艺品和古董等的关注渐成风气，对它们的报道在英国皇家学会的活动中占据主导地位。这一时期，英国皇家学会建立了英国的第一个学术奖项：科普利奖（Copley medal）。这个奖的设立是英国科学奖励制度形成的基础。但总体而言，传统科学学会的会员数量持续增加，仍以贵族、乡绅、律师、内科医生和教士为主，非科学家会员的比例较高。相应地，传统科技社团的管理模式没有发生大的变化。

相比于以英国皇家学会为代表的传统社团而言，当时新兴科技社团主要集中在伯明翰、曼彻斯特等第一次工业革命的热门地区，大多由不信英国国教的中产阶级组成。在伯明翰，马修·博尔顿（Matthew Boulton）、伊拉兹马斯·达尔文（Erasmus Darwin）、詹姆斯·瓦特（James Watt）、约瑟夫·普利斯特利（Joseph Priestley）和约西亚·韦奇伍德（Josiah Wedgwood）是月光社的主要成员；在曼彻斯特，约翰·道尔顿（John Dalton）是曼彻斯特文哲会的中心人物。此外，约翰·艾肯（John Aikin）、托马斯·贝多斯（Thomas Beddoes）、汉弗莱·戴维（Humphrey Davy）等人也是利物浦、沃灵顿、布里斯托、诺里奇等地的科技社团的中心人物，这些科技社团成为当地科学家和工业家的科学活动中心，为工业革命提供了强大的智力支撑。光荣革命后，《市政法》规定不信国教者不得担任公职，所以这些中产阶级大多选择从事工商业。他们通过工业革命积累了大量的经济财富，但是社会地位和政治地位仍然受到传统贵族的压制，参与科学活动有挑战垄断的社会阶层、提升社会地位的作用。正是由于新兴科技社团成员的身份和宗教信仰不同，18 世纪科技社团的发展宗旨走向了与 17 世纪的科技社团迥异的方向：追求科学技术的社会影响和经济效益。1769 年，瓦特发明了单动式蒸汽机并迅速将其引入纺织业生产中，解决了纺织业对水力的依赖所带来的工厂选址的限制。随后，伯明翰月光社的博尔顿、理查德·埃奇沃思（Richard Edgeworth）、韦奇伍德等成员共同改造瓦特蒸汽机并将其应用于矿井排水和汽船驱动等方面，使蒸汽动力被大力推广。纺织、采矿、交通运输、陶器生产运输、化学工业等多个领域在与当地科技社团的密切合作中成为这场工业革命浪潮的重要领域。这些新兴科技社团除了致力于技术创新和改良，还积极投身科学教育和科学传播，通过组织巡回讲座、出版书籍刊物、建立新式大学和研究机构、改造现行的教育机构等多种方式，希望为工业革命输送更多专业人才、对民众进行科学启蒙。

3.1.3　19 世纪：英国科技社团的腾飞与新旧社团的改革

19 世纪，英国的政治和经济格局都发生了巨大变化。受法国大革命的影响，英国的工商业资产阶级希望改善自己的政治地位，下层人民群众希望获得参政权以改善自己的经济地位，由此推动了 19 世纪一系列议会改革，更多的普通民众获得了选举权，英国的贵族、资产阶级和平民通过改革达成了一种妥协，实现了英国政治体制的渐进式改革；英国的经济实力在 19 世纪也经历了由盛转衰的过程，在 19 世纪的上半叶英国凭借第一次工业革命的棉纺织业、冶炼业、机械工业、采矿业等的飞速发展轻松处于世界经济强国的领先地位，而到了 19 世纪中后期，德国和美国进入快速发展阶段成功赶超英国。这些政治经济格局的剧烈变化都对英国的科技社团产生了直接影响，触发了科技社团的全面改革，科技社团的发展迎来了黄金期。工业资产阶级在政治领域取得的巨大成功在英国的科学界引起了强烈反响，而英国在世界经济格局中的衰落也引起了科技社团成员们的反思。

英国的资产阶级通过工业革命获得了巨大财富进而实现政治地位的提升，这一晋身之路激发了更多的资产阶级投身科技社团，希望通过科技社团的研究活动提升工业生产效率。工业化的浪潮席卷英国，科学技术成为社会风尚，科技社团迎来了发展的巅峰时代。科技社团的数量和成员均大幅增加，无论是真正致力于科学研究的知识分子还是追求品位的达官贵人，都以加入科技社团为荣。皇家学会 1846 年的会员人数达到了历史最高峰 771 人。通过以英国科学促进会为代表的科技社团的会员的积极努力，科学技术在社会中日益得到大众的认可，由此诞生了职业科学家这一社会角色。职业科学家获得身份认同后，新旧社团纷纷进行了改革，把对科学不感兴趣的各色人等排除出去，各个学会走向了专业化的发展道路，成为真正意义上的科技社团。以皇家学会为例，该学会的理事会成员全部由科学家担任，科学家会员定时交纳会费使皇家学会终于改变了以往入不敷出的局面，保证了学会的正常运行。这一时期，英国科学促进会、医学协会等科技社团通过科学演讲、科学论战等各种方式努力推动科学的独立，实现科学职业的正规化。从1859年达尔文的《物种起源》出版引发的关于进化论的大论战到1870年约翰·丁达尔（John Tynadall）关于生命可能来源于无机物的演说，把上帝驱逐出了生物界。再到1880年，赫胥黎在工业城市伯明翰的乔赛亚·梅森特科学学院（Sir Josiah Mason's Science College）开学典礼上发表了“科学与文化”的演说，批判传统古典神学教育对科学课程的抵制，这一系列科学演讲都为科学的职业化铺平了道路。通过《哲学汇刊》编辑制度的完善，英国的科学共同体又确立了一条重要规范：同行评议制度。这一制度在学术期刊和学术奖励中的运用也使学术期刊的运行更加规范、学术奖励制度更加公平，提高了科学共同体的自我管理、自我组织能力。至此，英国科技社团经过300多年的发展变迁，科学发现的优先权、同行评议和学术奖励等学术规范相继建立，职业科学家的身份获得认可，科学研究在英国的大学中获得了独立合法的地位，科技社团和社会之间建立了有效的双向互动，现代科学发展所需要的基本内部规范和社会认同均已形成。

3.1.4　英国科技社团发展历程小结

回顾英国科技社团的发展历程，自17世纪中叶起，无形学院开启了英国科技社团的发展之路。历经300余年，英国的科技社团如今数量众多、各有特色、管理规范、结构完善。英国皇家学会作为英国迄今为止历史最悠久又从未中断过的科技社团，是17世纪英国最重要的科技社团，它的成立为后来的科技社团树立了榜样，其研究范式带来了天文学和物理学的突破进而孕育出了近代科学，它的运行管理模式是后来的科技社团借鉴的对象。18世纪英国的科技社团形成了新兴和传统并行的发展状态，一方面在伯明翰、曼彻斯特等工业革命蓬勃发展的地区相继建立的科技社团与当地的工厂企业联系密切，科学技术的实用性受到极大的重视，科技社团满足了对技术升级的需求并开创了以机器代替手工劳动的时代，以技术改革推动了深刻的社会变革；另一方面，传统的科技社团因为会员人数的持续增加和会员中业余爱好者的比例持续上升，导致关注的研究领域转向了博物学。19世纪迎来了英国科技社团的辉煌时代，大量的科技社团纷纷涌现，旧的科技社团也进行了大刀阔斧的改革，科技社团推动了职业科学家这一社会角色的诞生，随后职业科学家又推动科学学会走向了专业化的发展道路。至此，英国科技社团的内部运行模式逐步成熟完善，外部获得了社会的广泛认同，成为世界可供借鉴的一流科技社团发展典范。

3.2　发展现状

3.2.1　当代英国科技社团的总量和分布

英国的科技社团大多都注册为慈善组织。英国的慈善组织的注册机制始于 18 世纪末 19 世纪初，并随着 1960 年出台的《慈善法》趋于完善。如今，注册为慈善组织的科技社团根据规定分为强制注册和自愿注册两个类别，以年收入为标准。年收入在 5 000 英镑以上的科技社团必须在慈善委员会注册，年收入在 5 000 英镑以下的实行自愿注册。已经注册的科技社团如果在某一年收入低于 5 000 英镑，也保留注册身份。进入英国慈善委员会（英格兰和威尔士地区）官网上注册的慈善组织检索系统[①]，在社团名称（charity name）、社团目标（charity objects）和社团主要活动（charity activities）中以"science"为关键词进行搜索，共可以得到 4 140 个机构。在这 4 140 个以科学为目标或主要活动内容的机构中，通过以下标准进行了二次筛选。

（1）排除中小学（网址的后缀为 sch.uk）、科研机构和大学（网址的后缀为 ac.uk）、政府机构（网址的后缀为 gov.uk）;

（2）排除基金会（注册名称中含有 Trust 和 foundation）;

（3）排除在其他国家成立但在英国也注册为慈善组织的机构;

（4）排除公司（网址的后缀为 co.uk 或机构名称中含有 ltd 或 limited）;

（5）排除不以科学研究为主要业务的其他社团。[②]

经过筛选和统计，英国现今注册为慈善组织的科技社团有 1 308 个。根据科技社团的年收入进行分类，如表 3-1 所示。英国科技社团的规模基本符合正态分布规律，年收入超过 50 万英镑和年收入低于 5 000 英镑的科技社团的数量较少，大部分科技社团的年收入在 5 000—500 000 英镑。年收入在 10 001—25 000 英镑的科技社团数量最多，为 282 个；年收入超过 1 000 万英镑的科技社团数量虽然最少（14 个），但总收入合计约有 50 亿英镑，规模庞大，影响深远。

① 英国慈善委员会：http://apps.charitycommission.gov.uk/Showcharity/RegisterOfCharities/AdvancedSearch.aspx，最后检索日期：2018 年 11 月 7 日。

② 排除了机构名称中含有唱诗班、管弦乐队、管弦乐队的、歌唱家、音乐、音乐的、交响乐、合唱队的、艺术、歌剧、博物馆、美术馆、图书馆的社团。

表 3-1　英国科技社团收入分类情况[①]

年收入（英镑）	数量（个）
大于 10 000 001	14
1 000 000—10 000 001	109
500 001—1 000 000	47
100 001—500 000	134
25 001—100 000	114
10 001—25 000	282
5 001—10 000	103
1 001—5 000	93
2—1 000	29
总计	925

3.2.2　英国科技社团的基本类型

英国科技社团按照使命和业务活动可以大致分为以科学进步为使命的综合性科技社团、以学科发展为基础的专业性科技社团、以科学普及为职责的教育性科技社团、以行业交流为基础的职业性科技社团、以人才培育为特色的辅助性科技社团五类。

3.2.2.1　以科学进步为使命的综合性科技社团

综合性科技社团以英国皇家学会、爱丁堡学会为代表。这类科技社团以科技进步为使命，学科门类齐全，知识密集，集中了科技领域众多的学者和专业技术人员。这类科技社团通过跨部门、跨领域、跨行业、跨专业发展会员，强化横向联系，聚集智力资源，形成学术权威性和社会影响力。这类科技社团开展科技交流与服务，形成高水平、前瞻性与多元化的学术交流和决策咨询平台，突破学科、地域、部门的界限，推动政府、产业、教育、研究等多领域的互动，降低学术交流、技术创新、知识传播的交易成本。

3.2.2.2　以学科发展为基础的专业性科技社团

专业性科技社团以英国物理学会、皇家化学学会等为代表。这类科技社团以学科发展为基础，由自然科学的专业工作者自愿组成，具有公益性、学术性和独立性，旨在促进特定自然科学学科的发展及知识传播。这类社团汇集自然科学的专业

① 数据来源：根据英国慈善委员会（网址为 http://apps.charitycommission.gov.uk/Showcharity/RegisterOfCharities/AdvancedSearch.aspx）自行统计整理，最后检索日期：2018 年 11 月 1 日。

工作者，促进自然科学发展，推动科学技术的普及和公民科学文化素质的提高，促进自然科学教育进步和科技人才培养。

3.2.2.3　以科学普及为职责的教育性科技社团

“在科学社会化高度发达的今天，科学传播的速度很大程度上取决于普通大众理解科学的程度，也取决于普通大众参与科学的程度。”[①] 教育性科技社团以英国科学促进会、皇家研究院等为代表。这类科技社团汇集科普工作单位和科技工作者，推动科普交流。公众理解科学已经成为英国科学促进会、皇家研究院和皇家艺术学会等组织的一项核心活动，已经明确地设定为这些组织的宗旨之一，并且许多学术团体和专业团体也都清楚他们在此方面的职责。[②] 这些科技社团组织实施科普活动，促进科普资源开发与管理；发挥科普社团的人才优势，吸收和推广科普工作经验；提高全民科学素养，营造全社会的科普环境。

3.2.2.4　以行业交流为基础的职业性科技社团

英国是工业革命的发源地，工程师及工程师组织的出现是与工程的发明、应用、创新相伴随而生的。在工业革命发展过程中，随着工程高等教育的建立，工程学成为独立学科，工程师这一职业群体从原先的建筑师中分化出来，成为许多绅士家庭子弟乐于从事的职业。第一次工业革命后，工程师阶层日益壮大。第二次工业革命之后，随着工程教育的发展，尤其是高等教育制度的建立，工程师人数急剧上升。英国的工程师一直进行着学术独立的努力。英国的工程师职业学会从 19 世纪初开始出现。1818 年，英国首个正式的土木工程学会（Institution of Civil Engineers，简称 ICE）成立，致力于建立行业标准，调整从业人员人数，进行学徒的培训和考试，寻求政治地位和法律的认可和接受。[③]1970 年，工程教育专业认证启动。1981 年起，英国的工程教育专业认证程序由英国工程委员会（Engineering Council）统一协调。[④]

目前，英国各个工程相关的行业都能找到相对应的工程师组织。其中，工程技术协会（The Institution of Engineering & Technology，IET）是“工程技术领域全球领先的专业学术学会，目前在全球 150 个国家拥有 16.7 万名会员”[⑤]，并获英国皇家

---

① 张晶. 作为制度化的科学教育及其意义［J］. 科技管理研究，2012，(17)：180-182.

② 英国皇家学会. 英国皇家学会对待科普的态度［J］. 唐英英，译. 学会，2005，(5)：47-48.

③ 董一平. 英国工程师文化与工业建筑遗产［N］. 中华建筑报，2012-09-04（014）.

④ 袁本涛、郑娟. 博洛尼亚进程后欧洲工程教育专业认证的发展研究——以欧洲工程教育认证网络为例［J］. 清华大学教育研究，2015，(1)：28-33.

⑤ 英国工程技术学会. IET 简介［EB/OL］.（2018-07-19）. http://www.theiet.org.cn/content_657_119.html.

认证（Royal Chartered）。除 IET 之外，英国还有一些更专精的工程师协会及认证，例如：声音与通信工程师协会（ISCE）、拆除工程师协会（IDE）、金属铸造工程师协会（ICME）、结构工程师协会（IStructe）、消防工程师协会（IFE）和机械工程师协会（Imeche）。

3.2.2.5　以人才培育为特色的辅助性科技社团

辅助性科技社团以英国科学学习中心、英国科学教育协会为代表。这些科技社团通过组织专业培训和交流，教授教学技巧、科学动态、科学与伦理、科普知识和职业发展指导等，帮助英国科学教师和技术人员提高职业技能，并开展跨国科技教师的培养与合作。

3.3　内部治理概况

与法国、俄罗斯等以国家为主导的科研模式有很大不同，英国科技社团的主导力量在社会而不是国家，所以形成了一套有效的代议制自治管理模式，表现为学会选出理事会（Council）来代表学会成员行使管理学会的权利，通过理事会来间接进行民主管理。每个科技社团都有自己的章程。章程是学会自治权的表现。章程效力之于学会，犹如宪法效力之于国家。学会章程中所表现出的原则来源于学会所有会员的共同意志，也是学会管理实践的最好写照。从章程中可以看出，理事会由全体会员选出，是学会的核心管理机构。学会的委员会（committees）、董事会（boards）是理事会的衍生机构，会员可以通过对理事会成员的选举来改变学会职员的人事安排。

3.3.1　科技社团的内部治理架构

英国科技社团有着严格规范的内部治理结构。科技社团的理事会往往是最高决策机构，负责社团的整体事务，包括发展战略、具体政策、人员变动、财产管理等。理事会成员的数量虽然各有不同，但一般都有严格的规定，理事会成员按社团章程选举产生。会员代表大会、理事会、监事会的成员由学术上有权威、管理上有经验的专家担任，但他们都由会员选举产生，且具有丰富的专业知识，能够站在社团的角度考虑问题，真正代表会员利益。

3.3.1.1　理事会

在英国的非营利组织体系中，组织主要由理事会治理，由理事会任命行政主管，科技社团也同样如此。理事会是机构治理的主体和最高权威，由有影响力的人士组成，对机构的成败负最终责任。理事会任命并委派执行总监负责机构的运转。

与企业相比，英国科技社团机构资源有限，理事会成员经常会承担更多的支持性职能，而且科技社团是以公益为目的，理事会也就更具有广泛的社会责任。理事会不拥有机构的资产，但是受学会所托，成为机构资产的守护者，要确保这些资产服务于公众的利益，维持机构的免税资格。一般而言，理事会成员都是学科领域功成名就之人，他们为科技社团出力，不是为了赚钱，而是为了促进科学传播与社会进步。

以英国皇家学会为例，该学会由理事会管理。理事会的任务是指导学会的整体政策，管理与学会有关的一切事务，制定、修改或废除学会的日常规纪，并作为社会财产和学会财产的受托人。根据英国皇家学会章程的规定①，理事会由 20—24 名成员组成，均由学会成员选举产生，其中 5 人作为学会的行政长官，对学会的某些行为负法律责任。这 5 人的职位是：学会主席（president）、司库（treasurer）、生物学秘书（biological secretary）、物理学秘书（physical secretary）、外事秘书（foreign secretary）。在任期上，理事会成员每年通过邮寄投票选举产生，每年要改选其中的 10 名，除 5 位学会行政长官外，任何人均不得连续任职两年以上，学会主席及外事秘书任期不得超过 5 年。理事会可设立各种委员会并得到其协助，委员会成员不仅包括理事会成员，还包括外部科学家。②

对于科技社团而言，理事会成员是治理者、捐赠者、外交家以及参谋。作为治理者，他们为科技社团重大决策行使投票权。作为捐赠者，他们带头为机构提供赞助，帮助机构筹款。作为外交家，他们向公众及其他利益相关者阐述社团宗旨，为社团公关及辩护。作为参谋，他们具备法律、金融或公关知识，以及专业领域的相关知识，为社团献计献策。

3.3.1.2　委员会

鉴于社团的规模及许多活动，英国科技社团的理事会一般向其下辖各委员会授予某些权力，以确保理事会将所需的时间和精力用于管理其他重要领域。英国科技社团的理事会下设的办事机构或委员会，一般由理事会任命或选举产生，并向理事会汇报。这些机构或委员会分管本社团的具体工作，是英国科技社团日常运作与发展的政策执行者。

例如，英国皇家地理学会由受托人组成的理事会（Council）负责学会的治理并且与总裁（Director）共同制定学会活动的战略方向。理事会下设 4 个委员会，包括教育委员会（Education Committee）、探险和野外考察委员会（Expeditions and

---

① https://royalsociety.org/~/media/about-us/governance/Statutes-2018.pdf?la=en-GB.

② https://en.wikipedia.org/wiki/Royal_Society#Structure_and_governance.

Fieldwork Committee)、财务委员会(Finance Committee)以及研究和高等教育委员会(Higher Education Committee)。他们根据自己特定领域的专业知识，考虑战略以及执行实施的事项，并向理事会和学会工作人员提出建议。除此之外，还有小部分专业的分委员会向理事会提出建议。理事会的最高领导者是理事长(图 3-1)，财务委员会的负责人是名誉司库(Honorary Treasurer)，其他 3 个委员会的负责人均是副理事长，各自还有一名名誉秘书。学会总裁同时也是英国社会科学院(British Academy)指导小组的 5 年战略技能和培训项目的成员。①

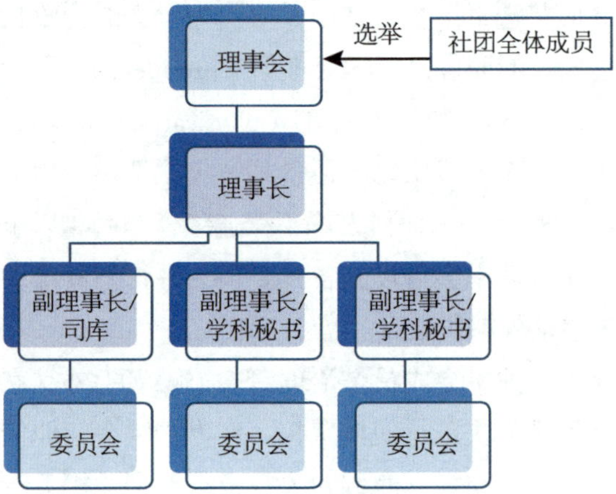

图 3-1　英国皇家地理学会治理结构

英国科技社团通过严格的内部管理体系设置，规范内部机构权力与责任，保障了科技社团内部运作的民主与效率。同时，各科技社团往往会在网站上及时公布自己的最新章程、人员变动与近期行动，保证信息的公开与透明。

3.3.2　专职工作人员职业化

对英国科技社团来说，职业化的内涵就是科学设计组织结构，在本领域人才高度市场化的条件下，通过竞争手段，招聘到具有胜任专业技能的人才，用科学化的管理手段、专业化和规范化的运作方式来有效地为会员提供学术研究、人才成长方面的支持，为学科和职业发展提供交流平台，为社会提供科学教育方面的服务和产品。目前，英国科技社团已经形成了一个庞大的职业化专职工作人员队伍，其职业化管理主要体现在以下四个方面。

第一，英国科技社团高管的聘任。由于形成了良好的管理制度，英国科技社团

① Royal Geographical Society. https://www.rgs.org/about/governance/.

初步形成了科技社团职业经理人队伍。一方面，英国科技社团的高级管理人员往往有着丰富的管理经验和阅历，具有创新精神和专业能力。由于科技社团的特殊性，英国科技社团的高级管理人员一般是该学术领域内比较有影响力的人物，具有较强的科学研究能力。如阿德里安・史密斯（Adrian Smith）教授在担任英国皇家地理学会研究与高等教育委员会副主席的同时，也是一名优秀的地理学者。另一方面，英国科技社团提供了合理的薪酬。例如，皇家地理学会在其官方网站上的招聘信息显示，为一名全职教育助理提供的年薪为 20 090—21 090 英镑，高于英国最低薪酬的 40%，在英国属于普通水平。[①]除物质上的薪酬之外，吸引科技社团高级管理人员的，往往是学术上和情感上的回报。

第二，对专职人员的社会化和市场化管理。英国政府并不干涉科技社团的内部治理。社团办事机构领导人的产生，机构的设置，活动的开展，财产的处理，资源的开发，以及专职人员的管理等，都是按照社会化和市场化原则进行运作的。在英国，从事非营利事业，特别是在科技社团从事学术与科研方面的相关工作，是一个体面而又高尚的工作。

第三，科学化管理。英国科技社团办事机构职业化特征最显著的一点就是管理科学化。科技社团办事机构强调用科学管理的运行方式，依照程序、规则来运作组织。如英国标准学会设有不同层次的技术组织，如标准政策与战略委员会、4 个分专业政策与战略委员会、技术委员会、若干分技术委员会、工作组等，形成了一个完整高效的组织体系。标准政策与战略委员会统领全面政策和战略的规划，4 个专业政策与战略委员会，为其制订分领各专业标准化发展的政策战略规划，而在技术操作层面，主要由技术委员会担当组织核心。技术委员会则以设立的分技术委员会和工作组作为支撑。这一套组织结构体系上下贯通，保证了政策与战略的落实，其分工和层次化的管理，提高了组织效率。

第四，专业化运作。首先，专业化运作体现在英国科技社团对从业人员的进入设置门槛，强调对其进行职业教育，加大培训力度，特别强调对工作人员的培训管理；其次，英国科技社团的发展，有赖于一个庞大的外部支撑体系，即通过提供收费或免费的课程，进行专门的业务培训，促进领导人和员工的发展，帮助科技社团自身发展等。[②]

---

① 英国皇家地理学会. https://www.rgs.org/about/work-for-us/current-vacancies/education-assistant-geography-itt-scholarships/.

② 廖鸿，石国亮，朱晓红. 国外非营利组织管理创新与启示［M］. 北京：中国言实出版社，2011：190-192.

3.3.3 英国大型科技社团的会员制度

通过统计英国 14 个大型科技社团的会员情况可以看到，这些科技社团的会员中既有科学家也有非科学家，甚至还有专门面向学生群体设置的会员类别。绝大多数会员对学会具有强烈的责任心，具体表现在三个方面：首先是绝大多数会员都能积极地参加学术会议；其次是会员们都能积极地参与学会的各项活动和事务；最后是大多数会员能够按时交纳会费。特别是英国皇家学会，出于对学会的挚爱和强烈的责任感，从会长到普通会员都曾主动地捐款、捐物，甚至还有一些理事把自己的土地、房产或遗产都捐赠给学会。除了根据职业划分会员类别，很多科技社团还有针对老年人或退休人员设立的会员类型。例如，英国皇家园艺学会就设有老年会员，超过 60 岁的老人可以通过交纳入会费用成为老年会员；皇家医学学会还设有退休会员，60 岁以上，70 岁以下的退休老人可以申请。这种针对不同年龄而设置的会员，既降低了入会的门槛，也吸引更多的人才和资源（表 3–2）。

表 3–2　英国大型科技社团的会员制度①

科技社团	学　会　会　员
英国皇家学会	1. 皇家会员只产生于皇室，不定期选举，必须由至少 6 名责任会员提名和推荐 2. 英籍会员，根据章程每年至多选出 40 名 3. 外籍会员每年至多选出 4 名
皇家园艺学会	1. 终生会员：个人账户需交 1 370 英镑、家庭账户（两人）需交 1 910 英镑 2. 老年会员：超过 60 岁的老人，个人账户需交 820 英镑、家庭账户（两人）需交 1 240 英镑 3. 学生会员：提供学生身份证明，每年交 10 英镑
皇家医学学会	1. 青年研究员：拥有从医资格或在过去 10 年内具有牙科医生、兽医资格 2. 退休研究员：年龄 70 岁以下，60 岁以上，已完全退休 3. 海外研究员：居住在英国之外，拥有从医资格 4. 老年会员：一次性订阅，年龄 70 岁以下，60 岁以上，完全退休 5. 学生会员：在英国认可的教育机构学习本科医学、牙科或兽医学

① 资料来源：来自各个科技社团的官方网站。网站地址为：1. 英国皇家学会官网：http://www.royalsociety.org. 2. 皇家园艺学会官网：http://www.rhs.org.uk. 3. 皇家医学学会官网：http://www.rsm.ac.uk. 4. 土木工程师学会官网：http://www.ice.org.uk. 5. 皇家特许建造学会官网：http://www.ciob.org.uk. 6. 皇家化学学会官网：http://www.rsc.org. 7. 皇家精神科医学院官网：http://www.rcpsych.ac.uk. 8. 英国工程技术学会官网：http://www.theiet.org. 9. 英国物理学会官网：http://www.iop.org. 10. 特许公共财政与会计学会官网 http://www.cipfa.org. 11. 英国特许管理学会官网：http://www.managers.org.uk. 12. 皇家工程学院官网：http://www.raeng.org.uk. 13. 科学、工程和制造技术联盟官网 http://www.semta.org.uk. 14. 医学科学院官网 http://www.acmedsci.ac.uk.

续表

科技社团	学会会员
土木工程师学会	1. 学生会员：填好学会提供的申请表格，并请一名教师推荐 2. 大学毕业生会员：从大学毕业并在土木界获得工作后，就转为大学毕业生会员 3. 候补会员：通过 PEI 考试后，就可成为学会的候补会员，一般在 3 年之后，他就可以参加第二级专业考试 4. 会员：通过 PEZ 考试后，就转为正式会员，为了跟上现代专业要求，还要广泛地阅读和参加有关课程学习 5. 高级会员：负责重要的工程至少 5 年以上的会员，或者在工程科学中做出杰出贡献的会员，可以成为学会的高级会员
皇家特许建造学会	1. 特许会员：建筑环境中的经理，至少有 5 年的经验或相关技术资格，如 BTEC，HND 或 HNC 2. 面向学建筑学相关专业的本科、硕士、博士生，在职的武装部队成员，以及教师或讲师，课程主任或大学研究人员
皇家化学学会	1. 学生会员：攻读化学相关专业的本科生 2. 准会员：成为专业会员的第一步。需要拥有专业经验，并且掌握化学学科的专业知识 3. 专业会员：至少有 3 年的专业经验与化学专业学位 4. 研究员：高级职务超过 5 年，成果在化学科学的任何领域产生了影响
皇家精神科医学院	1. 注册会员的方式：网上付费订阅，在网上建立或修改账户，访问 CPD 并提交 2. 准会员精神科实习生等级是所有的医生在一个核心受训岗位，并授权受训者能够在线访问期刊和日志 3. 会员制是向精神科医师开放的专科医生、职级和其他非咨询专业的职级岗位
英国工程技术学会	1. 荣誉会士：由 IET 董事会选举，面向对 IET 或其自身工程科技领域有特殊贡献的专业人士 2. 会士：面向在工程科技领域内不断取得成绩，并担负重要职责的专业人士 3. 专业会员：面向有工程技术教育背景和工作经验的工程技术人员 4. 普通会员：面向从事工程技术相关工作或对工程技术有浓厚兴趣的人 5. 学生会员：面向职业规划为从事工程技术工作的学生包括本科生、研究生和博士生
英国物理学会	1. 准成员：本科生、学徒和受训人员，以及对物理有兴趣或有经验但可能没有经验或知识的专业人员 2. 会员：具有物理学位或相关学科的人，或具有同等的经验和在工作场所获得物理知识的人 3. 高级会员：拥有物理学或相关学科学位并有重大影响力的人
特许公共财政与会计学会（CIPFA）	为促进会员的职业生涯发展，学会向全球公共财政专家网络推荐会员。CIPFA 有一系列的成员福利和资源，向会员提供职业帮助
英国特许管理学会	1. 特许经理：需要 3 年以上管理经验，CMI 5 级管理和领导力文凭或以上 2. 管理人员：至少有 5 年的管理经验，能够在过去 18 个月内展示有效的管理实践 3. 合格人员：管理、领导或业务方面的学位资格，3 年以上资格证书，5 级以上文凭管理经验，5 年以上资格证书，5 级以上管理经验

续表

科技社团	学会会员
皇家工程学院	1. 研究员（出生或居住在英国） 2. 国际研究员 3. 荣誉研究员 4. 荣誉院士
科学、工程与制造技术联盟	1. 掌握工程的途径：工作为基础的学习路线（学徒）和职业路线（大专课程）和大学路线（学位） 2. 培训申请资格：有资格在英国工作，失业，很少或没有工作经验，年龄 16—24 岁，合格率低于 3 级
医学科学院	1. 普通研究员：以原始发现的形式而当选 2. 名誉会士：给医学科学院带来荣誉，拥有荣誉奖学金 3. 皇家研究员：英国王室成员

第一，明确划分会员层次。早期的科技社团追求会员数量而不顾质量，导致大量门外汉降低了学会的学术水准，也给学会的管理造成了一定困难。英国皇家学会在成立之后的 200 多年时间里就曾饱受会员不按时交纳会费带来的财政困难。20 世纪以来，大型科技社团普遍提高了入会门槛，以确保学术的严肃性，提高学会的信誉和权威，但同时也采取了灵活措施吸引潜在会员。

大型科技社团普遍实行会员分级制度，发展不同层次的会员，如英国物理学会实行六级会员制，即荣誉会士、会士、一般会员、准会员、学生会员、加盟会员。后三级会员入会条件较宽，手续也很简便，但是要转为正式会员较难。英国皇家化学学会和英国物理学会一样，也设有准会员这一类别，这主要是针对那些不是学习物理或者化学专业，但是对物理和化学具有一定兴趣或拥有一些相关经验的人群。简而言之，准会员是学会保持吸引力的一种方式，以鼓励更多的人入会。但是准会员要想成为会员，就需要获得相关专业的学历或者是在相关专业中有一定的工作经验。英国皇家化学学会的会员申请资格明确要求正式会员至少有三年的专业经验与化学专业学位。正是通过这种会员分层的方式，英国科技社团提高了会员学习或者工作的积极性，也有利于提高整个学会的专业水平和专业能力。

第二，注重对会员的就业指导和职业规划。在英国 14 个大型科技社团中，大部分是与工程技术相关的实用性科技社团，这类社团以满足社会需求为导向，为会员的未来发展制订可行性规划，帮助会员职业成长。例如，科学、工程和制造技术联盟着重于对会员进行职业规划和就业指导，在其官网上可在线填写会员的个人信息、住址、邮箱、专业或就业意向。相关专业的群体通过在线注册会员，填写好个人相关信息后，就会得到进一步的就业建议和指导。科学、工程和制造技术联盟开设了与科学、工程、制造相关的专业培训，鼓励那些有资格在英国工作者、失业者、缺乏工作经验者、年龄 16—24 岁且合格率低于 3 级的人群申请培训，从而提高他们的专业水平，帮助他们更快就业。

同时，英国大型科技社团具有强烈的“担当（责任）意识”和入世观念，包括推动科技发展、人才培养、学术道德建设、推动经济社会发展等，还有一种做到最好、做到极致、不受任何影响的自律意识。如英国物理学会，除组织科学研究、出版研究成果、传播物理学知识、推广和加强物理学教育以外，还开展物业、会务等面向市场的经营性服务。此外，在开展科普宣传过程中，物理学会还注意选择与社会经济关系密切的话题，如“经济中的物理学”“社会中的物理学”等，并且十分注意物理学知识在经济社会中的运用，这就是“担当意识”的一个很好的体现。

3.3.4　英国大型科技社团的收支情况

在 14 个年收入 1 000 万英镑以上的英国大型科技社团中，收支在 8 000 万英镑左右的科技社团有 2 家，分别是英国皇家学会和皇家园艺学会；收支在 6 000 万英镑左右的科技社团是英国物理学会；收支在 5 000 万英镑左右的科技社团有皇家化学学会和英国工程技术学会；收支在 3 000 万英镑左右的是土木工程师学会；剩下的 8 家科技社团的收支均在 2 000 万英镑以下，包括特许公共财政和会计学院，皇家工程学院，皇家精神科医学院，皇家特许建造学会，医学科学院，英国特许管理学会、科学、工程和制造技术联盟，皇家医学学会。

无论是收入还是支出，英国皇家学会都是规模最大的科技社团。英国皇家学会作为世界上历史最长而又从未中断过的科学学会，其运行资金也是独立的。根据英国皇家学会 2018 年的财政年报显示[①]（表 3-3），2017—2018 财年皇家学会的资金收入主要来自捐赠和遗产、投资收益、贸易收入和慈善活动以及其他收入，共计收入 9 833 万英镑，比 2016—2017 财年的 8 392 万英镑略有增长。英国政府是英国皇家学会的坚实后盾，政府对英国皇家学会的资金支持都被列为英国皇家学会的慈善活动收入（Grants for charitable activities）中。根据数据显示，英国皇家学会慈善活动收入的总额是 8 756 万英镑，其中以商务、能源与工业战略部（Department for Business，Energy and Industrial Strategy）、国际发展部（Department for International Development）为代表的英国政府部门对英国皇家学会的拨款就达到了约 6 982 万英

① 英国皇家学会 2017—2018 年度财务报告：http://apps.charitycommission.gov.uk/Accounts/Ends43/0000207043_AC_20180331_E_C.pdf.

镑。政府在资金上的大笔投入体现出政府对英国皇家学会促进科技进步的期许，希望英国皇家学会能更好地实现其作为英国科学界代表的功能。

表 3-3 英国皇家学会 2017—2018 财年收入分类表（单位：万英镑）

分　类①	捐赠和遗产	投资收益	贸易收入	慈善活动	其他
金额（单位：百万英镑）	3.46	5.6	1.56	87.56	0.12

一般来说，英国大型科技社团主要有四个方面的资金来源。

第一是慈善活动（charitable activities）。这项活动中包括的内容很多，主要有政府资助、会员会费、出版收入、教育培训收入和经营收入。政府资助是指科技社团充分发挥人才和智力优势，主动承担项目，为政府有关部门提供技术指导和决策顾问。英国皇家学会、皇家化学学会、皇家工程学院、医学科学院都获得了大量的政府资助。会员会费是科技社团为会员提供服务而获得的收入，会员交纳会费是对社团应尽的责任与义务，交纳会费不仅可为社团提供部分资金，弥补成本支出，改善工作条件，提高服务能力，更为重要的是体现会员的组织观念，是社团保持会员组织关系的手段。出版收入是学会通过出版学术期刊获得利润，皇家化学学会、英国物理学会发行期刊的收入相当可观。教育培训收入是借助学会的学术权威和公众心目中的地位，一方面通过提供资格培训和考试获得收入，如土木工程师学会；一方面与企业合作开设中级和高级学徒培训班以从中获益，科学、工程和制造技术联盟是典型范例。科技社团的经营收入主要是组织各种学术会议、展览而收取的相关费用，当前的绝大多数大型科技社团都坚持在非营利性的基础上，树立经营观念，大力开发服务资源，积极开展有偿科技服务，增加社团收入。

第二是投资收入（investment），指在《慈善法》相关条例的允许之下购买基金、股票等金融产品，用于维持学会的日常运行。皇家医学学会就通过学会会员的捐赠持有美国 GW 制药公司市值 57 万英镑的股票。皇家化学学会委托摩根大通（JP Morgan）公司管理学会的主要投资，同时委托施罗德投资管理（英国）有限公司管理学会的少量私募股权投资。

第三是自发收入（voluntary），主要是指学会获得的来自信托、基金会、公司、个人等各种渠道的捐赠和遗产（donations and legacies）。英国的科技社团从一开始

① 英国皇家学会的四项主要收入的中英文名称分别为捐赠和遗产（income and endowments from donations and legacies）、投资收益（income from investments）、贸易收入（trading）、慈善活动（grants for charitable activities）。

就是自主运行，依靠社会力量的支持，久而久之就形成了传统，历史悠久的学会每年都会收到各种渠道的资助。

第四是交易筹集资金（trading to raise funds），主要是利用学会的固定资产从事经营活动而获得的收入。例如，英国皇家学会 2008 年取得了齐切利厅饭店（Chicheley Hall）的所有权后，利用这栋楼举办各类学术会议或活动取得收益，为此，英国皇家学会专门成立了皇家学会贸易公司（Royal Society Trading Limited）管理这类业务。

此外，学会处理不作为投资所持有的固定资产所产生的收益被纳入其他收入范围内。

在支出方面，英国大型科技社团的费用支出也分为慈善活动、投资管理、管理费用 3 个主要类别。

从事科学相关的慈善活动（charitable activities）是所有科技社团的主要功能，其中包含了很多支出类型，如会员服务活动，出版物运行，向个人及学术机构给予资金用于研究活动、数据库建设及各类奖学金和学术奖励支出等。

具有投资收入和交易筹集资金收入的大型英国科技社团也需要为运行和管理这些业务支付一些费用，也称为投资管理费用（investment management）。英国皇家学会成立专门的公司负责投资业务的运行，就需要为这家公司的日常活动支付费用；皇家化学学会委托专门的金融服务公司管理学会名下的金融产品，也需要向这些金融服务公司交纳管理费用。

管理费用（governance）是指学会的日常运行和举办各类会议和大型活动时需要支付给工作人员的工资、购买基本办公用品和设施的资金，以及打理捐赠和遗产的基本费用等。

此外，一些无法划入上述项目的费用都被算作其他收入，例如，皇家特许建造学会在英格兰和爱尔兰新建成了 29 个活动中心的费用，特许公共财政与会计学会的信息、咨询和物业服务费、英国特许管理学会把出版物的费用也算在其他费用中（表 3–4）。

表 3-4　英国大型科技社团的 2017—2018 财年收支情况表[①]（单位：万英镑）

科技社团	收入	支出
英国皇家学会	慈善活动：8 756 投资收入：562 自发收入：346 交易筹集资金：156 其他：13	投资管理：95 慈善活动：9 728 管理费用：14
皇家园艺学会	慈善活动：5 249 投资收入：36 自发收入：1 630 交易筹集资金：2 653 其他：24	慈善活动：6 708 管理费用：84 其他费用：23
皇家医学学会	慈善活动：731 投资收入：26 自发收入：106 交易筹集资金：727	慈善活动：915 管理费用：19
土木工程师学会	交易筹集资金：1 632 慈善活动：1 593 投资收入：38 自发收入：165 其他：1	投资管理：11 慈善活动：1 989 管理费用：18
皇家特许建造学会	慈善活动：947 交易筹集资金：30 投资收入：30 其他：99	慈善活动：760 管理费用：17 投资管理：5 其他费用：314
皇家化学学会	慈善活动：6 154 投资收入：104 自发收入：24 交易筹集资金：64 其他：6	投资管理：40 慈善活动：5 675 管理费用：24
皇家精神科医学院	慈善活动：1 995 投资收入：20 自发收入：34 其他：295	投资管理：7 慈善活动：2 076 管理费用：15

① 资料来源：英国慈善委员会：http://apps.charitycommission.gov.uk/Showcharity/RegisterOfCharities/AdvancedSearch.aspx。在该网站对各学会进行资料查找整理而成。

续表

科　技　社　团	收　　入	支　　出
英国工程技术学会	交易筹集资金：1 150 慈善活动：4 460 投资收入：175 自发收入：133 其他：260	投资管理：48 慈善活动：5 642 管理费用：40
英国物理学会	交易筹集资金：173 慈善活动：6 324 投资收入：84 自发收入：2	慈善活动：5 803 其他费用：95
特许公共财政与会计学会	交易筹集资金：13 999 慈善活动：9 862 投资收入：23	慈善活动：1 4183 管理费用：44 其他费用：1 166
英国特许管理学会	慈善活动收入：1 304 交易筹集资金：131 投资收入：16 其他收入：3	慈善活动：1 340 管理费用：24 其他费用：123
皇家工程学院	交易筹集资金：145 慈善活动：27 007 投资收入：161 自发收入：146	投资管理：26 慈善活动：30 187 管理费用：3 其他费用：9
科学、工程和制造技术联盟	交易筹集资金：1 089 慈善活动：84.7 投资收入：55.3	慈善活动：1 169 管理费用：6
医学科学院	慈善活动收入：848 自发收入：155 交易筹集资金：93 投资收入：12	慈善活动：949 管理费用：3

3.4　主要业务活动

英国科技社团通过学术交流、科学奖励、科学传播、科学教育、专业认证、咨询智库 6 种角色，在各个行业、各个领域甚至各个国家之间横向联系，促进和加强了创新主体之间的联系合作，积极投身英国科技和创新制度建设。学术交流主要是指科技社团通过学术期刊、数据库、学术会议推动科学进展和研究人员之间的互动；

科学奖励是对科学家取得的成果做出的积极肯定的社会评价，包含物质奖励和精神奖励；科学传播是通过举办各类活动促进公众对科学的理解和认识；大型科技社团的科学教育主要指科技社团通过课程、教育、培训等方式增强会员在该领域的职业技能；专业认证指会员通过系统学习获得该社团的一种资格凭证；咨询智库是科技社团为政府政策的制定和贯彻建言献策（表 3–5）。

表 3–5　英国大型科技社团的角色定位列表①

序号	社 团 名 称	主 要 功 能
1	英国皇家学会	学术交流、科学传播、咨询智库、科技奖励
2	皇家园艺学会	科学传播、学术交流、科学教育、专业认证、科技奖励
3	皇家医学学会	学术交流、科学传播、科学教育
4	土木工程师学会	学术交流、科学教育、专业认证、咨询智库、科学传播、科技奖励
5	皇家特许建造学会	学术交流、咨询智库、科学教育、专业认证、科技奖励
6	皇家化学学会	学术交流、科学教育、专业认证、咨询智库、科学传播、科技奖励
7	皇家精神科医学院	学术交流、科学教育、科学传播、专业认证、科技奖励
8	英国工程技术学会	学术交流、科学传播、专业认证、科学教育、科技奖励
9	英国物理学会	学术交流、科学传播、科学教育、专业认证、科技奖励
10	特许公共财政和会计学会	学术交流、科学教育、专业认证、科学传播、咨询智库、科技奖励
11	英国特许管理学会	学术交流、科学传播、专业认证、科学教育、科技奖励
12	皇家工程学院	学术交流、科学教育、咨询智库、科学传播、科技奖励
13	科学、工程和制造技术联盟	学术交流、科学教育、专业认证、科技奖励
14	医学科学院	学术交流、科学传播、咨询智库、科技奖励

3.4.1　学术交流

学术交流是科技社团的一项基本职能，几乎所有的英国大型科技社团都通过组织开展科学讨论会、学术理论研究会及主办专业学术期刊等方式，构建了庞大、正式的科学研究社会网络，强有力地推动英国科学的进步和发展。

早期科技社团的学术交流活动分为两个方面：举办科学研讨会和进行各种科学研究。举办科学研讨会或学术交流会这一制度贯穿了英国科技社团发展的整个历

① 资料来源：自行根据各个科技社团官方网站统计整理。

史。很多著名科学家都在学会的研讨会上做过科学报告或演示实验，例如，英国皇家学会定期举办学术交流研讨会让会员们做演示实验，波义耳曾受英国皇家学会邀请就他所设计的空气泵以及关于空气的实验进行操作和报告。这种方式逐渐演化至今，就形成了具备学术交流功能的学会规定动作：定期举办学术交流研讨会，为同一研究领域的科学共同体成员提供一个学术交流的平台，让他们讨论共同感兴趣的科学事务。以皇家化学学会为例，根据皇家化学学会官网上的数据显示，仅 2018 年上半年，在英国本国举办的学术交流会议、座谈会、研讨会和讲座就有 78 次。2018 年第八届国际化学科学会议于 6 月 14 日和 6 月 15 日在伦敦召开，会议的主题为“2018 年化学科学领域的最新趋势和进展”，特别是以学习和分享当前研究成果和关于药物科学与化学科学的应用的知识为目的，邀请了来自全球化学科学领域的杰出科学家、研究教授、初级和高级研究员、学生、化学研究公司的董事、化学工程师、化学科学协会的成员以及来自化学工业的参展商。化学科学会议为化学家提供了交流机会，以改进他们的研究工作。

开展各类科学研究也是早期科技社团的一项重要学术交流活动，使得科技社团成为英国自主创新的源泉，充分体现了科技社团的职责。英国皇家学会发展早期，就应国王要求协助国家测量纬度、经度；1710 年，英国女王授权学会会员作为格林尼治皇家天文台的巡视员和台长；随后，英国皇家学会还参与了一系列科考活动，如金星的观测、北极的探险、对引力的测试等；1743 年，学会作为国家权威机构对英国基本度量衡进行了研究并确定标准，这在科学史上具有划时代的意义。但时至今日，科技社团亲自组织科学家进行科学探索活动这一功能已经衰落，提供科学研究资金、设立科学研究项目、鼓励和支持科学家的学术研究活动成为主流。皇家医学学会下设有皇家医学学会区域项目，其对与大学、医院和其他医疗机构合作抱有浓厚兴趣，目标是将同样高质量的活动推广到整个英国甚至更远的地方。项目内容包括举办混合了流行的和原创的活动的一系列会议，涵盖了各医学方面的专业。这些会议是皇家医学学会正在进行的承诺的一部分，旨在促进关于医学科学、实践和组织的信息交流，并帮助学会的区域成员参加更多的医学会议。英国工程技术学会非常重视对青年工程师的培养，设立了学徒和工程师奖（Apprentice and Technician Awards）、创新奖（Innovation Awards）等 7 个主要奖项，用于支持工程技术领域的年轻一代卓越工程师和技术人员，2018 年这一类奖项的奖金总额达到了 1 000 万英镑。[①]

① 英国工程技术学会的奖金设置：https://www.theiet.org/membership/awards/about.cfm。

3.4.2 科技奖励

英国的科技社团自创建之初，几乎都是以自下而上的方式由普通民众自发组织成立。因此，英国的科技奖励大多由科技社团成员资助设立。第二次世界大战之后，各类科技社团都充分发挥自己业界权威的优势，设置了各类科学奖项。14 个大型科技社团都具备科技奖励的功能，所设立的科技奖励都在业界拥有很高的声誉。20 世纪以来，随着英国政府与科技社团的联系日益紧密，英国政府保留并延续了以往科技奖励的运行传统，政府层面所设立的科技奖励一般也由知名的科技社团来贯彻实施。

现在，英国大型科技社团的各种科技奖励制度已经成熟完善，成为学会鼓励会员学术研究的一种有效方式。英国皇家学会设立的科技奖励最多，并分为不同的类型。创建于 1731 年的英国皇家学会科普利奖开创了科技奖励之先河，与埃索（ESSO）能源有限公司设立的 ESSO 能源奖用于鼓励在能源保护、运输等方面做出特殊贡献的学者，创立的迈克尔·法拉第奖（Michael Faraday Award）鼓励科学家为英国的科普教育做贡献，学会为奖励某些学科的优秀科学论文颁发阿克顿奖（Actonian Prize），为奖励在机械发明方面做出突出贡献的个人颁发布朗奖和奖章（S. G. Brown Award and Medal），为生物学领域及达尔文本人研究过的一些领域的杰出人士授予达尔文奖（Darwin Medal），为在电离层物理研究中取得杰出成就的人士颁发阿普顿奖（Appleton Prize）。此外，学会还为处于职业生涯早期并希望在英国从事研究的非英国科学家提供牛顿国际人才计划（Newton Advanced Fellowship），以便他们可以在英工作两年。

3.4.3 科学传播

英国大型科技社团大都承担了科学传播的责任，14 个大型科技社团中有 12 个把科学传播作为社团的一项主要功能，并且，它们的科学传播活动基本都获得了英国政府或皇室成员的支持。2004 年，英国《2004—2014 年科学与创新十年投资框架》在“科学与社会”部分提出要促进公众更多地参与科学，采取获得更多信任的措施，并特别承诺要提供更多的奖学金和奖励项目，帮助科学界和政治决策者与公民进行对话。在政策的具体执行中，大部分科学传播的资金都直接划拨给了指定的重要科技社团，以期找到把公众的声音整合到科学研究和科技创新之中的方式，让所有人真正参与科学，在全社会营造良好的科学文化和创新文化。可以说，政府机构与社团的密切合作使得英国政府的科技传播政策能够轻松放大社会影响并得以贯彻执行，以较小的财政开支调动更多的社会参与，科技社团则起到了政府政策“放大镜”作用。另外，大型科技社团成了连接社会的桥梁，即向上连接英国政府、地方行政机构和皇室，有强大政策支持和专业权威性；同时广泛延伸到社会各个领域，将中小型科技社团、公司和企业、科研机构、学校和学生囊括到一个科学传播网络中。

从英国科技社团的发展历史中就可以看出，英国作为近代科学制度化的原发国家，科技社团是英国社会发展中自然形成的产物，这类社团从创立之时就会始终把民众的支持、社会的需求与大众之间的沟通理解放在优先位置。18 世纪的大量新兴科技社团就是为了满足第一次工业革命的需求而产生的，无论是著名的月光社、曼彻斯特文哲会等地方性科技社团，还是汉弗莱·戴维、约翰·沃泰尔、约瑟夫·普利斯特利等知名社团会员，都通过公众讲座或巡回讲座、出版宣传科学知识的小册子等方式，把与社会和民众之间进行科学互动作为日常的一项重要工作，以让大众了解科学在经济社会发展中发挥的重要作用、提升科技社团的知名度和影响力。19 世纪，查尔斯·巴贝奇由于看到英国上层贵族及普通民众对科学依然缺乏理解、政府对科学不能给予支持导致了英国科学的整体衰落，组织了一批青年科学家创立了专门提高政府和公众科学素养和科学认知的英国科学促进会。英国科学促进会在英国的每个城市，甚至英国的殖民地都举办科学讲座和会议，很快就成为一个比英国皇家学会知名度更高的科技社团。也正是英国科学促进会的讲座和会议对重大科学问题的争论，才引起了当时英国全社会对科学的广泛关注。

科学传播在英国科技社团的发展中具有悠久的历史和优良的传统，被认为是科技社团的一项基本责任。现在，这一传统不仅延续至今，而且各个大型科技社团利用巨大的社会资本和优质管理经验，多维度开发项目、多元主体共同参与、多种资源实现共享，形成了可持续、立体式的科学传播发展模式。例如，英国皇家化学学会会定期了解公众对化学的态度。其近期联合民调机构 TNS -BMRB 的调查[①]发现，其实公众并不讨厌化学家和化学，大多数人对于化学的态度其实相当中立，因此调整了化学知识传播的目标——不在于鼓励更多人加入化学研究者大军，而在于逐渐提升公众讨论化学问题时的知识水平。面对与科学相关的社会热点问题，科技社团也会发布权威报告，解答公众疑惑。2016 年，当转基因食品的安全性备受公众关注之时，英国皇家学会迅速做出回应，出版了一本小册子，对 18 个关于基因工程作物的常见问题进行了回答，并告诉民众：食用基因工程作物并不会比食用传统作物带来更高的人体健康风险，由此安抚了民众对食品安全的恐慌情绪。

① Public attitudes to chemistry：http://www.rsc.org/campaigning-outreach/campaigning/public-attitudes-chemistry.

当今，英国科技社团的科学传播功能取代了过去以科学家教育公众为特征的单项宣教，取代了科学界对公众进行科普的不对等模式，而是采纳了以平等对话为标志的公众参与科学模式。大型科技社团通过科学咖啡馆、愿景工作坊、协商民意测验、公民陪审团、共识会议等新模式和新做法，为政府、公众和科学共同体平等开展对话协商创造平台和条件，也为科学的传播和人们科学素养的提升做出了贡献。

3.4.4 科学教育

随着知识经济时代的到来，各国都越发认识到高科技人才对国家保持国际竞争力、迎接全球化挑战等方面的重要性。近年来，英国政府高度重视提高英国年轻人的职业技能，希望能为英国企业输送优秀的技术工人。英国政府把这项艰巨的任务交由英国各个工程技术类的专业协会和专门培养学徒的科学、工程和制造技术联盟，希望通过定期职业培训和终身教育来实现这一目标。

英国的 14 个大型科技社团中有 12 个具备科学教育功能。与英国科学促进会的科学节、科学与工程周等与科学传播密切相关的提高公众整体科学素质的科普教育活动不同，大型科技社团的科学教育功能都是与专业资格认证紧密联系的。这些社团为使学习者获得某一行业的资格证书或某一学会的特许会员资格而开设专业培训课程。土木工程师学会、皇家特许建造学会、工程技术学会、公共财政与会计学会等大型学会都提供全世界公认的权威专业资格认证服务，相应的资格培训课程也遍布世界各地，有很高的国际化水准。

以英国土木工程师学会为例，该学会致力于促进和推动全球土木工程行业的发展，在全球 164 个国家拥有 9 万多名会员，是土木工程界历史最悠久、影响最广泛的国际性专业学会。土木工程师学会颁发的土木工程师执业资质获得全球大多数国家的广泛认可，土木工程师学会认定的会员资质已成为国际质量标准，是品质的象征，在世界土木工程界享有权威影响力。由于国际上目前尚不承认中国的注册工程师执业资格，而中国工程界正走向世界，为了使中国的土木工程技术人员顺利进入国际市场，就借助了英国土木工程师学会的土木工程师执业资质教育和认证。2005 年，英国土木工程师学会在上海交通大学设立了中国教育培训中心，全面负责在中国地区的各类教育培训工作。中国教育培训中心设立了初级班、中级班、高级班和企业培训服务，针对不同年龄段、不同资质的工程师进行短期培训，最终颁发结业证书。学员只有获得该证书，才能在中国申请加入英国土木工程师学会，成为会员和特许工程师，走向国际市场。

科学、工程和制造技术联盟的成立本身就旨在通过学徒制的培训课程提升英国年轻人的职业技能。2013 年英国政策咨询机构“政策交流（Policy Exchange）”公布的调研结果显示[①]：英国教育过多地看重学术内容教育，大大忽视了对学生特别是14 岁以上学生的实际动手操作能力和职业发展所需的应用性能力的培养，造成高达50% 的英国毕业生进入劳动力市场后普遍存在着职业岗位要求和实际能力上的差距和不衔接现象。加之英国经济长期不景气和大学学费急剧上涨，使得英国年轻人放弃读大学而选择以就业为导向的学徒制培训项目。这才催生了英国科学、工程和制造技术联盟与企业合作，共同开发了大批先进制造业和工程类的中级和高级学徒制培训项目，以满足英国社会和企业的需求。近 15 年来，英国学徒制参加人数已经从 2002—2003 年度的 16.8 万人增加到 2014—2015 年度的 87.2 万人，达到历史最高[②]。

3.4.5　专业认证和制定标准

行业内的专业认证和标准制定不仅能维持行业市场竞争的秩序，更是提升一个国家的国际竞争力的有效途径。随着 20 世纪科技社团的专业化不断深入，绝大多数科技社团已经是业内同行的聚集地。在英国的国家创新体系中，科技社团有效地发挥这一优势，利用英国大型科技社团的国际权威地位，形成某一行业的具体产品的技术标准、对专业技术人员和产品进行专业认证，这不仅有效地提升了英国在一些具体行业中的国际地位，也极大地提升了英国科技的国际影响力。

对专业人员、企业、教育机构和其他相关组织开展认证是英国大型科技社团的重要工作，14 个大型科技社团中有 10 个社团把专业认证作为学会的一项重要发展目标。英国工程技术学会是工程技术领域全球领先的专业技术学会，目前在全球150 个国家拥有包括“诺贝尔奖”得主在内的 16.7 万名会员，是学会所涉及的领域范围内，欧洲规模最大、全球第二的国际专业工程学会。英国工程技术学会的专业涉及能源电力、交通运输、信息与通信、设计与制造、建筑与环境 5 大行业 40 多个专业领域。英国工程技术学会国际工程师资质认证是全世界最大的资质认证机构，在国际上获得了广泛认可，对工程科技人才的培养起着极其重要的作用，全球每年有超过 3 000 申请人参与工程技术学会的国际工程师资质认证。国际工程师资质认证有 4 个级别，最高级别的是皇家特许工程师（CEng），其次分别是主任工程师（IEng）、技术工程师（EngTech）、信息通信技术工程师（ICTTech）。目前为止，工程技术学会授予的国际工程师认证得到英国、欧盟 20 多个国家、美国、澳大利亚、加拿大、爱尔兰、日本、韩国、马来西亚、新西兰、新加坡、南非、斯里兰卡、孟加拉、中国台湾、中国香港等诸多国家或地区的尊重和认可，其证书的作用和

① Policy Exchange. Technical Matters：Building a High Quality Technical and Vocational Route through the Education System. [2013-1-23] .

② Department for Business. English Apprenticeships：Our 2020 Vision. [2016-12-31] .

价值得到华盛顿公约下国家法律和一系列国际条约的保证，特许工程师拥有国际项目的签字权。

英国皇家精神科医学院的主要职责是订立精神科的专业水准与考核有关专科医生的水平。每年，英国皇家精神科医学院均会举行专科考试，通过连串考试及格后，该医生才有资格成为英国皇家精神科医学院院士。为顺利实施认证，英国皇家精神科医学院还制定了详细的认证条件、规范与程序。作为智力产品和无形资产，这些标准与专业认证被越来越多的科技社团视为它们重要的财政来源之一。

3.4.6 政策咨询

科技社团是科学研究人员基于学术自由、平等交流、互动自助自愿结合而成的柔性社会组织，具有跨行业、跨部门、跨区域、跨国界、跨学科等组织网络优势，具备客观公正性、非营利性等社团属性优势①。因此，科技社团可以通过组织科学同行开展决策咨询，帮助政府提高制定和实施各类科技创新政策的针对性和有效性。具体而言，科技社团对政府决策的制定和执行开展咨询服务，主要体现在两个方向：一是与科学相关的政策制定（policy for science），也就是政府如何采取行动发展科学；二是有关政策中的科学（science in policy），即科学能为政府和社会做出什么贡献。

英国大型科技社团中有7个社团参与了科学相关的政策制定（policy for science）。这些社团所提供的咨询服务有主动和被动两种。主动的方式是指科技社团作为一种科学共同体，会主动向政府部门提交报告，阐述本学科领域相关问题研究的重大意义，强调政府扶持此项研究的必要性和紧迫性，从而为科学同行争取更多的经费投入和更有力的政策支持②。20世纪50年代，欧洲核子研究中心（CERN）成立前期，英国政府在犹豫是否要加入其中时，英国皇家学会作为英国核物理科学家的代表列席了核子研究中心成立前期的所有筹备会议，并在回国后通过各种途径游说政府，希望英国能参与到核子研究中心的建设中来。最后，英国政府也确实采纳了英国皇家学会的建议，成为欧洲核子研究中心的创始国之一。被动方式，即科技社团应政府部门的要求，围绕政府在推动科学发展的方向、重点、方式、手段、力度、效果等方面提出意见和建议，为政府更好地制定相关科学政策提供咨询服务③。目前，英国政府在制定某一个具体领域的科技发展规划时，都会听取相关科技社团的意见。在培养英国年轻人的职业技能的学徒制政策的制定中，发展高级学徒制、与企业积极合作等具体的政策执行方式都是英国科学、工程和制造技术联盟应政府

① 王春法．充分发挥科技社团在国家创新体系建设中的作用［J］．学会，2008（4）：17-19.

②③ 周大亚．推动完善技术创新的政策环境：科技社团服务技术创新案例研究［J］．科协论坛，2015（7）：37-40.

要求提供的建议。

相较而言，科技社团在对政府政策制定和执行中的定位大多是围绕有关政策中的科学（science in policy）开展的。具体而言，大型科技社团在政府公共政策制定、发挥决策咨询功能等方面发挥了重要作用。

第一，为政府部门提供决策依据。科技社团是使英国政府的政策制定科学化、实现政策目的的重要智力来源。英国皇家学会等科技社团的活动大多游离于政府及正当活动之外，在咨询项目选择、咨询工作开展、咨询手段使用和研究方法创新等方面都具有完全的独立性和客观性。大型科技社团运用科技人才荟萃、智力密集的优势，从科技角度关注决策涉及的问题，运用科技知识、手段和方法，为政府提供准确权威的解释、解决问题的方案、科学合理的建议等，担当英国政府幕后的决策机构或咨询机构。

第二，对政府决策施加影响。英国历届政府基本上都认识到，科技已经渗透到社会的方方面面，向科技界寻求支持成为一种趋势。大型科技社团恰恰是一个相对独立的、各种思想能充分交流的理想机构，能为政府提供一个更为广阔的决策空间。英国科技社团在满足政府寻求决策支持的需要，提供决策咨询的同时，不可避免地会对政府决策施加影响。英国科技社团常常通过舆论媒体进行宣传，接受媒体采访或发表演讲、举办各种讲座与报告、定期发布研究报告、出版专著期刊、简报等制造与扩大影响，营造出一个能引起政策决策者反应、实践新思想、使政策建议得以接受的社会氛围，进而对政府官员的思想、行动产生影响。这样，英国科技社团既可以充当政府部门的宣传机构，也可以帮助决策者进行独立思考，通过舆论的力量对政府的决策施加影响。这种温和的介入方式是科技社团政策建议影响政府决策的有效途径。自 1998 年以来，皇家学会先后就生物技术、转基因作物和食品中有关立法、环境和政策咨询等方面连续发表了五次声明，较完整地表达了英国皇家学会在这一问题上的立场和观点，政府部门采纳了其具体建议并收到了很好的社会反响。

第三，助力解决社会现实问题。政策要建立在充分的理智与科学之上，这需要相关人员针对实际问题提出具有专业知识的建议和客观性的对策，这有利于政策获得认可并得以顺利实施。不同科技社团大都聚集了当前某一领域的国内外著名专家，还有很多对特定问题有着丰富经验的研究人员。他们对问题的调查研究建立在科学、客观的基础上，所提出的解决方案或措施具有较高的科学性、权威性和针对性。英国皇家学会一直针对具有较大争议的科技问题提出建议，以解决社会现实问题。2014 年 6 月 26 日，英国皇家学会发布了一份名为“科学和数学教育展望”（*Vision for Science and Mathematics Education*）的报告，指出目前英国学习数学和科学的中学生人数太少，20年后的英国教育可能跟不上时代的步伐。很快，英国政府于2014年7月2日表示，为了提升英国学校的数学教育水平，将对新数学教师以1万英镑进行一次性奖励。同时，英国教育部开展了为期两年的中英数学教师交流项目——“掌握上海教学模式”，希望通过学习上海的数学教学经验提升英国小学的数学教学水平。2016年7月，英国政府宣布，将在未来4年中投入4 100万英镑，用于提升本国的数学教育水平。

第四，发挥领导和桥梁作用。在英国，政府有时要改变原有政策或需要某种新的政治氛围。如果直接提出并执行某种新政策，可能会引起社会公众或媒体的议论或攻击。在这种情况下，英国政府便委托科技社团向社会公开新政策，然后根据社会公众与媒体的反应，灵活采取应对措施。如撒切尔政府的货币主义机制、对贸易团体进行改革等很多政策，都是通过政策研究中心（CPS）对外宣布并实施。同时，英国科技社团通过交流与沟通，在国内协调政府与各利益集团之间的关系、立场与观点，促进彼此间的沟通与妥协，为政策制定与执行创造条件。在国际上，英国科技社团促使国内各方与国外集团进行协商，充当国内外重要财团与利益集团的政策协调机构。

3.4.7 国际化发展

英国科技社团越来越走向国际化。英国的学会制度使科研交流与合作更加频繁。早在1660—1730年，英国就已经成为世界科学的中心，而学会是科学活动的基本组织形式。[①] 近年来，许多英国科技社团通过招收大量国际会员、在其他国家开设办事处、与其他国际社会组织合作等方式，在全世界发挥着越来越强的影响力。以英国研究创新理事会为例，英国研究创新中心与中国、印度、美国和欧洲一些国家建立了强大的联系，并长期推进联系强度。在过去的10年中，其在中国北京、印度新德里和美国华盛顿特区设立国际办事处，这转变了英国与世界上三个最大、最具活力的研究和创新中心的关系。此外，布鲁塞尔市历史悠久的英国研究办公室为促进和深化英国与欧洲合作伙伴的研究和创新合作关系提供了新机制。在战略市场中开辟专门的办事处有助于形成强大的国际合作伙伴关系，在开拓领域开展多学科项目，并确保英国在全球中的研究和创新强国地位。研究和创新是全球繁荣和可持续发展的关键驱动力。随着新挑战的出现，越来越多的研究人员和创新者需

① 邵月娥. 现代科学的体制化进程及其对我国科学发展的启示［D］. 合肥：中国科学技术大学，2011.

要跨越国界、集中资源，并将他们的创造力集中在共同目标上。这些专门的国际办事处为英国研究创新理事会的国际战略提供了必要的专业知识和支持。

从活动区域来看（表 3-6），14 个大型科技社团中的 5 个致力于国际化发展。英国工程技术学会、特许公共财政与会计学会、皇家化学学会、土木工程师学会、皇家特许建造学会这 5 个科技社团的活动已经大大超出英国本土，具有国际影响力。这些科技社团高水平的国际化程度主要基于以下原因。

表 3-6　英国大型科技社团的社团活动分布①

英国皇家学会	遍及英格兰和威尔士、北爱尔兰、苏格兰
皇家园艺学会	遍及英格兰和威尔士、北爱尔兰、苏格兰
皇家医学学会	遍及英格兰和威尔士、北爱尔兰、苏格兰
土木工程师学会	遍及英国、阿尔巴尼亚、阿尔及利亚、阿根廷、澳大利亚、奥地利、比利时等几十个国家和地区
皇家特许建造学会	遍及英格兰和威尔士、澳大利亚、中国大陆、中国香港、爱尔兰、马来西亚、苏格兰、新加坡、南非、阿拉伯联合酋长国、美国
皇家化学学会	遍及英格兰和威尔士、巴西、中国、德国、印度、日本、北爱尔兰、苏格兰、美国
皇家精神科医学院	遍及英格兰和威尔士、北爱尔兰、苏格兰
英国工程技术学会	遍及澳大利亚、比利时、文莱、加拿大、中国等 42 个国家和地区
英国物理学会	遍及英格兰和威尔士、北爱尔兰、苏格兰
特许公共财政与会计学会	遍及英国、澳大利亚、美国、加拿大等 18 个国家
英国特许管理学会	遍及英格兰和威尔士、北爱尔兰、苏格兰
皇家工程学院	遍及英格兰和威尔士、北爱尔兰、苏格兰
科学、工程和制造技术联盟	遍及英格兰和威尔士、北爱尔兰、苏格兰
医学科学院	遍及英格兰和威尔士、北爱尔兰、苏格兰

第一，与英国全球殖民的历史有关。英国从 17 世纪就开始借助地理大发现大力发展海上贸易，凭借军事实力实现了对其他国家的殖民统治，19 世纪成为名副其

① 资料来源：英国慈善委员会（网址为：http://apps.charitycommission.gov.uk/Showcharity/RegisterOfCharities/AdvancedSearch.aspx），在该网站对各学会进行资料查找整理而成，最后检索日期：2018 年 11 月 9 日。

实的“日不落”帝国。当今英国的大型科技社团大多成立于20世纪之前，英国的国家战略对科技社团的定位有直接的影响，大多数科技社团都为了满足国家和社会需求，走出国门，在殖民地也开展了一系列科学活动。虽然英国的强势地位在第二次世界大战以后逐渐被美国取代，但至今英国仍然是世界强国，其大国心态和强国梦一直没有失去。时至今日，很多英国科技社团依然秉持最初的理念，在全球范围内拓展业务活动。

第二，拥有注重国际合作的传统。在全球化和科学交流国际化的大趋势下，科学技术的发展与传播也已经远远超越了国界的限制，社团会员需求也呈现出更加多元化的趋势，英国的各个科技社团也更注重科学的传播以及与发达国家、发展中国家之间的跨国交流和合作。从英国皇家学会成立开始，就能看到欧洲和美国的很多知名科学家加入其中，交流科学思想，正是这种集体式的合作研究，导致科技成果不断涌现，新思想不断产生，也使各国优秀的科学家曾向英国迁移，形成独具特色的世界科学研究中心。后来，这个中心不断向其他国家转移，由于英国与这些国家（如美国、法国、德国）的地理和历史渊源，英国的科技中心功能虽然有所削弱，但始终没有失去。相应地，英国科技社团至今仍在世界科学舞台上发挥着举足轻重的作用。

在开展国际合作过程中，英国科技社团与政府相关部门建立了平等的合作伙伴关系，既利用了政府的官方发展援助基金和渠道，又发挥了其本身作为非政府组织在国际合作方面的优势。[①] 英国科技社团利用自身强大的影响力，通过与国外的国家科学院和学术团体建立有效的伙伴关系，实现了全方面、多层级的国际化，其作用主要体现在以下几个方面：第一，促进双向国际交流计划，使英国顶尖的研究人员能够与世界任何地方的研究人员合作；第二，促进本国研究人员的对外交流，让他们有机会体验其他国家的研究活动；第三，加深国外对英国科技社团目前正在进行的研究和创新的认识，增强其国际知名度和关注度；第四，通过联合国际活动促进英国科技社团与其他国家政府、企业或社会组织之间的合作；第五，为学术交流、科普活动、人才培养、国际间政策研究与制定提供更广阔的平台。

---

① 黄浩明，赵国杰．英国非政府组织国际化发展的实践与启示［J］．中国第三部门研究，2014（1）：79-97.

3.5　管理体制

注册为慈善组织的英国科技社团统一由英国慈善委员会管理。英国慈善委员会是一个无须向内阁大臣负责的、独立运行的政府公共机构。英国慈善委员会于 1853 年成立，历经多年变迁，2006 年出台的《慈善法》明确了慈善委员会是对英国议会负责的政府机构，具有准司法权；2011 年更新修订的《慈善法》规定了慈善委员会旨在通过明确的法律政策促进慈善事业发展、确保慈善资源的合法使用、增加民众对慈善组织的信任。英国慈善委员会主要从四个方面对英国的科技社团行使监管职能：登记、管理、监督以及对不当行为和错误展开调查。

3.5.1　法律框架

英国科技社团管理的法律框架可以从两部分展开，一是科技社团作为慈善组织受英国慈善组织管理的法律制约，这部分主要体现为《慈善法》；二是针对科学技术等领域的法律涉及有关科技社团管理的部分。

第一，英国慈善法。英国非政府组织活动历史悠久，官方文件和大众媒体中一般称其为“慈善组织”“志愿和社区组织”或“非营利组织”。目前，慈善组织活动范围可以大致分为教育研究、文化娱乐和社会服务三个方面，而科技社团的教育研究是很有特色的一种活动类型，通过“出版科学刊物、资助科学研究、举行各种形式的科学会议等，从而促进科学技术的发展”[①]，包括英国皇家学会、爱丁堡皇家学会、科学促进协会、皇家研究所、生物学协会等。规范这些组织活动的法律主要是《慈善法》。英国的慈善法同样历史悠久，至少可以追溯到 1601 年。

第二，科技领域相关法律。早在 1965 年英国就颁布了《英国科学技术法》（*Science and Technology Act 1965*），对国务大臣、科技部长及其他科技研究相关组织的权力和责任进行了规定，包括对各个研究理事会的注册成立、其权限与职责、研究理事会与政府的关系等——研究理事会有独立的政策制定、经费使用和管理权，政府只负责为研究理事会的发展制定战略，而不干涉其日常工作[②]。该法律是世界上第一部科学技术法律，形成英国科技发展的基本原则并被划分为宪法性法律[③]。该法的篇幅比较短小，主要包括成立的研究理事会及其账目和费用、对与科研有关的活动进

① 李红艳. 非政府组织管理研究［M］. 北京：知识产权出版社，2011：47.
② 余贞利，韩凤芹. 英国科技事权与支出责任划分［J］. 经济研究参考，2016（3）：25-35.
③ 赵玉环. 发达国家科技创新立法的经验及对我国的启示［J］. 东岳论丛，2008（5）：86-88.

行重新分配、原子能研究功能的进一步扩展、国务卿和技术部长的权力等内容①。根据《英国科学技术法》的规定，成立的研究理事会包括医学研究理事会（Medical Research Council）、科学理事会（Science Research Council）、自然环境研究理事会（Natural Environment Research Council）等②。英国于2016年发布的《高等教育研究法案》，为研究理事会的改革提供了法律方面的支持，并对新成立的英国研究与创新署的事务、执行委员会、账目与审计等进行了规定③。至此，原有的研究理事会成为英国研究与创新署的组成部门，这部分内容将在科技社团管理机构部分详述。《发明开发法》颁布于1964年，并于1968年得到修正，该法律的主要目的在于为科学技术的转移提供畅通的渠道，为科学知识尤其是大学中知识的产业化铲除不利要素，与其目的类似的还有《应用研究合同法》《不公正合同条款法》以及《竞争法》等④。英国对科技产业化方面的认识和规定经历了一个过程，起初由政府资助的研发成果均归政府所有，国家研究开发公司负责成果的产业化和商品化；后来废除了这一政策，规定若研究项目由高等教育拨款委员会或研究理事会资助，则知识产权属于大学，而针对其他政府资助的项目，则根据英国专利局的规定具体判断，一般情况下其知识产权属于发明者⑤。

3.5.2 登记注册

自1960年以来,《慈善法》规定慈善组织必须到慈善委员会进行登记注册方可开展活动⑥。根据现行的2011年《慈善法》，除法律特殊规定的可以豁免登记的慈善组织外，所有慈善组织都需要进行登记，登记簿的内容包括慈善组织的名称以及“慈善委员会认为需要的慈善组织的其他所需详情及其他所需信息。”⑦对慈善组织而言，这不仅仅是一种管理，还涉及法律和对慈善组织的一些保护，例如，税收优惠政策就是以慈善组织的登记为前提⑧。

英国慈善组织的登记条件主要有5个方面：第一，慈善组织年收入超过5 000

① https://www.legislation.gov.uk/ukpga/1965/4/contents.

② https://www.legislation.gov.uk/ukpga/1965/4/section/1.

③ Higher Education and Research Act 2017［Z］. 2017-04-27.

④ 许长青. 立法促进大学知识产业化的作用透视——发达国家的实践与经验借鉴［J］. 公共管理学报，2009（1）：104-114，127-128.

⑤ 赵捷，江山. 英国促进科技成果商业化的举措［J］. 高科技与产业化，2013（3）：44-48.

⑥ 李红艳. 非政府组织管理研究［M］. 北京：知识产权出版社，2011：48.

⑦ 金锦萍. 非营利组织法译汇（三）英国慈善法［M］. 北京：社会科学文献出版社，2017：237.

⑧ 王名. 英国非营利组织［M］. 北京：社会科学文献出版社，2009：98.

英镑的必须到慈善委员会登记，而低于 5 000 英镑的组织也可以作为慈善组织运作，但不可以使用诸如“注册慈善组织”等名称。第二，慈善组织的目标应当符合《慈善法》规定的慈善目的，并且符合公共利益等基本原则。第三，慈善组织至少应当有 3 个人作为托管人，这一条件将在下文引用法律条文进行详述。第四，慈善组织应当向慈善委员会提交相应的制度性文件。第五，慈善组织应当向慈善委员会提交详细的银行账户和财务信息①。慈善组织常见的组建形式主要分为法人组织和非法人组织两种，法人组织包括公司、商业工会、根据国会法案注册的实体等。非法人组织包括非法人社团、信托和互助会等②。不论采取哪种组建形式，慈善组织托管人都是其中的核心。根据 2011 年《慈善法》规定，慈善组织托管人是“对慈善组织的运行进行全面控制与管理之人，而不论他们的具体名称”。例如，采取公司形式的慈善组织，其托管人为公司董事；采取信托形式的慈善组织，其托管人为信托的受托人③。

3.5.3　信息披露

英国信息自由法对信息公开有完整的要求，而慈善法也对慈善组织的信息披露责任有明确规定。因此，在多数科技社团的网站上，可以查到审计账目等信息。以英国皇家学会为例，其官网上公开了有关其财务账目的获得方式：“通过与我们的财务部门联系，可以获得一份审计账目的完整副本。”④ 在慈善委员会登记的慈善组织必须每年向慈善委员会提交年度报告、财务报表等材料，并接受慈善委员会不定期的审查；审查方式可以是亲自调查，也可以是指定一人进行调查并向慈善委员会报告⑤。在英格兰和威尔士地区，这方面的规范主要是 2011 年《慈善法》和《慈善组织会计与报告：推荐实务准则》⑥。依据《慈善组织会计与报告：推荐实务准则》的有关规定，一般慈善组织的信息披露由两部分组成，分别是法定性披露和自愿性披露，具体内容如表 3-7 所示⑦。

---

① 王世强. 英国慈善组织的法律形式及登记管理［J］. 社团管理研究，2012（8）：49-52.

② 王名. 英国非营利组织［M］. 北京：社会科学文献出版社，2009：100-102.

③ 李德健. 英国慈善法研究［M］. 北京：法律出版社，2017：119.

④ The Royal Society. Funding and finances［EB/OL］.（2018-7-17）. https://royalsociety.org/about-us/funding-finances.

⑤ 金锦萍. 非营利组织法译汇（三）英国慈善法［M］. 北京：社会科学文献出版社，2017：246.

⑥ 李德健. 英国慈善法研究［M］. 北京：法律出版社，2017：137-138.

⑦ 刘亚莉，张楠. 英国慈善组织财务信息披露制度的启示［J］. 中国注册会计师，2012（5）：80-85.

表 3–7　英国慈善组织信息披露体系[①]

信息披露	名　称	具 体 内 容
法定披露内容	受托人年度报告	主要报告未形成财务报表部分内容的相关信息，与财务报表共同构成慈善组织完整的财务信息
	资产负债表	包括资产、负债、养老金固定受益计划、慈善组织基金
	财务活动表	包括收入、支出、基金间的转换、实现的其他收益 / 损失、基金的净变动额
	现金流量表	遵守英国财务报告准则第一号 FRIS1
	报表附注	包括会计政策、重大事项的披露，以及报表各项目需在附注中披露的详细内容
自愿披露内容	汇总财务报表	信息来源于法定财务报表，展示慈善组织及集团的整体财务状况
	简要财务信息	与财务报表无关，可包含除法定财务报表之外的其他财务信息，是对某特殊活动或领域进行的分析

根据 2011 年《慈善法》的规定，慈善组织必须在每一财务年度准备一份年度报告。该报告的内容包括慈善组织年度情况，以及法律法规要求的与慈善组织、托管人和其他高级人员有关的信息；需要同时提供的文件还有账目副本、审计员或检察院的报告副本等[②]。

年度报告是慈善组织的重要事件，是反映受托人计划的实施情况、取得的成果、面对的困难和挑战的重要载体，能体现出慈善组织为了公共利益和慈善目的所进行的重要活动。报告的受众包括受托人、成员、资助者、捐赠者和受益人，也包括与慈善组织的活动有关系的公众[③]。年度报告的目的是为这些利益相关者的问责提供有关慈善组织的必要信息。

一般来说，年度报告的内容包括慈善组织的架构及治理与管理的法律目的、目标、活动、财务业绩与对财务状况的公平、全面的评论。年度报告可以帮助阅读者获取慈善组织上一年度的信息。第一，目标与活动主要指向慈善组织确立的慈善目的，以及为实现该目的慈善组织所从事的主要活动；第二，成就与业绩是对慈善组织主要成就的总结，在这部分，慈善组织要解释其对受益人所处的环境所带来的改进等内容；第三，财务评论是对年度财务状况的总结与评论，如果存在重大亏损的

① 刘亚莉，张楠. 英国慈善组织财务信息披露制度的启示［J］. 中国注册会计师，2012（5）：80–85.

② 李德健. 英国慈善法研究［M］. 北京：法律出版社，2017：137–138.

③ 英国慈善委员会. 英国慈善委员会指引［M］. 林少伟，译. 北京：法律出版社. 2017：327.

资产，需要在这部分进行识别等并做出解释；第四，架构、治理与管理方面需要提供的信息包括慈善组织的构成、招聘或委任托管人的方式等；第五，在参考与管理资料方面，年度报告应当包括慈善组织的名称、注册编号、主要办公室地址、慈善托管人的姓名等内容；第六，豁免公开是指《慈善组织会计与报告：推荐实务准则》中规定，针对一些特殊情况，出于对慈善托管人等的保护可以免于披露；第七，作为他人的保管型受托人而持有资金的，慈善组织需要在报告或附录中披露其资产、资产登记等《慈善组织会计与报告：推荐事务准则》要求披露的信息①。

针对账目与审计,《慈善法》和《慈善组织会计与报告：推荐实务准则》中也有详细规定，将慈善组织根据年度财务总收入和总资产进行划分，分别规定了其需要采用的账目计算基础、所需要提交的材料等内容②，在此不再赘述。

3.5.4　慈善资金募集

英国现行法律对慈善资金募集的管理方式可以分为两种，一是一般监管模式，对特定类型的活动进行规制，例如，对网络交易活动进行统一规制，而是否是慈善组织、具备慈善目的并不对监管造成影响；二是针对特定慈善资金募集进行专门的规制。英国科技社团的资金来源是多种多样的，包括政府财政拨款、会员费、公众募捐等。以英国科学促进会为例，其筹款方式包括企业伙伴关系、一次性捐赠、定期捐款、信托基金等多种渠道。

第一，公共慈善募捐是科技社团及其他慈善组织获取资金的一个来源。在英国，公共慈善募捐分为公共场所募捐和逐户募捐两种类型，进行募捐需要通过测试。2002 年内阁策略小组（Cabinet Office Strategy Unit）提出应当建立一个分两阶段进行公共慈善募捐管理的体制，成为现行规范的雏形。第一阶段需要测试慈善组织是否具备相关部门要求的条件，第二阶段则测试区域是否具备相应的容纳能力。进行公共慈善募捐的慈善组织均需要通过第一阶段测试，获得慈善委员会下发的执照；而选择进行公共场所募捐的慈善组织还要通过第二阶段测试，向地方政府提交申请，地方政府在综合考虑公共安宁、场所容纳能力之后会发出许可，慈善组织方可进行公共场所募捐③。

第二，政府财政援助也是科技社团及其他慈善组织获取资金的一个重要来源。一项来自 20 世纪 90 年代的研究表明，当时英国社会组织得到资助的总额中有 47% 来自政府；2004 年英格兰政府投入了 66 亿英镑资助社会组织；而从 2005 年 6 月到

---

①②③ 李德健. 英国慈善法研究［M］. 北京：法律出版社，2017：139-148，151-153，175-177.

2006年7月，政府对社会组织的资助更是从109亿英镑增长到了115亿英镑[①]。这种制度在2006年《慈善法》中以书面形式确定下来。在当今英国，通过政府购买公共服务的方式获得财政援助是一种较为普遍的情况。一些政府文件中也有涉及有关科技社团资金筹集的内容，例如，《卓越与机遇——21世纪的科学与创新》是有关英国21世纪科技政策的纲领性文件，具有很强的战略性以及前瞻性，其中涉及了中央政府在科技发展中应当承担的角色和发挥的作用：中央政府应当作为基础科学的主要投资者，私营部门很难通过基础研究获利，因而很难有动力开展这方面的研究，这部分投资责任由政府来承担；同时，政府要致力于建设世界级的基础设施，为英国研究人员提供良好的设备[②]。

3.5.5 税收优惠

与世界上很多国家相同，英国对慈善组织提供税收优惠政策。首先，税收优惠政策需要进行资格的认定，有一些组织与公共利益有关，但不一定被认定为慈善组织；例如，以个人名义命名的为了特定利益而存在的基金会、无法独立于政府的组织等无法被认定为慈善组织，无法获得税收优惠。前文提到，在慈善委员会进行登记注册也是享受税收优惠政策的前提条件。需要格外说明，根据专属慈善性原则，互益性质的团体并不属于慈善团体，但英国有特殊规定，互益性组织从事公益性事业，例如，所有会员都属于弱势群体的组织，虽然并不属于慈善团体，但可以获得一定税收优惠。其次，慈善组织可以免除所得税。具备免税资格的慈善组织，在从事与其慈善目的有关的活动中获得的收益可以免除所得税。英国慈善组织的收入用于慈善目的的，可以根据1992年《可征税所得法案》免除资本的利税。再次，慈善组织的商业活动也可以享受税收优惠。针对慈善组织的贸易收入能够促进其主要目的的活动，可以获得税收减免。慈善团体可以以自己的名义开展商业活动，并在税收优惠政策的范围内享受税收减免；也有一些慈善组织通过所属公司开展商业活动，该公司按照捐赠法规定向母慈善团体捐赠其收益的，也可以减免税收。最后，捐赠税收优惠。在英国，捐赠税收优惠有两种形式，分别是税前优惠和税后返还。税前优惠是在征税前，国家对捐赠的款项不征收所得税；税后返还是捐款人先向国家纳税，慈善组织可以从国家获得这部分税金[③]。如果捐赠人是企业，一般采用税前

---

① 王浦劬，莱斯特·M. 萨拉蒙，等. 政府向社会组织购买公共服务研究：中国与全球经验分析［M］. 北京：北京大学出版社，2010：224.

② 侯国清，姜桂兴. 保持科学卓越　抓住创新机遇——英国科技政策白皮书《卓越与机遇：21世纪的科学和创新政策》述评［J］. 中国软科学，2005（4）：156-158.

③ 李红艳. 非政府组织管理研究［M］. 北京：知识产权出版社，2011：49.

优惠形式，其捐赠的全部款项可以从应税所得中扣除；如果捐赠人是个人，捐赠款项要按照较低的所得税税率纳税，且慈善组织可以从国家获得这部分税金，即一般采用税后返还形式①。

3.6　发展特色

科技社团开启了英国的近代科学，推动了第一次工业革命蓬勃发展，成就了“日不落”帝国 19 世纪的辉煌。时至今日，虽然英国的综合国力和国际影响力已不复往昔，但以自下而上完成制度化进程的英国科技社团却早已深深地扎根于英国社会，不仅成为当今英国现代知识社会的重要驱动力，而且在世界范围内发挥着广泛而深远的影响。英国的科技社团以自身强大的科技创造力、社会服务能力和组织动员能力，作为英国政府与大众连接的桥梁，为英国民众传播科学知识、倡导科学精神，孕育创新文化，承担推动英国社会进步的责任，成为英国实力的一部分。

英国的科技社团之所以蓬勃发展，归功于科技社团成功地担当了政府与高校、企业、大众等社会主体之间强有力的纽带。

3.6.1　服务会员，强化学术交流功能

科技社团的成员大多来自高校和科研院所，强化科技社团的高端学术引领作用，搭建具有世界水平的高端学术交流平台显得尤为重要。英国的大型科技社团，尤其是皇家学会、物理学会和皇家化学学会等优秀的科技社团，主要通过高层次的国际会议、高影响力的期刊等学术交流方式和灵活多样的市场服务成为国际知名的科技组织。英国的经验表明，科技社团应当以会员为中心，充分利用各种学术信息交流平台，更新学术交流方式，提升学术交流实效性，满足科技工作者学科多领域研讨交流的要求，促进学科交叉融合，提升学术交流水平。其中，大型科技社团更要打造学术交流会议品牌和国际知名刊物，坚持国际化的办会和办刊标准，举办具有世界水平的前沿学术交流会议，打造具有核心竞争力和国际影响力的一流学术期刊，从而提升科技社团的世界影响力，推动国家成为引领科技发展的世界科学中心。

3.6.2　加强与企业的合作，助力创新成果转化

如今，英国仍然是世界公认的创新强国，科技社团曾经是英国工业社会发展的原动力，也是现在英国创新型社会建设的重要一环。第一次工业革命期间，以博尔

---

① 廖鸿，石国亮，朱晓红著．国外非营利组织管理创新与启示［M］．北京：中国言实出版社，2011：136.

顿、瓦特、韦奇伍德、达尔文等中产阶级为主的科技社团成员通过社团的学术交流改进了蒸汽机，极大地提高了生产力，韦奇伍德在月光社科学家的帮助下经过反复实验发明韦奇伍德高温计，解决了陶器烧制过程中高温测量的问题。科技社团促成了科学与工业的联合，在第一次工业革命期间发挥的作用不可忽视。现在，英国的大型工程类科技社团更是通过各类专业认证、职业培训为英国企业提供大量优秀的技术人才。英国的经验表明，科技社团可以在国家科技发展中发挥枢纽作用，它们可与企业建立密切联系，一方面与企业联合建立高级学徒制培训，为企业员工进行专业认证培训，为企业量身打造高级技术工人，实现经济结构的转型升级；另一方面吸纳更多的企业领导者、高级管理人员成为学会的一员，让他们通过社团平台了解最新的科技进展，打通科研 - 企业 - 产品创新链产业链，推动企业以创新为经济增长的主要动力，提高整体经济发展质量。

3.6.3 关注社会需求，与民众形成良性互动

英国科技社团从一开始就重视社会需求，尤其是与普通民众之间的密切连接，这是英国科技社团的生存之本。英国的科技社团始于民间，在第一次工业革命时期，科学社团成员在伯明翰、曼彻斯特等工业城市举行巡回讲座传播科学知识、兴建新式学堂对民众进行科学教育，成为当时的时尚潮流；19 世纪科技社团中引发的科学与宗教、科学与人文之间的激烈争论，更是成为社会的热点问题，激发了英国全社会的关注。当今，英国几乎所有的大型科技社团都把科学传播、科学教育作为社团发展的重要使命。英国的实践说明，关注社会热点，了解普通大众科技需求应当成为科技社团功能发挥的重要领域。科技社团应当把科技传播作为一项主要任务，设立科普部门，有意识地培养和选拔一批专职科技传播工作人员，并鼓励科学家积极投身科技传播，更加有组织、有计划地开展科技传播工作。同时，针对转基因食品、人工智能等社会热点问题，科技社团更应该及时发声，建立科学家与大众之间的对话机制和沟通渠道，充分利用自己的社会公信力提高普通民众辨别真伪、分析判断的能力，提高公众关注度。

3.6.4 争取制度保障，确保健康发展

随着 20 世纪科学制度化上升到国家层面，国家制定科技发展规划、为科学研究提供大量资金已经成为共识。科技社团的发展同样离不开政府的支持，伴随着民众对公共产品的需求日益趋高，科技社团也需要以“有为”争“有位”，加强与政府的沟通，努力争取更多的制度保障，加快科技社团优质发展。首先，应该推动从法律法规层面明晰科技社团的地位和职能。建议加快推动科技社团相关立法，明确科技社团的法律地位、基本职能、经费来源、机构设置、活动范围、运行规则等基本

法律关系，从制度建设上优化科技社团发展的政策环境，提高科技社团的信息公开程度，提高社会公信力，使科技社团在政府监管和自我管理之间取得平衡。其次，争取让科技社团以多种方式承接更多政府转移职能。在英国，排名前十的大型科技社团中，皇家学会作为综合社团承接了科技奖励、科技咨询、科技成果评价及科技普及等主要社会服务职能，这也成为皇家学会收入的主要来源。其他专业学会，尤其是工程类科技社团承担了行业技术标准制定、专业技术资格认证及相关的行业培训教育等几项主要职能，并且已经发展为的主营业务，获得了很高的国际知名度。科技社团应主动与政府相关部门加强沟通，采取得力措施，加大科技社团承接政府转移的社会化服务的力度和范围。

参考文献

[1] 亨利·恩斯特塔尔. 社团管理——原则与方法 [M]. 北京：中国科学技术出版社，2014：5.

[2] 沈爱民. 世界最早的自然科学学会应是爱丁堡皇家外科医师学会 [J]. 学会，1994（10）：7.

[3] 罗兴波. 17 世纪英国科学研究方法的发展——以伦敦皇家学会为中心 [M]. 北京：中国科学技术出版社，2012：105.

[4] 张晶. 作为制度化的科学教育及其意义 [J]. 科技管理研究，2012（17）：180-182.

[5] 英国皇家学会. 英国皇家学会对待科普的态度 [J]. 唐英英，译. 学会，2005（5）：47-48.

[6] 董一平. 英国工程师文化与工业建筑遗产 [N]. 中华建筑报，2012-09-04（14）.

[7] 袁本涛、郑娟. 博洛尼亚进程后欧洲工程教育专业认证的发展研究——以欧洲工程教育认证网络为例 [J]. 清华大学教育研究，2015（1）：28-33.

[8] 廖鸿，石国亮，朱晓红. 国外非营利组织管理创新与启示 [M]. 北京：中国言实出版社. 2011.

[9] 王春法. 充分发挥科技社团在国家创新体系建设中的作用 [J]. 学会，2008（4）：17-19.

[10] 周大亚. 推动完善技术创新的政策环境：科技社团服务技术创新案例研究 [J]. 科协论坛，2015（7）：37-40.

[11] 邵月娥. 现代科学的体制化进程及其对我国科学发展的启示 [D]. 合肥：中国科学技术大学，2011.

[12] 黄浩明，赵国杰. 英国非政府组织国际化发展的实践与启示 [J]. 中国第三部门研

究，2014（1）：79–97.
[13] 李红艳. 非政府组织管理研究 [M]. 北京：知识产权出版社，2011：47.
[14] 余贞利，韩凤芹. 英国科技事权与支出责任划分 [J]. 经济研究参考，2016（3）：25–35.
[15] 赵玉环. 发达国家科技创新立法的经验及对我国的启示 [J]. 东岳论丛，2008（5）：86–88.
[16] 许长青. 立法促进大学知识产业化的作用透视——发达国家的实践与经验借鉴 [J]. 公共管理学报，2009（1）：104–114，127–128.
[17] 赵捷，江山. 英国促进科技成果商业化的举措 [J]. 高科技与产业化，2013（3）：44–48.
[18] 李红艳. 非政府组织管理研究 [M]. 北京：知识产权出版社，2011.
[19] 金锦萍. 非营利组织法译汇（三）：英国慈善法 [M]. 北京：社会科学文献出版社，2017.
[20] 王名. 英国非营利组织 [M]. 北京：社会科学文献出版社，2009.
[21] 王世强. 英国慈善组织的法律形式及登记管理 [J]. 社团管理研究，2012（8）：49–52.
[22] 李德健. 英国慈善法研究 [M]. 北京：法律出版社，2017.
[23] 刘亚莉，张楠. 英国慈善组织财务信息披露制度的启示 [J]. 中国注册会计师，2012（5）：80–85.
[24] 英国慈善委员会. 英国慈善委员会指引 [M]. 林少伟，译. 北京：法律出版社. 2017：327.
[25] 王浦劬，莱斯特·M. 萨拉蒙，等. 政府向社会组织购买公共服务研究中国与全球经验分析：lessons from China and abroad [M]. 北京：北京大学出版社，2010：224.
[26] 侯国清，姜桂兴. 保持科学卓越 抓住创新机遇——英国科技政策白皮书《卓越与机遇：21 世纪的科学和创新政策》述评 [J]. 中国软科学，2005（4）：156–158.

CHAPTER 4

第 4 章 德国科技社团发展概况及管理体制

德国既被称为“思想家王国”，也被认为“结社之邦”。深厚的哲学底蕴和悠久的德意志 / 普鲁士文化传统，孕育出高度的思想性与组织性，使得德国成为当今世界各种结社组织数量最多的国家之一。2016 年德国人口与社会组织之比为 80 ∶ 1，远高于中国当年的状况（2 100 ∶ 1）[①]。在德国，各种民间组织数量繁多、作用突出、影响巨大，构成与国家政治和社会市场经济分庭抗礼、相得益彰的第三部门[②]。科技社团是一类重要的非营利组织。德国科技社团的形式和内容极为丰富，组建方式灵活多样，在政府、企业、其他机构和个人之间协调政策和经济关系发挥了相当重要的桥梁作用。

4.1 发展历程

4.1.1 第一阶段（初创期）：12 世纪至 19 世纪初期

德国的结社传统发源于 12 世纪。当时，随着德国城市手工业逐渐发展，城市从业者数量不断增多，从业者为了维护自身在行业内的地位及利益，通过组织各种行会（Zunft）实现自我管理以及协调其他社会阶层。德国的社团起步于 17 世纪的语言文化社团以及共济会团体的聚众活动[③]。16 世纪，马丁·路德的新教改革引

① 李楠，马庆钰. 中德政府与社会组织关系比较［J］. 行政管理改革，2018（6）.

② 王明，等. 德国非营利组织［M］. 北京：清华大学出版社，2006：23.

③ Evans，R. J. W. Learned Societies in Germany in the Seventeenth Century. European Studies Review［J］. 1977（7）：129-151.

发了 17 世纪初以德国为战场长达 30 年的欧洲战争，战争导致社会动荡。为维护德语文化及传统，德国首先出现了旨在维护语言文字和倡导艺术的学术团体。1617 年，由萨克森与安哈尔特公爵家族发起成立了“有成效的社团”（Fruchtbringende Gesellschaft），这是德国首个同时也是规模最大的语言文化社团（1617—1680 年），曾拥有 890 位社团成员。该社团定位于研究德语的语法和语言文字的表达、倡导和纯化德语的诗文写作，吸引了诸多贵族和知识分子的加入。当年的德国知名作家，如奥皮茨（Opitz）、洛高（Logau）等都与这个德国语言文化社团有过关联。由于当时德国正值分裂状态，这类早期社团普遍高举重建德国、希望统一的爱国旗帜。17 世纪时，各种语言协会纷纷成立，以保护和发展德语。

德国最早出现的自然科学类社团是“对自然好奇学院”（Academia Naturae Curiosorum，Academy of the Curious as to Nature）。该社团于 1652 年在施韦因富特（Schweinfurt）成立，以医学和自然科学为背景，4 位发起人分别是身为医生的首位学院会长约翰·劳伦图斯·宝世（Johann Laurentius Bausch）、约翰·米歇尔·费尔（Johann Michael Fehr）、乔治·鲍沙萨·梅特格（Georg Balthasar Metzger）和乔治·鲍沙萨·沃夫斯（Georg Balthasar Wohlfarth）。1670 年，学院开始发表最早的科学刊物——《热门奇事录》（Ephemeriden or Miscellanea Curiosa），介绍医学以及植物和生理学进展。1677 年，罗马帝国皇帝利奥波尔迪一世（Leopold）认可了该学院，并于 1687 年用自己的名字将其更名为利奥波尔迪纳（Leopoldina）学院。

之后，以这种“学院”方式促进培根所倡导的实验科学的新型研究机构或社团先后建立起来，如著名的德国柏林学院（1700 年）。不同于当时大学对科学采取的冷漠态度，这些社团将科学家同仁集合在一起，从事研究、交流成果、反对独裁和培植新科学、新文化，不断拓展社团推动科技进步的功能，并试图融其他社会职能于一体。这些研究机构旨在把先前分散孤立的科学家集合起来以便在科学研究中相互帮助，并且使不论是政治或者商业势力都感到科学的实际重要性。科技社团成为那个时代科学精神的重要标志，对推动西方近代科学的发展产生了重要影响。事实上，正是在 16 世纪中至 17 世纪末的科技社团初创期，科学因为这样一些特殊的、有组织的社会活动而成为一种社会建制[①]。

哲学家、数学家莱布尼茨也是科学院组织的爱好者和创办者[②]。1700 年他说服

---

① 崔宇红. 世界知名科技社团治理方式与管理模式研究［R］. 北京：中国科协调研宣传部内部课题报告，2016.

② https://de.wikipedia.org/wiki/Gottfried_Wilhelm_Leibniz.

勃兰登堡大公弗里德里希三世，仿效法国和英国，成立了普鲁士王国科学院，并出任首任院长。1704 年他与德累斯顿的当权者洽谈并创办了萨克森科学院。由莱布尼茨创办并承续至今的还有维也纳科学院以及彼得堡科学院。同时期，柏林艺术学院（1696 年）、柏林 - 勃兰登堡科学院（1700 年）、哥廷根科学与人文学院（1751 年）、普鲁士皇家学院（1745 年）、埃尔福特公共科学与艺术学院（1754 年）、塞勒王家农学会（1764 年）、爱国者学社（1765 年）、巴伐利亚科学与人文学院（1759 年）、巴伐利亚公国道德农业经济学社（1765 年）、巴伐利亚公国物理经济学社（1769 年）等社团相继成立。此类学院 / 科学院在成立之初主要得益于王公贵族的资助和政治庇护，强调成员的资历和背景，后来才逐渐发展成为由学者主导的学术交流和促进机构。

这个时期是近现代科学技术发展的前期，实验方法和数学手段用于研究自然界，并逐步从经验定律上升为系统理论，在各个领域不断有严密的科学理论体系形成。这个时期，科技社团生长旺盛，具有生长的兴趣性和自然性、生存方式的抗争性、组织活动的区域性等发展特点[①]。

4.1.2　第二阶段（奠基期）：19 世纪初期至 20 世纪中期

19 世纪初期，大规模的结社浪潮席卷了德意志联盟，各种社团特别是文化社团，乘着启蒙运动的翅膀经历了第一次发展热潮。而德国科技社团的兴起大约是在 19 世纪中期，与世界科学中心的转移密切相关。哥白尼革命以后，世界科学活动中心先后出现在意大利、英国、法国，大约在 19 世纪中期转移到德国，先进的洪堡高等教育理念和大学的出现，极大地推动了科学的职业化，德国一度发展成为当之无愧的世界科学中心。特别是普鲁士王国（Preußen）的首都柏林地区，更是占尽天时、地利、人和的优势，年轻的学者从欧洲各地云集于此，使之成为科学自由发展的沃土[②]。德国科技社团的兴起，正是在这个德国古典哲学与科学技术发展完美融合的时期。施莱尔马赫、费希特、洪堡等柏林大学的改革者们，将德国著名哲学家康德的哲学思想引入自然科学与技术领域，并倡导学术自由、教学与研究相结合、重视知识之间的相互关系[③]。而科学探索精神之所以牢固地扎下根来，不仅与当时普鲁士政府的大力支持有关，也因为崇尚科学在当时成为时髦潮流，受到了各地民众

---

① 崔宇红．世界知名科技社团治理方式与管理模式研究［R］．北京：中国科协调研宣传部内部课题报告，2016.

② 威廉·冯·洪堡．论柏林高等学术机构的内部和外部组织（节选）［J］．高等教育论坛，1987（1）．

③ 卡尔·伯克．联邦德国的高等学校及其问题［N］．中国教育报，1984-9-1（1）．

的热烈追捧。德国物理学会（1845 年）、德国化学学会（1867 年）、德国数学学会（1890 年）等学术性社团就是在这样的学术氛围与社会环境背景下创建并发展起来的，彼时科学研究呈现出一个显著的特点，即自然科学从收集资料为主的经验阶段过渡到以整理材料为主的理论阶段，并且科学理论走在了技术的前面。

20 世纪初，随着德国工业化进程的展开，德国垄断集团开始重视新的科学成果。1911 年建立的凯撒·威廉学会在政府的庇护下取得了自治的地位，其经费来源主要靠工业垄断集团拨款。在学会成立后的最初几年，积极开展了建立自然科学研究所的工作，如 1911 年在柏林建立了化学研究所，1913 年建立了生物研究所、煤炭研究所等。这些研究所重视应用科学的研究，通过订货制度或企业主联合会等实现与工业的密切联系[①]。在 19 世纪 60 年代，随着德国工业化进程的展开，科学与技术、经济、社会密切地联系起来了，要求科学突破大学的结构，并入工业企业。大学主要从事基础研究，企业承担应用研究。在分工的基础上，大学和企业加强了彼此的联系和合作，不但高等院校建立了一些面向工业的实验室，企业也积极支持高校的科研工作，与科学家一道成立了一些应用科学于工业的协会。早期的德国化学家学会就是在这样一个科学大放光彩的时期诞生的[②]。

20 世纪 30 年代纳粹上台后，通过“授权法”取缔了一切自由工会和其他民间团体。德国科技社团的局面一落千丈，甚至由 40 多家科技社团联合组成的德国科技社团联合会也不得不在压力之下注销自身。科技社团的发展陷入停顿和萎缩。

4.1.3　第三阶段（发展期）：20 世纪中期至今

第二次世界大战结束后，随着经济的复兴，德国的民主社会开始加速重建，结社组织得到普遍发展，有影响力的各类科技社团得以恢复。战后出现的科学协调组织有德意志研究联合会（1949 年）、马克斯·普朗克学会（1948 年）、弗劳恩霍夫协会（1949 年）等。在这些科技团体中，德意志研究联合会处于中心地位，是全国资助和协调研究工作的主导组织。其基本任务是：对研究提供资金以及进行协调，就科学政策问题向政府提供建议，资助教育和培养年轻的科学干部，发展国际学术合作。弗劳恩霍夫协会是西德专门从事合同工作的大型组织之一，在资助自然科学、工程学应用研究方面发挥了独特的桥梁作用和协调功能。1955 年，学会曾是建立德意志研究工作专利局的倡导者[③]。

---

① 湖北省科技社团研究会．中外科技团体［G］．1986：100.

② 卫才胜．从科研组织的变革看 19 世纪德国科技中心的形成［J］．沙洋师范高等专科学校学报，2003（2）：68-70.

③ 湖北省科技社团研究会．中外科技团体［G］．1986：102.

这个时期，科学技术呈现出综合性、联系性、整体性等特征，科学开始形成一个多层次的、综合的统一体。科学技术发展受到广泛重视，科学技术成果被广泛应用，科技职业者人群不断扩大，以及与公民社会和社团革命的浪潮相伴，催生了许多形形色色的科技社团。随着新科技革命和科学技术的全球化趋势的发展，德国科技社团也面临新的挑战①。

梳理德国科技社团的发展历程不难发现，无论是成立于 19 世纪的德国物理学会，还是创建于 20 世纪 50 年代的德国计算机学会，德国科技社团一个鲜明的特征就是：在科学和技术发展到一定程度时，由行业内部发出的需求所致。崇尚科学、学术自由、政府支持、民众追捧、发展需求、人才聚集、热衷结社和社会责任这些要素汇聚一起，为德国科技社团的兴起埋下了坚强的种子，深深地影响着德国科技社团的“言”与“行”，成为科技社团内在的“血液”和“基因”。德国科技社团就是在这样的学术氛围与社会环境背景下创建并发展起来的，直到今天这种精神依然指引着社团前进的方向和道路，使之成为促进德国学术研究、产业经济发展的重要生力军。

4.2　发展现状

4.2.1　德国科技社团的范围界定

4.2.1.1　德国社团的范围及分类

1964 年 8 月 5 日通过的《联邦德国结社法》对社团的定义为：社团是指多数的自然人或法人为共同的目标而在长时期内自愿地结合在一起，不论其法律形式如何，能够有组织地表达其意愿的一切团体。但《结社法》的社团定义不包括政党、议会党团以及各种宗教组织和团体。德国的社团（Verein）是民法框架下的一种与基金会、合作社平行的特殊民间组织形态，是基于会员自我组织、自我管理的机构。

德国社团分为登记社团和非登记社团。德国的登记社团几乎囊括了政府部门和企业之外的所有正式的社会性组织，包括在中文语义中除基金会之外的学院、学社、专业学会、研究会、研究所、行业协会、工作委员会、促进会、联合会、联盟以及其他兴趣团体。需要特别说明的是，德语概念里的社团（verein）与中国社

① 崔宇红. 世界知名科技社团治理方式与管理模式研究 [R]. 北京：中国科协调研宣传部内部课题报告，2016.

团概念不同，在登记时，社团（verein）可以采用的名称词汇包括：学院 / 科学院（akademie）、工作委员会（arbeitsgemeinschaft）、研究协会（forschungsgemeinschaft）、论坛（forum）、联合会（gemeinschaft）、学会、学社（gesellschaft）、委员会（kommission）、协会（verband）、联盟（vereingigung）、中心（zentrum）等。相应的英文词汇包括 academy，alliance，association，centre，college，commission，committee，federation，foundation，institute，organization，society，union 等。

虽然德国民法典规定可以成立营利性社团，但一般不能在社团登记处登记，而只能由所在地联邦州的内部主管部门（内政参议院或内政部）批准。因此，德国绝大多数登记社团都是非营利社团。按照公益性非营利社团法人进行登记，直接的好处是社团可以享受法律责任的免除以及税收优惠。但是如果非公益和商业化的活动收益比例过高，则可能导致整个社团被注销和剥夺其公益性非营利社团的优惠待遇。因此，不少大规模的德国社团在自己名下成立实施独立业务核算的研究所或有限责任公司，从而避免影响母体的地位和形象。根据德国非营利组织（NPO-Manager）官方网站数据①，截至2017年，德国注册登记的非营利组织有604 851家。德国非营利组织数量众多，但规模却不大，其中近 60% 的非营利组织规模在 10 人以下，超过 50 人的非营利组织数量占总量的约 10%，而超过 250 人的大型组织数量则只占总量的约 1%②。

4.2.1.2 德国科技社团的范围及分类

由于德国的社团注册只是在法院社团登记处凭章程进行登记，没有对社团的属性进行界定审核的要求，因此不存在对于德国科技社团的严格界定。一个社团是否被认作科技社团，原则上只能通过查看其章程确定，例如，成员是否主要由科技界人士组成、是否主要服务科技背景的会员、是否倡导科技研究和管理科技项目等。

通过调查研究，本报告给出典型德国科技社团的定义为：遵循德国基本法而进行正式注册登记的社团，其成员主体是具有科技背景的学者、科研人员和工程师，其成立的动因是出于会员自我成长、自律和相互支持的需要，社团定位于促进科学发展和学术交流、倡导学术规范、宣传分享最新科技成果、培养青年人才、促进科技服务和成果转换。

德国科技社团可划分为三类：①科研院所型非营利组织，主要承担科技攻

---

① http://www.npo-manager.de/vereinsstatistik/2017/.

② Christian Hohendanner，Der Dritte Sektor in Deutschland：Eine Analyse auf Basis des IAB-Betriebspanels［J］. Institut für Arbeitsmarkt-und Berufsforschung，2011（4）：24-27.

关、技术研发的责任，例如，马克斯·普朗克学会（Max-Planck-Gesellschaft，简称马普学会）、亥姆霍兹联合会（Helmholtz Gemeinschaft）、弗劳恩霍夫协会（Fraunhofer IZM）等；②行业管理型科学或技术类非营利组织，由行业组成的联合体，共同制定行业规范标准，甚至可以对非成员进行一定的约束，例如，德国标准化学会（Deutsches Institut für Normung e.V.）、德国汽车工业协会（Verband der Automobilindustrie）等；③从事自然科学或工程技术学领域的人士组成的学术型非营利组织，发挥学术研究、学科交流、人才培养、科学普及、技术推广、权益保障、人才协调等社会职能，例如，德国化学家学会（Gesellschaft Deutscher Chemiker）、德国数学学会（Deutsche Mathematiker-Vereinigung）、德国高级医师学会（Verbandes der Leitenden Krankenhausärzte Deutschlands）等。

这里需要特别补充的是，尽管社团普遍被天然视为民间组织，在德国仍有一大类极为特殊的全国性学术科研机构。它们出于保障学术自由以及体现学术团体独立自主管理的特色，而在机构形式上注册为科技社团，但其经费直接来自联邦或州政府财政支持，例如，亥姆霍兹联合会、马普学会、弗劳恩霍夫协会、莱布尼茨联合会以及全国性的德国研究联合会、德国学术交流中心等。

4.2.2　德国科技社团的规模

由于德国社团在注册登记时，对社团的功能属性没有明确的要求，社团登记地点也没有在首都或者州府的层级限定，而是允许在全国任何地区任何城市乃至县一级的地方法院社团登记处注册登记，因此德国科技社团的规模、数量及分布等资料，都隐藏在整个社团数字之下，难以找到特别可靠和权威的客观数字。但是通过下面 3 家相对权威的机构的研究数字，我们仍然可以从不同侧面推算出有关德国科技社团数量的大致数据。

4.2.2.1　德国协会管理协会相关研究报告的数据

作为德国服务于协会最专业的组织，德国协会管理协会（Deutsche Gesellschaft fuer Verbaendemanagement，DGVM）目前运营着一个面向各类协会的内容丰富的协会信息发送平台网站（https://www.verbaende.com/）。DGVM 有 360 余个正式会员，大多是协会和研究单位的单位会员，另外也包括个别协会管理人员作为个人会员。DGVM 通过颁发社会化的协会标准达标证书，以及代表协会向政界提出有助于协会可持续发展的提案等，协助会员单位以及其他协会更好地开展日常经营、发展会员以及筹措经费。

相较于一般性、区域性的普通社团，DGVM 将自己的服务对象确定为具有政治诉求的、相对高级别的社团，一般包括：商业类社团（如工商、手工以及消费者协会等）、职业性社团（德国律师协会、医师协会等）、薪酬待遇社团（雇主协会、工会）、社会事业社团（全国劳工福利组织、国际特赦组织等）、科学与教育类社团（德国研究联合会、德国化学家学会）、文化类社团（德国舞台协会、德国联邦电影协会）、体育与休闲社团（德国体育运动协会）[①]。DGVM 以此标准对德国的 60 万个登记社团进行了全面的梳理，确认作为高级社团的协会组织共有 15 000 余家，将其分为以下五类，并统计了大致比例如下：

（1）职业与经济类（约占 50%）；

（2）社会与政治类（约占 11%）；

（3）休闲与文化类（约占 9%）；

（4）教育与科技类（约占 10%）；

（5）健康与社会活动（约占 20%）。

在 DGVM 的分类中，科技与教育类的协会组织占比约为 10%，即德国州级或国家级的科技社团约有 1 500 家。

4.2.2.2 《世界科技组织与学者社团指南》的数据

《世界科技组织与学者社团指南》是一本德国人编写并由德国索尔出版社（K. G. Saur）出版的英文版图书馆用书，是一本有关各国科技组织与学者社团单位的黄页资料。在 2004 年第 9 版中，编者汇集了以前 20 年时间里世界各国较有名气的科技团体的名称、地点、成立日期、主要负责人以及会员人数和是否出版期刊等重要信息。世界上一些主要国家或地区的科技社团数量见表 4-1[②]，其中德国科技社团的数量为 1 662 个。

表 4-1　主要国家或地区的科技社团数量

国家或地区	科技社团数量（个）	国家或地区	科技社团数量（个）
美　国	4 315	西班牙	151
德　国	1 662	挪　威	137
英　国	1 339	印　度	135
意大利	1 134	南　非	131
法　国	791	爱尔兰	110
加拿大	744	匈牙利	99

① https://www.verbaende.com/media/dvf/Vielfalt_der_Verbaende_lietzau.pdf.

② Frank Kirchner. World Guide to Scientific Organizations and Learned Societies. Germany, K.G.Saur，2004.

续表

国家或地区	科技社团数量（个）	国家或地区	科技社团数量（个）
瑞 士	502	中 国	96
奥地利	478	中国台湾	92
比利时	477	以色列	89
日 本	357	葡萄牙	86
荷 兰	348	新西兰	84
丹 麦	286	希 腊	59
瑞 典	219	新加坡	43
澳大利亚	215	南朝鲜	40
巴 西	186	冰 岛	34
波 兰	175	古 巴	21
芬 兰	162	中国香港	20
俄罗斯	161		

在数据可信度方面，该书中关于美国、英国的数据与实际数据有一定的差异，但总体数量级较为一致，而中国科技社团的数据则与实际情况差距较大。考虑到其出版时间以及当时中国科技社团的国际交流相对贫乏等因素，这个估算偏差也可以理解。考虑到此书由德国出版社出版，因此这本书对德国周边国家的统计应该相对完整，而非英语、德语国家和地区的数据可能比较狭义，甚至对于欧美国家而言，可能也主要收录了那些德国概念下具有协会性质的高级社团组织。

4.2.2.3 德国非营利组织管理机构的数据

德国非营利组织管理机构（NPO-Manager）每隔 3 年对德国非营利机构进行统计与分类，按照表 4-2 的类别划分，科技社团应属于专业协会 / 经济类协会 / 政策研究类协会（Berufs-/Wirtschaftsverbände/Politik）大类，此类协会包括科技类协会、教育类协会、经济和商业协会、工业行业协会或联合会、政策研究协会、法律协会等，每百万人口拥有 1 104 个此类协会，协会的总量为 90 328 个。其中，专业协会（Berufsverbände）所占比例不超过 10%，有 8 000—9 000 个；在专业协会中，科技社团的比例约为 20%，可以粗略得出德国科技社团（包含部分科技教育类社团）的数量为 1 600—1 800 个。

表 4-2　2014 年德国非营利组织类别统计表[①]

Vereinsart（社团类别）	非营利组织数量（个）	社团（个）/ 百万居民	排　名
Umweltschutz/Naturschutz（环境保护 / 自然保护）	8 665	106	7
Kultur/Kunst（文化 / 艺术）	28 556	349	6
Soziales/Wohlfahrt（社会 / 福利）	107 391	1 313	2
Interessensverbände/Bürgerinitiativen（公民权益）	52 089	637	5
Sport（体育）	90 724	1 109	3
Freizeit/Heimatpflege（生活 / 家庭关怀）	202 774	2 479	1
Berufs-/Wirtschaftsverbände/Politik（专业协会 / 经济类协会 / 政策研究类协会）	90 328	1 104	4
Sonstige（其他非营利机构）	8 274	101	8
总计	588 801		

从以上 3 家数据来源可以看出，不同渠道统计得出的德国科技社团数量虽有差异，但基本可以反映德国科技社团的总体情况。德国具有一定影响力和组织规模的高级科技社团总数为 1 500—1 800 个。

4.2.3　德国社团的区域分布

第二次世界大战后，因为警惕德国军国主义的再次复兴，在美英法等盟国的强力约束下，德国建设起来的是个很大程度上去中心化的多党制的联邦体制。在这个背景下，绝大多数德国社团的注册及其成员的活动范围都是地方性的，往往局限在一个乡村社区、城市、地区或者一个联邦州。在德国，县、市法院都可以进行社团登记，因此无论是过去的首都波恩还是现今的首都柏林，都没有在社团的注册管理方面显露出任何独特的优势，社团的注册完全是分散、去中心化的。加之不同联邦州之间律法、科技和教育法之间存在广泛的差异，因此，各类社团经常根据会员的来源地而选择就近的地方法院进行注册，社团会员往往限制在所在联邦州以及州下面的区县范围内。依据 DGVM 的统计数据，在其掌握的 15 000 多家协会中，人口数量最多的北威州以明显优势排在第一名，拥有协会数量达到 3 083 家，而作为联邦州级城市、人口为 300 万人的首都柏林只拥有 1 778 家协会（图 4-1）。

---

① http://www.npo-manager.de/vereinsstatistik.

图 4-1　德国 16 个联邦州拥有的登记协会的地区分布图 ①

4.3　内部治理概况

4.3.1　内部治理结构

4.3.1.1　委托 - 代理式治理结构

完善的内部治理结构是德国社团发展壮大的基础。德国科技社团的治理结构属于“委托 - 代理”形式，即决策机构和运行机构之间是分离的。德国科技社团的最高权力机构、决策机构是会员大会，决定社团的重大事项，包括修改章程、选举理事会成员以及变动业务范围等。作为组织运行的基础，社团章程根据会员大会四分之三多数通过后，在法律规定范围内对其成员进行约束②。理事会是会员大会之外行使管理权的唯一执行机构，是社团的领导部门和对外负责单元（业务管理和法人代表），由社团成员民主选举产生，每年向全体会员报告工作开展情况。理事会的组成须在章程中予以规定。理事会并非需要由多人组成，也不需强制性设置行政人员（秘书、司库等）。德国大型科技社团的理事会成员往往进行国际征聘。在成立分支机构方面，德国科技社团一方面根据地域设立多个地区分会（Local Section），便于不同地区的会员及时方便地在本地区参加各种活动；另一方面根据社团的学术方向

① 来源：https://verbaende.com/media/dvf/Vielfalt_der_Verbaende_lietzau.pdf.

② www.vereinsrecht.de.

设立若干个专业委员会（Division），组织有相似研究方向的人员进行交流，在全国分支机构管理上采取“伞”形网络结构管理模式。

例如，德国物理学会拥有 30 多个地区分会（图 4–2），通常设立在本地区的大学校园内，促进本地区物理爱好者和学生的交流。学会还设有 10 个以上不同的专业委员会，包括生物物理学、半导体物理学、分子物理学等，以及 10 多个跨学科工作组，包括加速器物理工作组、能源工作组、平等机会工作组等。这些分支机构各有所长、相互协作，共同承担着科学研究和传播的重任。

图 4–2　德国物理学会地区分会的分布示意图[①]

4.3.1.2　独立的运营团队

由于理事会领导社团只是荣誉性的且不领报酬，对于包括教育培训在内的具体工作，会员大会（或理事会）可以根据德国《民法典》第 30 条，在章程中对雇用

---

① https://www.dpg-physik.de/dpg/gliederung/junge/rg/index.html.

特殊代表做出规定，在特殊事务领域里授予其全权，以减轻理事会的负担。特殊代表可以是专职工作人员，最经常的做法是理事会雇用总经理作为特殊代表，使其在日常业务中可以代表社团，但要在注册登记处具名登记。德国科技社团通常都会设立一个独立的运营团队，负责社团所有的日常管理和运营工作。例如，德国物理学会的运营团队设有 1 名总经理和 1 名总经理助理，以及若干管理人员，负责会员管理、财政管理、会议管理和电子交易等工作。此外，学会还设有一个专门的新闻办公室，负责学会的宣传工作。

4.3.1.3　“伞形”的组织架构

德国绝大多数科技社团的参与者都是无酬报的志愿者，专职聘用的工作人员极少。DGVM 的研究数据显示，72% 的德国社团没有聘用专职（付薪）员工[①]。但社团可以聘用专职工作人员，在不违背章程规定的情况下，按工作付出给予其一定报偿。由于专职人员从社团取得收入，可能会损害社团的公共福利性质，因此要发挥社团内部监事会、审计人员以及社团服务对象的监督作用。通常在章程中应该做出专职工作人员共同对工作负责的规定，不给予其进入理事会的被选举权，而只给予参与权，激发专职工作人员的参与性和创造性。例如，德国物理学会的理事会有 11 名成员，专业管理团队仅有 20 人，同时学会在全德国范围内运行着 10 多个专业委员会、10 多个跨学科工作组、30 多个地区分会，每个地区分会都设有一个工作小组和相应的联系人。这些工作人员中只有很少一部分是专职人员，绝大多数都是兼职的志愿者。德国物理学会的这种类似于“伞形”的组织构架形式，有效地解决了管理机构本身的组织体量问题，节省资金投入、节约人力成本、提升工作效率、促进资源共享，但这种模式需建立在绝对的“自律”“志愿”“自发”的意识基础之上，并健全“公开”“公正”“透明”“统一”的财务管理制度及“民主”“科学”的社团管理与决策制度。

4.3.2　会员管理与服务

4.3.2.1　重视会员分类管理

德国科技社团广泛吸纳不同领域的爱好者加入，同时采取多样化的会费政策，鼓励各种不同背景、不同收入层次的人员加入。例如，德国物理学会广泛吸纳物理学相关领域的各界人士入会。德国物理学会个人会员的职业情况如图 4-3 所示。值得注意的是学生会员的数量占比高达四分之一。为了更广泛地服务青少年学生，学会特别制定了免费的年度会员规定，每年设置 8 000 个名额，获得名额的每位中学生可以享有一年的免费会员待遇。

---

① www.verbaende.com.

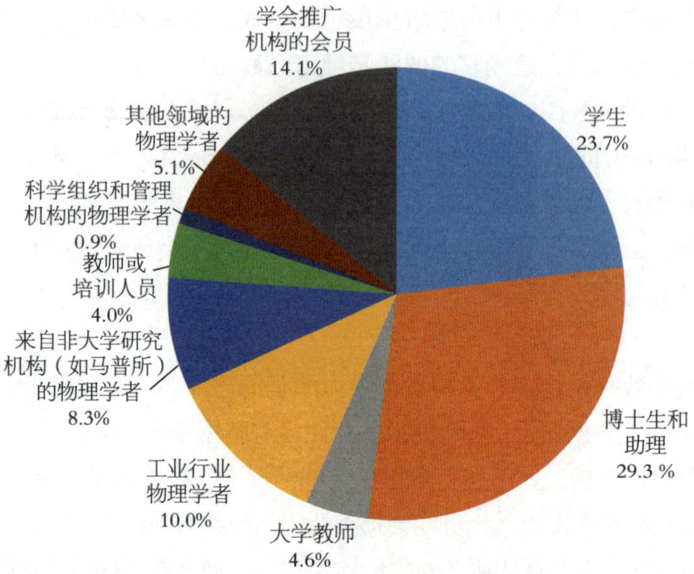

图 4-3　德国物理学会个人会员职业占比情况（2017 年）①

德国物理学会的会费交纳制度采用了灵活的方式，体现了人性化的一面。为了鼓励青少年参与而设置了学生会费，面向其他不同收入的群体，设置不同标准的会费（表 4-3）。

表 4-3　德国物理学会 2017 年会费征收表 ②

会费分类	会 费 说 明	费用（欧元）
E	本科生和中小学学生	13
A	年收入不超过 27 000 欧元	26.5
3	工作未满 3 年	37
P	夫妻会员（其中一方为 B，C 或 S 级别会员）	37
B	年收入不超过 41 000 欧元	68（优惠 51）
C	年收入超过 41 000 欧元	102（优惠 76.5）
S	自费会员	136
F	研究机构及其他非营利组织	184
G	公司及其实验室 营业额低于 2 500 万欧元 营业额高于 2 500 万欧元	 329 827

① http://www.dpg-physik.de/dpg/profil/jahr/Jahresbericht2017.pdf.

② http://www.dpg-physik.de/dpg/profil/jahr/Jahresbericht2017.pdf.

德国计算机学会除设置普通会员外，还设有 3 类特殊会员：①荣誉会员，授予那些在计算机科学领域取得杰出贡献的会员；②会士（Fellow），被提名为会士的研究人员，需要具备的条件为：在国内外享有著名声誉的德国计算机学家；在商业、政治或科学领域持续进行计算机科学推广活动的人士；为学会的声誉做出重大贡献的人士；③青年会士，授予那些在计算机领域取得优秀成果的青年人，如在社会、学界、商业和学校中应用信息技术自主开发和实施创意设计的人士。

4.3.2.2　多元化的会员服务

德国科技社团致力于为会员提供丰富多彩的会员服务，为其职业发展提供便利。针对待就业的学生会员，许多德国科技社团积极进入大学校园，开展职业规划教育，为所属领域专业的大学生提供未来职业规划的辅导服务，使其能够了解到该领域的最新科技动态或发展方向；针对已就业的会员，德国科技社团与相关领域的企业合作，为企业专业技术人员提供继续教育的机会，提高竞争力。

此外，德国科技社团大多设有本领域内的各种奖项，以增强本领域研究人员的荣誉感，资助和推动青年科学家的成长。奖项设置丰富，覆盖人群广。不仅有授予本学科杰出科学家的奖项，还有专门授予本学科青年科学家、女性科学家、大学生、中学生、教师等的奖项，甚至还有专门授予推动本学科应用和技术转让、本学科科普知识推广的奖项。例如，德国物理学会为不同的物理学领域设置了不同的奖项，甚至专门为中学生设置了奖项，具体颁发的奖项如表 4-4 所示。

表 4-4　德国物理学会专业奖项情况[①]

奖项名称	授予人群	奖项形式
Max-Planck 奖章	理论物理学领域有杰出表现的科学家，基本上每年只授予 1 位	一块有着 Max Planck 肖像的金牌和一张羊皮纸手写证书
Stern-Gerlach 奖章	实验物理学领域表现杰出的科学家	一块有着 Otto Stern 和 Walther Gerlach 肖像的金牌和一张羊皮纸手写证书
Walter-Schottky 奖	过去两年（多为上一年）在固态研究领域做出优秀工作的年轻科学家	10 000 欧元奖金和一张证书
Gustav-Hertz 奖	完成杰出项目的年轻物理学家，旨在鼓励年轻人才	7 500 欧元奖金和一张证书
Robert-Wichard-Pohl 奖	对于物理学科有着杰出贡献（包括传播科学知识、培育学生和教学方法方面）的学者	5 000 欧元奖金和一张证书

① https://www.dpg-physik.de/preise/index.html.

续表

奖项名称	授予人群	奖项形式
自然科学传播奖章	在德语地区传播自然科学/物理思想方面做出杰出贡献的学者，主要用来鼓励积极传播物理科学的人员	一枚银牌和一张证书
Hertha-Sponer 奖	在物理学领域做出杰出科学工作的女性科学家，吸引更多的女性参与物理学工作	3 000 欧元奖金和一张证书
Georg-Simon-Ohm 奖	完成杰出工作的学生，旨在鼓励在物理学技术领域新的杰出人才	1 500 欧元奖金和一张证书
DPG 杰出中学物理教学奖	中学物理教学方面有杰出成就的学者。例如，特别善于激发学生物理学兴趣的学者、能够展现物理学对于生活和社会意义的学者、善于培养年轻人才的学者	500 欧元奖金和一份证书
DPG 技术转让奖	在技术转让中发挥重要作用的各方，一般是研发技术的机构、促进技术转让的机构和实现技术商业化的公司	
中学生奖	在物理学领域表现出色的学生，年度奥林匹克物理竞赛和物理学锦标赛中表现最好的五名德国参赛者将获得此奖项	500 欧元奖金、一张证书、一年 DPG 会员期刊、DPG 年会邀请函

4.3.2.3　信息化的会员服务

德国科技社团积极利用信息技术、发挥互联网优势，为会员提供更便捷、高效的服务。例如，德国化学家学会的官方网站专门为会员设立在线新闻栏目和在线图书馆，为会员提供可供免费阅读的数字新闻和读物。这些内容都是近期与化学领域发展息息相关的新闻或信息。同时，支持包括 IOS 和 Android 系统在内的多种格式的阅读终端。德国化学家学会的会员可以在网站发表数字版的论文，同时鼓励和支持会员在网站下载电子版文献或书籍。据德国化学家学会 2017 年的年报统计，2017 年使用学会在线图书馆下载文献资料的数量比 2016 年增加了 17%，达到了 21 196 次，并且有 300 多名会员在数字图书馆提交了自己编写的的文章或书籍①。在休会期或没有活动的时候，学会通过网络社区论坛增进会员之间的交流与互动，同时也促使学会各地方的分支机构能够更有效地联系起来，实现资源共享互通。

① 德国化学家学会年报. 2017. https://en.gdch.de/main-navi/.

4.3.3 财务状况

4.3.3.1 政府资助在收入中占比较小

2017 年，德国科教创新赞助者协会下属的社团数据研究中心（ZiviZ）就民间社团对于德国教育现状的影响所做的调研报告显示，有 46% 的社团曾获得来自政府（主要为地方政府）的补贴，但这部分财政资金仅占社团全部收入的 11%[①]，教育社团获得的官方资助仅占社团总收入的 5% 左右。由此可以推断，除去那些大型的依托科技经费支持的政府科研机构，德国科技社团的收入中政府资助所占比例可能很低。德国科技社团的资金来源主要包括：会费、捐赠收入、活动收入、期刊收入及投资收益等。2017 年德国物理学会的收入分布比例如图 4-4 所示。

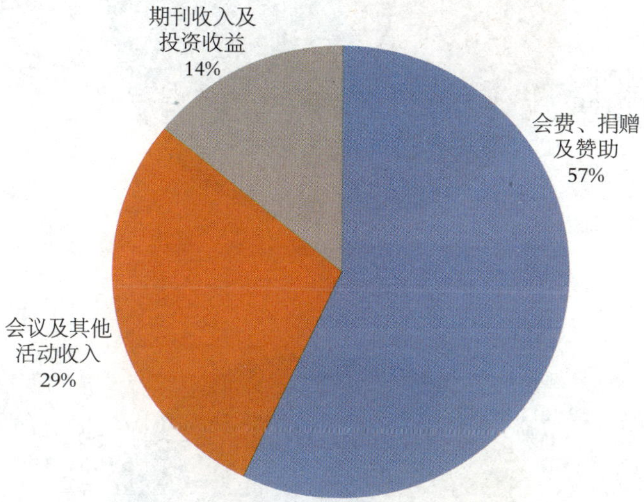

图 4-4 德国物理学会收入分布情况（2017 年）[②]

4.3.3.2 通过开展经营性活动获取收入

德国科技社团充分利用自身的品牌优势与学术影响，依靠专业的运营管理团队开展经营活动获取收入，充足的资金反过来又能够更好地提升社团的服务质量，使社团得到持续而稳定的发展。例如，德国物理学会作为德国物理学领域最具权威的学术组织，其运营能力非常强大，近年来学会每年都有近 500 万欧元的收入，其中政府以项目经费的形式为学会提供了占年总运营收入不到 12% 的经费；举办各类物

① http://www.ziviz.de/vereine-stiftungen-und-co.

② 德国物理学会年报．2017 年．http://www.dpg-physik.de/dpg/profil/jahr/Jahresbericht2017.pdf.

理学术会议和论坛的收入大约可以占到总收入的 30%；出租学会会场并提供会议服务的经营性收入占总收入的 50%；其余为会员会费、个人或机构资助等收入来源，所占比例很小，大约 8%[①]。如图 4-5 所示。

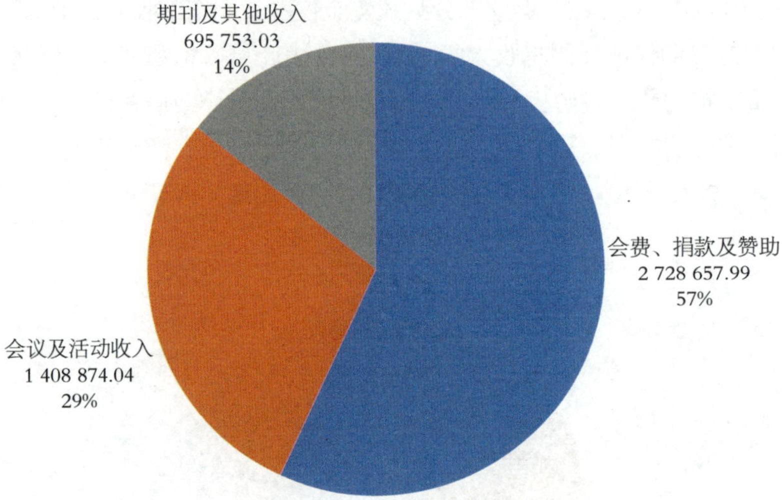

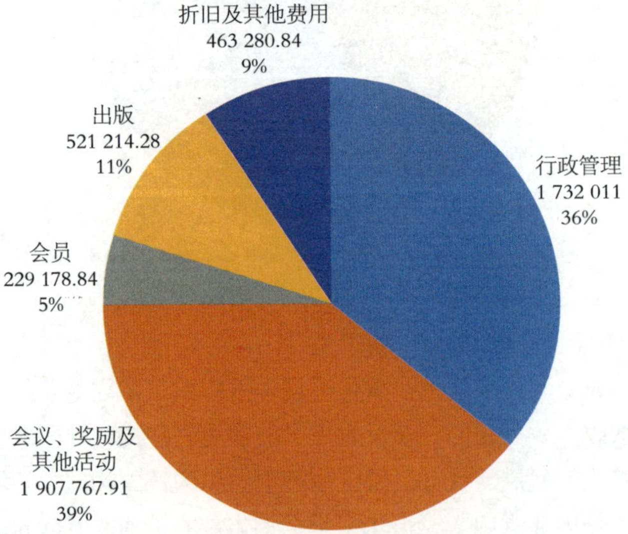

图 4-5　德国物理学会 2017 年收入（上）及支出（下）情况[②]

① 秦威. 拜访德国物理学会［J］. 中国非营利评论，2009（7）：233-237.

② 德国物理学会年报. 2017 年. http://www.dpg-physik.de/dpg/profil/jahr/Jahresbericht2017.pdf.

4.4　主要业务活动

在德国结社传统和高度产业化社会的背景下，由志同道合的同业者、同兴趣者共同发起的科技社团，是除政府与企业外重要的第三方力量。在德国，科技社团的主要功能包括以下几方面。

4.4.1　学术交流

学术会议是科技社团进行学术交流的重要服务形式。例如，德国化学家学会（GDCh）每年组织约 30 场全国性和国际性会议[①]，与会专家来自世界各地。每两年一次的化学科学论坛（GDCh Wissenschaftsforum Chemie）[②]是德语世界最大的化学界盛事之一，每年有超过 8 000 名化学家参与。另外，为提升学术凝聚力和影响力，无论是老牌的德国物理学会、德国化学家学会，还是 20 世纪中期成立的德国计算机学会，都非常重视青年人，特别是青少年学生会员在学术交流中的作用。例如，在德国物理学会每年的春季年会中，除邀请世界顶尖学者做科技报告之外，同时也邀请年轻的学者，甚至是大学生、初中生与专家“同台演讲”。会议期间，中学生们还可以同诺贝尔奖获得者讨论感兴趣的科学话题。

期刊出版也是德国科技社团的重要工作之一。每个大型科技社团都有自己创办的刊物，每年都会投入大量科研资金保障高质量论文的产出。为了保障期刊的质量和数量，大部分德国科技社团只负责期刊的编辑工作，而把期刊出版部分交给专业化的出版社进行出版发行[③]。例如，德国化学家学会出版了众多重要的化学刊物，见表 4–5。德国计算机学会通过多个出版社出版了计算机领域的众多著名期刊，包括通过施普林格出版社出版的《人工智能》《商业信息学》《商业过程与管理》，以及通过欧登堡出版社出版的《人机交互》等。

表 4–5　德国化学家学会负责或参与出版的学术刊物[④]

刊　名	中 文 名	备　注
Analytical & Bioanalytical Chemistry	分析及生物分析化学	

① https://en.gdch.de/main-navi/events/conferences.html.

② https://www.wifo2017.de/tms/frontend/index.cfm?l=7210&sp_id=1.

③ 崔宇红. 世界知名科技社团治理方式与管理模式研究［R］. 北京：中国科协调研宣传部内部课题报告，2016.

④ https://en.gdch.de/main-navi/publications.html.

续表

刊　名	中 文 名	备　注
Angewandte Chemie	应用化学	分德文版与英文版
ChemBioChem	化学－生物－化学	
ChemCatChem	化学－催化－化学	
Chemistry—A European Journal	欧洲化学学报	
Chemistry—An Asian Journal	亚洲化学学报	
ChemistryOpen	开放化学	内容可免费浏览
Chemie—Ingenieur—Technik	化学－工程师－技术	德文英文混合
Chemie in unserer Zeit	当代化学	教学型综合刊物、德文
ChemPhysChem	化学－物理－化学	
ChemPlusChem	化学－加－化学	
ChemSusChem	化学－可持续－化学	
CHEMKON	化学教育	德文
ChemMedChem	化学－医药－化学	
European Journal of Inorganic Chemistry	欧洲无机化学学报	
European Journal of Organic Chemistry	欧洲有机化学学报	
Lebensmittelchemie	食品化学	德文
Nachrichten aus der Chemie	化学新闻	GDCh 会员刊，德文

4.4.2　社会服务

4.4.2.1　教育培训

德国科技社团非常重视通过多种途径实现对人才的培养和培训，对象包括中学生、大学生、大学教师、专业从业人员等。例如，“学生物理促进计划”就是德国物理学会为了推动自然科学领域发展而创立的学校项目，为有优秀教学方案的学校提供基金支持。该项计划还随时接受学生申请项目资助，已资助项目包括构建扫描隧道显微镜、建造模型气垫船、建造太阳能模型的房子和建造遥控太阳能汽车等。在推动教师的专业和教学培训方面，德国化学家学会与化学部门和化学工业基金相联合，在德国设立了 7 个（多特蒙德、纽伦堡、法兰克福、卡尔斯鲁厄、莱比锡、奥尔登堡、罗斯托克）教师培训中心。这些教师培训中心由化学专业学者和学校专业人员组成，面向各级化学教师提供多种多样的化学教学和实验课程。例如，多特蒙德培训中心于 2018 年提供的培训课程包括：面向小学化学教师的日常化学现象的实验课程、面向初中化学教师的平板电脑和白板在化学课程中的可能用途、染料和颜色实验和建筑化学品等课程①。

4.4.2.2　科学普及

德国科技社团通过开展多种多样的活动与公众进行密集和建设性的对话，以增加公众对科学及其与生活的相关性的理解。德国化学家学会的地区分会每年都会举办超过 650 个讲座，其中包括许多为公众举办的科普讲座。例如，2018 年 8 月 28 日在多特蒙德举办的“综合化学生物学和蛋白质组学方法阐明靶向药物的多药理学机制”讲座、2018 年 9 月 3 日在埃森举办的“表面活性剂：洗涤剂、化妆品技术应用”讲座等②。除讲座外，学会还会面向整个社会举办各种各样的科普活动。例如，2018 年 4 月 14 日，包括德国化学家学会在内的德国多个科学协会，走上街头向大众宣传科学，强调尊重研究和教学的自由以及言论自由③。

4.4.3　科技服务

科技服务是现代科技社团服务于经济社会发展的重要方面。科技社团具有学术性、技术型、非营利性、网络性等组织优势，在科技服务中具有很强的竞争力。一方面科技社团可以利用专家优势，为政府、企业、社会提供大量的信息、技术、解决方案和建议；另一方面可以通过提供技术服务，促进科技成果转化。

德国科技社团是与本国工业企业联系最为紧密的典型代表，成为促进工业发展的一支重要力量。这主要是因为德国行业类协会众多。例如，德国汽水专业科技协会在制定行业标准和规范、促进企业科技创新方面做出了突出贡献，近年来特别关注本专业关于安全、环保、卫生和经济可持续发展的问题；德国柏林学会主要通过承接工业企业提供的科研项目，加强学会与工业的紧密联系；德国化学工程与生物技术协会主要通过举办与化学工业、环境保护和生物技术有关的工业展会，为工业企业提供技术咨询④。

4.4.4　开放合作

德国科技社团与企业、学校、政府和其他社团建立了紧密的联系，并积极参与国际事务的合作。例如，德国马普学会历来重视与地方大学保持合作关系，包括参

---

① http://www.ccb.tu-dortmund.de/fb03/Chemielehrerfortbildungszentrum/de/Fortbildungen/index.html.

② https://www.gdch.de/veranstaltungen.html .

③ https://www.gdch.de/service-information/nachricht/article/gemeinsamer-aufruf-zur-beteiligung-am-march-for-science.html.

④ 崔宇红. 世界知名科技社团治理方式与管理模式研究［R］. 北京：中国科协调研宣传部内部课题报告，2016.

与学术指导、联合培养青年科学家和研究人员、共同使用设备、实验室和图书馆，还会与大学联合任命教授和荣誉教授席位。学会为加强与大学之间的合作，推出马普客座研究员（Max Planck Fellows）计划，该计划规定大学的教职人员可以申请成为马普客座研究员，时间最长可达5年，计划总金额达2500万欧元[①]。

在国际化方面，马普学会拥有遍布100多个国家、约5400个合作伙伴，参与了超过4500个合作项目，每年有6000多名外国访问和初级研究人员在不同的马普研究所工作，三分之一的马普董事和一半的博士学生持非德国护照。目前，马普学会在亚洲、东欧和南美等40多个国家建立了工作伙伴组，且成立了国际马克斯·普朗克中心，使马普学会的研究范围在国际化层面又迈进了一步[②]。

4.4.5 政治游说

为了协调不同地域以及不同行业背景的社团之间关系以及共同的利益诉求，原本在底层独立运营、自我管理的社团，自下而上以会员形式汇聚成更有全局性乃至全国代表性的协会组织（Verband），也就是德国社会伞状协会或伞状组织（Dachorganisation/Dachverband–Umbrella Organization）[③]。伞状协会是专业性社团的同业协会，因其成员具有更为广泛的代表性和覆盖面，因而在德国具有更高层次的政治游说功能。这些较大规模或者有较高政治诉求的伞状组织，通过合理合法的渠道，在联邦议会和联邦政府部门找到对话交流的伙伴，代表社会团体与政府和产业界进行三方的互动和博弈，并在社会上公开发出声音和表达自己的利益诉求。

根据1972年9月21日的联邦法规决议，联邦议会议长批准发布一个经过认证的、有合法资质对联邦议会以及联邦政府施加影响的全国性协会“开放的名单”（Lobby List）。游说名单的最新版本可以随时从联邦议会的网站下载[④]。几乎所有的伞状协会都会积极主动地出现在这个名单上。2018年版的联邦议会游说组织名单共列出2347家协会，经过逐个检查，我们从中梳理出251家德国科技协会和科技组织，附于本章末尾。

---

①② 崔宇红. 世界知名科技社团治理方式与管理模式研究［R］. 北京：中国科协调研宣传部内部课题报告，2016.

③ 德语维基百科关于伞状组织的解释：https://de.wikipedia.org/wiki/Dachverband.

④ https://www.bundestag.de/dokumente/parlamentsarchiv/ueberblick/-/196912.

4.5　管理体制

德国政府给予社会组织强有力的支持。但无论是德国政府，或是社会组织，都特别强调社会组织的独立性，即非官方特征。德国政府不设立专门的部门或机构用于管理和监督社会组织的活动和日常运营，为社会组织的运行与发展保留了自主的空间[①]。德国社会治理一贯强调的核心准则就是自治，按照自治原则，社团负责具体的服务，政府负责制度与法律框架的制定以及对公共服务数量和质量的监督。

德国科技社团作为一种德国社团，遵守执行同其他社团完全一样的法律、登记监管政策以及税收规定。

4.5.1　法律制度框架

在社团的运行和管理方面，德国拥有完备的法律制度框架，形成了以德国宪法（German Grundgesetz，GG，全称为“德意志联邦共和国基本法”，简称德国基本法）为基础[②]，以德国民法典（Bürgerliches Gesetzbuch，BGB）总则中有关社团法人的规定为基本规则[③]，以联邦德国结社法（Gesetz zur Regelung des öffentlichen Vereinsrechts，VereinsG，简称结社法）的专门规定为补充的较完善、系统的法律框架结构[④]。德国的各类社团在健全的法律体系中规范、有序地运行，是德国民主法治社会不可或缺的法律主体。

4.5.1.1　德国《基本法》

德国《基本法》第九条（GG，§9）规定：任何公民都有权组织或参加社团，社团及其内部成员和领导机构的权利受法律的保护。结社自由权表明公民有组织化的自主活动在一定范围内可以不受外在的强制，尤其是不受国家权力或某些群体的强制。

4.5.1.2 《德国民法典》

德国法律体系以是否有公共机构（特别是国家）参与某项法律关系为标准分为公法和私法。社团作为私法法人,《德国民法典》21-79 条（BGB，§21—79）对社团的基本分类、权利能力的取得、内部治理、登记注册以及监管等问题做了详细的规定。依照德国民法典的规定，“以非营利为目的的社团，在具有管辖权的区级法院

① 李楠，马庆钰．中德政府与社会组织关系比较［J］．行政管理改革，2018，1：56-61.

② http://www.bundestag.de/parlament/funktion/gesetze/grundgesetz.

③ http://www.gesetze-im-internet.de/bgb.

④ 王名，李勇，黄浩明．德国非营利组织［M］．北京：清华大学出版社，2006：56.

登记后取得法律上的权利能力”[①]。

4.5.1.3 《联邦德国结社法》

除宪法和民法典外，德国议会于 1964 年 8 月通过、1974 年 3 月修订了《联邦德国结社法》，该法作为社团管理方面的专门性法律。《结社法》共 5 章 34 条，主要是针对违反《基本法》规定设立的社团，明确规定了此类社团的管制机关、禁止令的发布以及社团应该承担的法律责任，相当于社团处罚法。《结社法》对维护公民的结社自由权、防止结社权滥用有重要作用。

（1）社团的定义。按照《联邦德国结社法》的规定，“社团是指多数的自然人或法人为共同的目的而在长时期内自愿地结合在一起，不管其法律形式如何，能够有组织地表达其意愿的一切团体”。为了政治目的而建立的政党、议会党团、各种宗教组织的团体不在此《结社法》规范的社团之内[②]。

（2）社团的管制机关。依照社团活动的范围，对社团有不同的管制机关。对于组织和活动范围在一个州的领域内的社团及其分支机构，州政府为其管制机关；对于组织和活动范围超出一个州领域的社团及其分支机构，联邦内务部为其管制机关。

（3）社团禁止令。禁止令由社团管制机关依据宪法以命令形式发出。如有以下行为之一者，将由社团管制机关下令解散该社团，并对社团财产予以扣押和没收。

①社团的目的和活动与刑法相抵触；②社团的宗旨不利于宪法秩序；③不利于国际团结与友好。

4.5.2 社团登记管理制度

德国的社团分为登记社团（eingetragener Verein）与非登记社团（uneingetragener Verein）。德国并未规定所有的社团都要进行登记，社会团体登记注册主要涉及公益性认定问题。一般来说，社团依法登记至少有两条好处：一是可以获得法人资格。社团从事经营活动如果破产，成员和理事会只承担经济上的有限责任，而不是非登记社团中的无限责任；二是可以享受国家给予的各种税收优惠。目前德国有大量未登记的社团，约占整个社团数量的一半[③]。

4.5.2.1 登记管理机关

社会团体登记处设于地方法院，有专人具体负责社会团体的登记注册。登记过程中，地方法院主要审查社会团体的会员人数是否符合规定、是否具备章程以及场

---

① 王名，李勇，黄浩明．德国非营利组织［M］．北京：清华大学出版社，2006：64.

② http://www.gesetze-im-internet.de/vereinsg/VereinsG.pdf.

③ Thomas von Hippel.Nonprofit organizations in Germany，Comparative Corporate Governance of Non-Profit Organizations. 2010. https://doi.org/10.1017/CBO9780511712128.009.

所、是否明确解散后财产的归属、内设机构是否在德国等内容。法律登记后，社会团体获得了法人资格，能够独立行使民事权利能力并承担民事责任，这是其有别于非法人社会团体的特征。

4.5.2.2　登记社团的基本条件

首先，成立登记社团至少需要 7 名创始成员（BGB §56）。其次，必须制订一个有共识的社团章程（BGB §57），而且需要由创始成员共同议定并签字确认；如果是公益性社团，必须将社团章程预先提交税务机关审查。之后，需要召开社团成立大会（至少 7 名以上会员），在会上审议通过社团章程（包括其他的可能条例），并选举产生理事会。初创社团的章程必须经由至少 7 位创始成员签署，并尽可能在创建会议上签署。此外，还要在社团成立大会之后形成大会纪要并签字。

社会团体在办理注册登记时（一般是当地地方法院，有些情况下是多个县市共同指定某个法院对口多个地区）要提供登记申请书、章程和社会团体成立大会记录的原件和副本，多数联邦州要求对申请材料进行公证。

德国联邦社团协会（Bundesverband deutscher Vereine & Verbaende，BDVV）网站设有专门栏目，详细说明成立新社团方面的规定和注意事项，包括在德国成立登记社团的法律框架、注册流程、管理特点等，以及社团、基金会相关的法律规定和成立社团时的常见问题[①]。

4.5.3　公益组织减免税制度

包括科技社团在内的很多德国社会团体属于非营利组织，德国非营利组织的概念不是法律的概念，只是社会学的概念。在德国，非营利组织的法律组织形式可以是社会团体、有限公司、股份公司和基金会，可否享受税收优惠与法律组织形式无关，关键看是否从事公益事业及开展公益活动。

公益性与否需由税务部门鉴定和认证。如果一个公益组织以追求某种高尚的理想为目标，根据税收法案的特殊规定，可享受一系列税收优惠和免除政策。这些特殊规定分散于具体的税法中，比如企业所得税和营业税。此外，向享有税收优惠的公益组织捐助可享受税收折扣。除税收优惠外，公益性组织还能获得形象效应（着眼于公共服务），并因此获得投向公益性机构的资金支持。

4.5.3.1　免税资格的认定

在德国，免税权一般授予那些从事非营利活动的公益组织，而不管这些组织的类型和法律地位如何。公益组织免税资格由财政部门批准，税法通则中第 51—68

① www.bdvv.de/verein-gruenden/#GesetzlicheRegelungen.

条详细说明了关于免税资格的法律规定，法规区分了 3 种享有免税资格的组织目标：公益目标、慈善目标和与教会有关的目标，其中绝大多数科技社团符合公益目标的范畴。按照税法通则第 52 条的规定，公益目标是指致力于提高全民的生活水平，而不只是针对小部分专门群体，如家庭成员、公司职员或社团俱乐部成员。此类目标包括：①支持科研、教育、文艺、宗教、国际间交流、有助于保护环境古迹以及地方或地区历史和民俗学研究；②支持青年活动、老年活动、公众健康、福利和业余体育运动；③支持市民活动；④支持动物饲养、植物种植、园艺爱好、狂欢活动和当地民俗活动、护理服务、业余广播、航模和建筑模型以及狗类驯养[①]。

4.5.3.2 免税内容

具有免税资格的公益组织一般可享受以下免税待遇[②]：

（1）免征法人所得税；

（2）免除遗产税和捐赠税；

（3）一般可免除商业税，但一般没有增值税豁免权，因此要为大部分的市场交易如购买的商品或服务交税；

（4）免除净资产税。

4.5.3.3 免税资格管理

获得免税资格的公益组织必须向当地税务局周期性上交活动报告，通常以年度报告的形式归档。原则上，税务部门应当每三年审查一次免税资格。

4.5.3.4 捐赠管理

按照个人所得税法第 106 条的规定，向慈善性、教会组织和专门被承认是追求公益目标的组织捐赠，个人最高可以扣除 5% 的税前收入；向科学性、慈善性和专门追求文化目标的组织捐赠，扣除比例上限可达到 10%，税收法指南第 111（7）条列出了 22 种专门目标。同样的限制和规定也适用于法人捐赠者。

如果个人给科学文化机构的捐赠超过 5 万马克，其不仅在当年可以减税，而且 2 年前和 5 年后都可以减税；同种情况下法人捐赠的减税有效期可达 7 年[③]。

4.6 发展特点

包括德国物理学会、德国化学家学会在内的德国科技社团，在德国社会组织中

① 王名，李勇，黄浩明. 德国非营利组织［M］. 北京：清华大学出版社，2006：134.
② 王名，李勇，黄浩明. 德国非营利组织［M］. 北京：清华大学出版社，2006：135.
③ 王名，李勇，黄浩明. 德国非营利组织［M］. 北京：清华大学出版社，2006：136.

具有非常大的影响力。其凭借卓有成效的工作，在社会公众、政府部门、新闻媒体、学术领域中享有非常高的公信度，在德国自然科学社团排行榜中名列前茅[①]。德国科技社团在发展环境、发展理念和发展经验方面有其独特的发展特点，主要表现在以下几个方面。

4.6.1　结社的历史传统

结社源于民众对个人利益的争取，工业化浪潮使德国社会产生了剧烈的社会变迁，催生出流动人口的“无根化（Entwurzelung）”现象，为结社奠定了最为坚实的群众需求基础。德国文化中结社运动的“始作俑者”深层原因主要就是德国社会的巨大转型，结社承担了把人们聚集在一起，以消除人与人之间的陌生感、创造安全感的重任[②]。几百年的德国近代历史变迁中，社团不但在传统的工业行业，更在文化、信仰、娱乐、学术、教育、公益等领域活动中得到了广泛的发展，同时逐渐地渗透到政治领域中，结社传统至今还影响着德国人的生活。

4.6.2　完备的法律框架

作为一个民主法制的国家，德国在自愿的、公益的、非营利性的社会活动的发展方面有着悠久的传统。德国政府倡导社会治理的自治性原则，在解决社会公共事务问题的时候，更倾向于自下而上的解决，即社会自我解决和协调。而政府在公共事务中的角色主要是辅助的作用，负责提供制度框架来鼓励社会参与。德国有关社团的法律制度框架是非常完备的，《基本法》为德国社会团体的产生和发展提供了基础的法律依据及保障。《联邦德国结社法》《德国民法》《德国财政法典（Abgabenordnung）》等，在法律条款中明确了社团注册登记、运营管理、解散取缔、纳税主张等相关法律内容。

4.6.3　登管分离的管理模式

德国民众有着非常强的公民社会的平等意识、平权意识，这样形成了德国小政府、大社会的文化制度，自主的公民意识也造就了十分强大的社团文化。德国社团在注册登记时凸显了分散式去中心化的特点，绝大多数德国县一级法院都可以完成社团登记，不存在政府或机构自上而下地对社团、对协会进行集中管理。登记完成后，包括地方法院在内的行政机构基本上不会过多干预社团的经营行为，“登管分离”是德国社会组织管理体制的一个重要特征。

---

① 柯少愚. 德国非营利组织考察笔记［J］. 学会，2008（2）：44-52.
② 李伯杰. 三个德国人，必有一社团［J］. 读书，2015（10）：69.

4.6.4 基于功能的嵌套结构

在大小学会、大小协会之间，经常发生的是相互渗入和相互嵌套，成为一个资源共享、基于功能和专业化服务的立体网络。德国社团中的伞状组织是德国科技社团之间相互嵌套结构的典范。例如，作为德国科技社团联合会会员的工业科研联盟AiF协会，自身又是100个科研联盟所组成的伞状协会；而作为其100个会员之一的德国机械制造工业委员会，也同样拥有21个产业协会及另外8个AiF的专业性科研联盟作为自己的团体会员。因此，德国的60万个登记社团、15 000多个协会之间没有真正意义上行政级别或社会地位的高低，之所以成为对方的会员，或者接纳对方成为自己的会员，完全是出于对会员的义务、责任以及收获的考虑。

参考文献

[1] 德国核工程学会. 核工程学会章程[R/OL]. [2018-11-28]. https://www.ktg.org/ktg/faszination-kerntechnik/satzung.

[2] 德国核工程学会2015年报[R/OL]. [2018-11-28]. https://www.ktg.org/ktg-wAssets/docs/publikationen/jahresberichte/KTG-Bericht-2015-A4v2.pdf.

[3] 德国工业研究协会工作组AIF2017年报告[R/OL]. [2018-11-28]. https://www.aif.de/fileadmin/user_upload/aif/aif/PDF/AiF_Zahlen_Daten_Fakten_2017.pdf.

[4] 马庆钰. 中国社会组织发展战略[M]. 北京：社会科学文献出版社，2015：4.

[5] 王名. 中国社团改革从政府选择到社会选择[M]. 北京：社会科学文献出版社，2001.

[6] 孟唯. 非营利组织及其治理[D]. 北京：中国社会科学院研究生院，2003.

[7] 王名，贾西津. 中国NGO的发展分析[J]. 管理世界，2002(4)：32.

[8] 赵宏伟，郗永勤. 科技类社团分类模式及发展路径探究[J]. 学会，2010(8)：29-33.

[9] 中国科协发展研究中心课题组. 近代中国科技社团[M]. 北京：中国科学技术出版社，2014：13.

[10] 齐让，刘汉俊，董俊山，等. 科学启示录[M]. 上海：上海辞书出版社，2010：12.

[11] 陈未鹏. 中国近代科技社团的兴起与科技期刊的发展研究[J]. 福州大学学报，2018(2)：123-128.

[12] 梁启超. 变法通议//梁启超全集：第一册[M]. 北京：北京出版社，1999：28.

[13] 任鸿隽. 中国科学社社史简述[J]. 中国科技史，1983(1)：2-13.

[14] 威廉·冯·洪堡. 论柏林高等学术机构的内部和外部组织(节选)[C]. 1809-

1810
[15] 贺国庆. 德国和美国大学发达史 [M]. 北京：人民教育出版社，1998.
[16] 卡尔・伯克. 联邦德国的高等学校及其问题 [N]. 中国教育报，1984-09-01 (1).
[17] 张网成，黄浩明. 德国非营利组织现状特点与发展趋势 [J]. 德国研究，2012，27 (2)：4-15.
[18] Christian Hohendanner，Der Dritte Sektor. Eine Analyse auf Basis des IAB-Betriebspanels [J]. Institut für Arbeitsmarkt-und Berufsforschung，2009，30 (6)：19.
[19] Stoeckel H. 10 Jahre Horst-Stoeckel-Museum fuer die Geschichte der Anaesthesiologie in Bonn [J]. Anästh Intensivmed，2010，51：376-378.
[20] 郑冲，贾红梅，译. 德国民法典 (修订版) [M]. 北京：法律出版社，2001.
[21] 杜景林，卢谌. 德国商法典 [M]. 北京：中国政法大学出版社，2000.
[22] 李勇. 德国的非营利组织 [J]. 预算管理与会计. 2003 (9)：46-47.
[23] 王名，李勇，黄浩明. 德国的非营利组织 [M]. 北京：清华大学出版社，2006.
[24] 郑国安. 国外非营利组织法律法规概要 [M]. 北京：机械工业出版社，2000.
[25] 李楠，马庆钰. 中德政府与社会组织关系比较 [J]. 行政管理改革，2018 (1)：56-61.
[26] 赵有利. 借鉴国外 NGO 经验加强科技社团建设 [J]. 科协论坛，2004 (1)：38-40.
[27] 吕孝礼，潘宇舟. 德国非营利组织提供公共服务对我国的启示 [J]. 中国行政管理，2016 (10)：140-144.
[28] 中国科协考察团. 中国科协“科技社团在国家创新体系中的作用”赴法德意三国考察报告 (上) [J]. 科协论坛，2008 (4)：42-44.
[29] 财政部税收制度国际比较课题组. 德国税制 [M]. 北京：中国财政经济出版社，2000.
[30] 李伯杰. 三个德国人，必有一社团 [J]. 读书，2015 (10)：69.
[31] 罗曼. 发达国家非营利组织的借鉴和启示 [J]. 金融时代，2014 (02)：54-55.
[32] 李楠，马庆钰. 中德政府与社会组织关系比较 [J]. 行政管理改革，2018 (6)：54-59.
[33] 柯少愚. 德国非营利组织考察笔记 [J]. 学会，2008 (2)：44-52.
[34] ANHEIER HK. Dimensions of the Third Sector：Comparative Perspectives on Structure and Change? [J] . Journal of Youth Studies，2001，4 (2)：3-27.
[35] 卫才胜. 从科研组织的变革看 19 世纪德国科技中心的形成 [J]. 沙洋师范高等专科学校学报，2003 (2)：68-70.
[36] 中华人民共和国民政部. 社会团体登记管理条例 [EB/OL]. [2018-11-28]. http://

mjzx.mca.gov.cn/article/zcfg/201304/20130400437175.shtml.

[37] 杨路平. 在全面深化改革中激发社会组织活力 [J]. 学会，2014（5）：21-24.

[38] 张学东. 学会组织办事机构与挂靠单位关系的思索 [J]. 学会，2007（4）：37-38.

[39] 吕科伟. 中国科协所属学会挂靠体制历史沿革及其发展探析 [J]. 科协论坛，2015（7）：44-48.

[40] 黄冠豪. 略论我国非营利组织的税收制度改进 [J]. 税务与经济，2013（4）：92-97.

[41] 刘家乡，马坚. 我国非营利组织税收制度探析 [J]. 社团管理研究，2010（1）：34-36.

[42] 黄冠豪. 略论我国非营利组织的税收制度改进 [J]. 税务与经济，2013（4）：92-97.

[43] 若弘. 非政府组织在中国 [M]. 北京：人民出版社，2010.

[44] 清华大学公共管理学院非政府组织研究所. 中国科协全国学会发展报告（2013）[M]. 北京：中国科学技术出版社，2014.

[45] 祝建兵. 支持型社会组织的生发机制探析 [J]. 理论月刊，2015（4）：146-150.

[46] 胡祥明. 科技社团改革发展：机遇、问题、对策 [J]. 学会，2014（1）：41-47.

[47] 鲁彦平. 我国非营利组织的营利问题：成因与对策 [J]. 四川行政学院学报，2007（2）：61-63.

[48] 秦威. 拜访德国物理学会 [J]. 中国非营利评论，2009（7）：233-237.

[49] 邱楷，李清垚. 我国科技社团存在的问题与对策分析 [J]. 华北水利水电大学学报（社会科学版），2016（8）：85-87.

[50] 黄琴，刘松年，张太玲，熊阳. 美、德及香港地区科技社团运行案例分析及其启示 [J]. 管理观察，2008（12）：248-250.

[51] 秦威. 科技社团在构建和谐社会与市场经济中的角色定位与发展方向 [J]. 学会，2008（1）：16-22.

[52] 俞学慧. 科技社团服务创新的重点领域与主要模式探究—欧美创新经济体科技社团服务创新的启示 [J]. 科协论坛，2014（8）：10-13.

[53] 李建民，徐场，林巍. 对现代化城市的科普理论思考 [J]. 科学学研究，2006（6）：355-359.

[54] 张国玲，田旭. 欧美国家科技社团发展的机制与借鉴 [J]. 科技管理研究，2011（4）：24-27.

附件：德国游说组织清单中的科技协会及科技组织

德国联邦议会的网站提供了一个经认证并公开发布的游说组织清单（Lobby List），都是希望在最高政治层面反映政治和经济诉求的被确认有资质的社团组织，这其中包括了几乎所有的德国非官方伞状协会组织以及重要行业性以及专业性的社团组织，最重要的非官方科技社团组织也包括在内。在 2 341 个社会组织中，可以梳理出大约 251 个科技协会和组织，占比约为 10%。

德国游说名单上的所有协会组织都是按组织名称的字母排序，下面所列清单中的第一个数字是该科技类组织在游说名单中的原始序列编号，这个编号可能会因为在游说名单上个别协会的加入或者删除而略有改变。

2　德国国家工程科学院 acatech，Deutsche Akademie der Technikwissenschaften（518 名会员 – 院士）

9　德国 AGFW 制热、制冷及电站能源效率协会 AGFW Der Energieeffizienzverband für Wärme，Kälte und KWK e.V.（会员 483 名）

13　airreg 航空活动中的可再生能源技术 aireg–Aviation Initiative for Renewable Energy in Germany e. V.（会员 33 名）

26　亚历山大洪堡基金会 Alexander von Humboldt–Stiftung

33　慢性罕见病联盟 Allianz Chronischer Seltener Erkrankungen（ACHSE）e.V.（会员 127 名）

41　支持轨道交通发展联盟 Allianz pro Schiene e.V.(会员 23 名以及 142 个机构)

44　传感器与测量技术协会 AMA Verband für Sensorik und Messtechnik e. V.（会员 460 名，其中 400 家企业和 60 个研究所）

48　AMSAT 德国航天卫星协会 AMSAT Deutschland e.V.（会员 580 名）

49　德国麻醉网络协会 Anästhesie–Netz Deutschland e.V.（会员 400 名和 7 个机构）

51　德国人类学学会 Anthroposophische Gesellschaft in Deutschland e.V.（会员 12 490 名）

62　救助过敏儿童协会 Arbeitsgemeinschaft Allergiekrankes Kind Hilfen für Kinder mit Asthma，Ekzem oder Heuschnupfen（AAK）e.V.（会员 107 名，会员机构 7 个）

63　无线电爱好者协会 Arbeitsgemeinschaft Allergiekrankes Kind Hilfen für Kinder mit Asthma，Ekzem oder Heuschnupfen（AAK）e.V.（会员 1 000 名）

82　德国肿瘤治疗中心协会 Arbeitsgemeinschaft Deutscher Tumorzentren e.V.

（会员 57 名）

96　德国工业研究联盟协会 Arbeitsgemeinschaft industrieller Forschungsvereinigungen "Otto von Guericke" e.V.（AiF）（会员 100 名）

100　海上风电协会 Arbeitsgemeinschaft Offshore–Windenergie e.V.（AGOW）（会员 16 名）

104　生物柴油质量管理协会 Arbeitsgemeinschaft Qualitätsmanagement Biodiesel e.V.（会员 28 名，合作机构 3 个）

107　社会科学研究所协会 Arbeitsgemeinschaft Sozialwissenschaftlicher Institute e.V.（ASI）（会员 84 名）

109　脑损伤后的参与、康复、护理及综合处理协会 Arbeitsgemeinschaft Teilhabe，Rehabilitation，Nachsorge und Integration nach Schädelhirnverletzung（区域性协会会员 7 个）

110　学校无线电爱好者及通信协会 Arbeitskreis Amateurfunk und Telekommunikation in der Schule（会员 640 名）

114　胰腺疾病工作组 Arbeitskreis der Pankreatektomierten e.V.（AdP）（会员 1 180 名）

118　交通与环境问题委员会 Arbeitskreis Verkehr und Umwelt e.V.（UMKEHR）（会员 900 名）

120　柏林建筑师与工程师协会 Architekten–und Ingenieur–Verein zu Berlin e.V.（会员 320 名）

126　专业无线生产技术协会 Association of Professional Wireless Production Technologies e.V.（APWPT）（会员 60 名、合作单位 60 个）

139　AWMF 科学医疗技术专业协会联合会 AWMF –Arbeitsgemeinschaft der Wissenschaftlichen Medizinischen Fachgesellschaften（会员 177 名，合作单位 3个）

153　德国废物处理、水及原料经济联邦协会 BDE –Bundesverband der Deutschen Entsorgungs–，Wasser–und Rohstoffwirtschaft e.V.（成员 750 个）

154　德国能源与水经济联邦协会 BDEW Bundesverband der Energie–und Wasserwirtschaft e.V.（1 831 个企业会员）

159　柏林勃兰登堡航天科技联盟 Berlin–Brandenburg Aerospace Allianz e.V.（BBAA）（会员 100 名、合作单位 1 个）

160　柏林勃兰登堡能源协作网络 Berlin–Brandenburg Energy Network e.V.（会

员 60 名、合作单位 1 个）

165　德国外科医生协会 Berufsverband der Deutschen Chirurgen e.V.（BDC）（会员 17 448 名）

166　德国皮肤科医生协会 Berufsverband der Deutschen Dermatologen e.V.（BVDD）（会员 3 500 名）

167　德国口腔牙科医生协会 Berufsverband der Deutschen Kieferorthopäden e.V.（会员 2 400 名）

169　德国泌尿科医生协会 Berufsverband der Deutschen Urologen e.V.（BvDU）（会员 2 500 名）

170　德国妇科医生协会 Berufsverband der Frauenärzte e.V.（会员 14 775 名，从属机构 17 个）

174　儿科与少年科医生协会 Berufsverband der Kinder-und Jugendärzte e.V.-BVKJ（会员 11 922 名）

175　德国血液科及肿瘤科医生协会 Berufsverband der Niedergelassenen Hämatologen und Onkologen in Deutschland e.V.（BNHO）（会员 750 名，机构 1 个）

178　德国麻醉师专业协会 Berufsverband Deutscher Anästhesisten e.V.（会员 17 000 名，机构 2 个）

180　德国糖尿病医生专业协会 Berufsverband Deutscher Diabetologen e.V.（BDD）（会员 710 名，机构 2 个）

181　德国地学科研工作者协会 Berufsverband Deutscher Geowissenschaftler e.V.-BDG（会员 2 400 名，机构 2 个）

183　德国人类基因遗传学工作者协会 Berufsverband Deutscher Humangenetiker e.V.（BVDH）（会员 394 名）

184　德国内科医学专业协会 Berufsverband Deutscher Internisten e.V.（会员 21 445 名）

185　德国实验室医生专业协会 Berufsverband Deutscher Laborärzte e.V.（会员 500 名）

186　德国神经科医生协会 Berufsverband Deutscher Nervenärzte e.V.（BVDN）（会员 3 000 名，合作机构 17 个）

187　德国心理学家专业协会 Berufsverband Deutscher Psychologinnen und Psychologen e.V.（会员 11 000 名，合作机构 29 个）

188 德国社会科学工作者专业协会 Berufsverband Deutscher Soziologinnen und Soziologen e.V.（BDS）（会员 500 名）
190 德国儿童与青少年精神病学，心身医学和心理治疗专业协会 BKJPP-Berufsverband für Kinder-und Jugendpsychiatrie，Psychosomatik und Psychotherapie in Deutschland e.V.（会员 986 名，合作机构 2 个）
191 骨科和创伤专业协会 Berufsverband für Orthopädie und Unfallchirurgie（BVOU）（会员 7 000 名，合作机构 2 个）
194 营养师协会 BerufsVerband Oecotrophologie e.V（会员 4 000 名）
196 实验室诊断分析科技工作者协会 Berufsvereinigung der Naturwissenschaftler in der Labordiagnostik e.V.（BNLD）（会员 112 名）
201 安全技术联邦协会 BHE Bundesverband Sicherheitstechnik e.V.（会员 980 名）
204 德国生物化学理疗联盟 Biochemischer Bund Deutschlands e.V.（BBD）（会员 9 000 名，合作机构 69 个）
207 德国生物技术产业组织 Biochemischer Bund Deutschlands e.V.（BBD）（会员 320 名）
216 波恩中国研究学会 Bonner Gesellschaft für China-Studien e.V.（会员 87 名）
223 可再生能源交通方案联邦协会 BRM Bundesverband Regenerative Mobilität e.V.（会员 190 名，合作机构 19 个）
228 民主科技工作者联盟 BRM Bundesverband Regenerative Mobilität e.V.（会员 1 100 名）
236 公共认证测量工程师协会 Bund der Öffentlich bestellten Vermessungsingenieure（会员 1 300 名）
245 德国建筑商、建筑师和工程师协会 Bund Deutscher Baumeister，Architekten und Ingenieure e.V.（BDB）（会员 12 000 名）
259 德国骨科协会 Bund Deutscher Osteopathen（会员 20 名）
269 德国环境与自然保护协会 Bund für Umwelt und Naturschutz Deutschland e.V.（BUND）（会员 48 万名）
296 基因技术和律法联邦协会 Bundesarbeitsgemeinschaft Gentechnologie und Recht（会员 16 名）
330 联邦矫形外科协会 Bundesinnungsverband für Orthopädie-Technik（会员 1 550 名，合作机构 14 个）
342 联邦生物能源协会 Bundesverband BioEnergie e.V.（BBE）（150 个会员单位，

包括 24 个协会、118 个企业和 8 个研究机构，下设 1 个机构）

382　联邦生物酒精产业协会 Bundesverband der deutschen Bioethanolwirtschaft e.V.（BDBe）（会员 29 500 名，合作机构 13 个）

393　德国航空航天产业联邦协会 Bundesverband der Deutschen Luft–und Raumfahrtindustrie e.V.（BDLI）（会员 237 名）

412　德国能源与环境保护组织协会 Bundesverband der Energie–und Klimaschut–zagenturen Deutschlands（eaD）e.V.（成员 39 个）

440　德国肺病医师联邦协会 Bundesverband der Pneumologen（BdP）（会员 1 368 名，附属机构 13 个）

484　德国初创企业协会 Bundesverband Deutsche Startups e.V.（会员 800 名，合作机构 35 个）

509　德国病理学家联邦协会 Bundesverband Deutscher Pathologen e.V.（会员 1 572 名）

523　德国大学生企业咨询联邦协会 Bundesverband Deutscher Studentischer Unter–nehmensberatungen e.V.（BDSU）（会员 2 200 名，合作机构 34 个）

533　德国水电站协会 Bundesverband Deutscher Wasserkraftwerke e.V.（BDW）（会员 1 650 名，单位 9 个）

540　德国排放交易与气候保护联邦协会 Bundesverband Emissionshandel und Klimaschutz（bvek）e.V.（会员 22 名，合作机构 12 个）

541　德国电动汽车协会 Bundesverband Deutscher Wasserkraftwerke e.V.（BDW）（会员 200 名，合作机构 25 个）

543　能源存储产业协会 Bundesverband Energiespeicher e.V.（成员单位 150 个）

544　德国天然气、石油与地热能联邦协会 BVEG Bundesverband Erdgas，Erdöl und Geoenergie e.V.（成员单位 86 个）

545　德国可再生能源联邦协会 Bundesverband Erneuerbare Energie e.V.（BEE）（会员 30 000 名，合作机构 49 个）

580　联邦地热协会 Bundesverband Geothermie e.V.（会员 526 名）

581　德国老年病学协会 Bundesverband Geriatrie e.V.（会员 351 名，合作机构 14 个）

598　远程医学联邦协会 Bundesverband Hydrothermale Carbonisierung e.V.（会员 150 名）

609　热电联供联邦协会 Bundesverband Kraft–Wärme–Kopplung e.V.（会员 516 名）

623　联邦医疗技术协会 BVMed–Bundesverband Medizintechnologie e.V.（会员 224 名，机构 1 个）

633　新能源经济联邦协会 Bundesverband Neue Energiewirtschaft e.V.（bne）（会员 46 名）

634　住诊糖尿病医生联邦协会 Bundesverband niedergelassener Diabetologen e.V.–BVND（会员 630 名，合作机构 6 个）

635　住诊心血管病医生联邦协会 Bundesverband Niedergelassener Kardiologen e.V.（BNK）（会员 1 300 名，合作机构 1 个）

657　德国康复协会 BDH Bundesverband Rehabilitation e.V.（会员 75 000 名）

663　二次原料及垃圾处理联邦协会 bvse–Bundesverband Sekundärrohstoffe und Entsorgung e.V.（会员 890 名）

667　太阳能产业联邦协会 Bundesverband Solarwirtschaft e.V.（成员 800 名）

669　联邦通信协会 VAF Bundesverband Telekommunikation e.V.（成员 200 名）

674　联邦热泵协会 Bundesverband Wärmepumpe（BWP）e.V.（会员 540 名）

677　联邦风能协会 Bundesverband WindEnergie e.V.（BWE）（会员 20 000 名）

683　德国急救医生组织联邦协会 Bundesvereinigung der Arbeitsgemeinschaften Notärzte Deutschlands e.V.（BAND）（会员 10 000 名，合作机构 11 个）

681　建筑技术监理工程师联邦总会 Bundesvereinigung der Prüfingenieure für Bautechnik e.V.（BVPI）（会员 627 名，合作单位 3 个）

693　街道建设与交通工程师联邦总会 Bundesvereinigung der Straßenbau–und Verkehrsingenieure BSVI e.V.（会员 16 622 名，合作单位 15 个）

700　飞行噪声控制联邦总会 Bundesvereinigung gegen Fluglärm e.V.（BVF）（会员 182 名）

701　轨道交通噪声控制联邦总会 Bundesvereinigung gegen Schienenlärm e.V.（会员 60 名，合作机构 30 个）

709　预防医学与健康促进联邦总会 Bundesvereinigung Prävention und Gesund–heitsförderung e.V.（BVPG）（会员 133 名）

739　中国传统医疗学院 Chinesische Naturheilkunde Akademie e.V.（会员 180 名）

755　德国医学总会 Dachverband Anthroposophische Medizin in Deutschland e.V.（会员 25 名）

756　德国地学科学总会 Dachverband der Geowissenschaften e.V.（DVGeo）（会员 8 名，合作机构 4 个）

758　德国继续再教育机构总会 DVWO–Dachverband der Weiterbildungsorganisationen e.V.（会员 11 500 名，合作机构 12 个）

762　德国医学领域技术员与分析师总会 Dachverband für Technologen/–innen und Analytiker/–innen in der Medizin Deutschland e.V.（dvta）（会员 15 000 名）

764　德国建筑师与工程师社团总会 DAI Verband Deutscher Architekten–und Ingenieurvereine e.V.（会员 15 名，合作机构 32 个）

770　德国化学技术与生物技术协会 DECHEMA e.V. Gesellschaft für Chemische Technik und Biotechnologie e.V.（会员 5 898 名）

798　德国莱奥波第那国家科学院 Deutsche Akademie der Naturforscher Leopoldina e.V.（会员 1 500 名）

799　德国儿童及少年医学研究院 Deutsche Akademie für Kinder–und Jugendmedizin e.V.（DAKJ）（成员单位 8 个）

802　德国阿兹海默学会 Deutsche Alzheimer Gesellschaft e.V.（会员 1 500 名，合作机构 134 个）

807　德国皮肤病学会 Deutsche Dermatologische Gesellschaft e.V.（DDG）（会员 3 802 名）

808　德国糖尿病学会 Deutsche Diabetes Gesellschaft e. V.（会员 8 300 名）

809　德国肌无力症学会 Deutsche Dystonie Gesellschaft e.V.（会员 1 675 名、合作机构 32 个）

810　德国节能减排协会 Deutsche Energie–Spar–Arbeitsgemeinschaft e.V.（DESA）（会员 60 名）

815　德国地球物理协会 Deutsche Geophysikalische Gesellschaft e.V.（会员 1 200 名）

818　德国声学会 Deutsche Gesellschaft für Akustik（DEGA）e.V.（会员 376 名）

819　德国麻醉和介入治疗学会 Deutsche Gesellschaft für Anästhesiologie und Intensivmedizin e.V.（会员 15 300 名、合作机构 17 个）

825　德国外科学会 Deutsche Gesellschaft für Chirurgie e.V.（会员 6 445 名，合作单位 10 个）

830　德国营养学学会 Deutsche Gesellschaft für Ernährung e.V.（DGE）（会员 4 049 名）

832　德国肠胃消化和代谢疾病学会 Deutsche Gesellschaft für Gastroenterologie, Verdauungs–und Stoffwechselkrankheiten e.V.（DGVS）（会员 5 500 名）

833　德国基因技术学会 Deutsche Gesellschaft für Geotechnik e.V.（成员 2 100 名）

835 德国妇产科学会 Deutsche Gesellschaft für Gynäkologie und Geburtshilfe（会员 8 851 名）

836 德国耳鼻喉科、头颈外科学会 Deutsche Gesellschaft für Hals–Nasen–Ohren–Heilkunde，Kopfund Hals–Chirurgie e.V.（会员 5 026 名，合作单位 1 个）

838 德国内科学会 Deutsche Gesellschaft für Innere Medizin e.V.（会员 26 021 名）

840 德国智能交通系统学会 Deutsche Gesellschaft für intelligente Verkehrssysteme e.V.（会员 13 名，合作单位 1 个）

841 德国儿医学会 Deutsche Gesellschaft fürr Kinder–und Jugendmedizin e.V.（DGKJ）（会员 16 620 名）

842 德国临床化学与实验室医学学会 Deutsche Gesellschaft für Klinische Chemie und Laboratoriumsmedizin e.V.（DGKL）（会员 11 355 名）

845 德国手法医学学会 Deutsche Gesellschaft für Manuelle Medizin e.V.（会员 5 500 名，合作机构 3 个）

848 德国医学信息学，生物统计学和流行病学学会 Deutsche Gesellschaft für Medizinische Informatik，Biometrie und Epidemiologie e.V.（GMDS）（会员 1 995 名）

849 德国医学心理学学会 Deutsche Gesellschaft für Medizinische Psychologie e.V.（会员 261 名）

850 德国医学康复学会 Deutsche Gesellschaft für Medizinische Rehabilitation e.V.（DEGEMED）（会员 50 名）

851 德国口腔颌面外科学会 Deutsche Gesellschaft für Mund–，Kiefer–und Gesichtschirurgie e.V.（会员 1 778 名）

853 德国神经科学会 Deutsche Gesellschaft für Neurologie e.V.（会员 8 500 名，机构单位 7 个）

854 德国骨科和外伤科学会 Deutsche Gesellschaft für Orthopädie und Unfallchir–urgie e. V.（DGOU）（会员 10 657 名，机构单位 16 个）

855 德国姑息医学学会 Deutsche Gesellschaft für Palliativmedizin e.V.（会员 5 100 名）

856 德国护理科学学学 Deutsche Gesellschaft für Pflegewissenschaft e.V.（DGP）（会员 700 名）

857 德国肺病和呼吸医学学会 Deutsche Gesellschaft für Pneumologie und Beat–mungsmedizin e.V.（会员 3 600 名）

859　德国精神、心理治疗及心身和神经治疗学会 Deutsche Gesellschaft für Psychiatrie und Psychotherapie，Psychosomatik und Nervenheilkunde e.V.（DGPPN）（会员 9 000 名，合作单位 2 个）

860　德国精神分析、心理治疗，心身调理和深度心理学学会 Deutsche Gesellschaft für Psychoanalyse，Psychotherapie，Psychosomatik und Tiefenpsychologie e.V.（会员 3 380 名）

861　德国心身医学与医学心理治疗学会 Deutsche Gesellschaft für Psychosomatische Medizin und Ärztliche Psychotherapie（DGPM）e.V.（会员 1 397 名）

864　德国法医学会 Deutsche Gesellschaft für Rechtsmedizin e.V.（会员 488 名）

867　德国疼痛医学学会 Deutsche Gesellschaft für Schmerzmedizin e.V.（会员 4 500 名）

869　德国太阳能学会 Deutsche Gesellschaft für Sonnenenergie e.V.（DGS）（会员 2 500 名）

870　德国社会科学性学研究学会 Deutsche Gesellschaft für sozialwissenschaftliche Sexualforschung e.V.（DGSS）（会员 250 名，合作机构 3 个）

875　德国远程医学学会 Deutsche Gesellschaft für Telemedizin e.V.（会员 154 名）

877　德国泌尿学会 Deutsche Gesellschaft für Urologie e.V.（会员 6 200 名）

881　德国军事医学与军事药学学会 Deutsche Gesellschaft für Wehrmedizin und Wehrpharmazie e.V.（会员 4 000 名）

882　德国军事技术学会 Deutsche Gesellschaft für Wehrtechnik e.V.（DWT）（会员 1 150 名）

883　德国牙、口腔、颌面治疗学会 Deutsche Gesellschaft für Zahn-，Mund- und Kieferheilkunde（DGZMK）（会员 21 000 名，合作机构 40 个）

884　德国无损检测学会 Deutsche Gesellschaft für Zerstörungsfreie Prüfung e.V.（DGZfP）（会员 1 500 名）

891　德国心脏病基金会 Deutsche Herzstiftung e.V.（会员 10 万名）

893　德国康纳德楚泽工业研究联合会 Deutsche Industrieforschungsgemeinschaft Konrad Zuse e.V.（会员 76 名）

898　德国癌症协会 Deutsche Krebsgesellschaft e.V.（会员 7 890 名，合作机构 43 个）

900　德国机械技术学会 Deutsche Maschinentechnische Gesellschaft（DMG）e.V.（会员 467 名）

901 德国多发性硬化症联邦学会 Deutsche Multiple Sklerose Gesellschaft–Bundesverbande.V.（DMSG）（会员 44 767 名，合作单位 16 个）

904 德国药学会 Deutsche Pharmazeutische Gesellschaft e.V.（DPhG）（会员 10 000 名）

905 德国物理学会 Deutsche Physikalische Gesellschaft e.V.–DPG（会员 62 000 名）

915 德国疼痛学会 Deutsche Schmerzgesellschaft e.V.（会员 3 565 名，合作单位 19 个）

916 德国疼痛联盟 Deutsche Schmerzliga e.V.（会员 4 200 名）

924 德国慢性病人基金会 Deutsche Stiftung für chronisch Kranke

936 德国数据保护协会 Deutsche Vereinigung für Datenschutz e.V.（DVD）（会员 250 名）

944 德国体育科学协会 Deutsche Vereinigung für Sportwissenschaft e.V.（dvs）（会员 1 000 名）

947 德国交通科学学会 Deutsche Verkehrswissenschaftliche Gesellschaft e.V.（会员 2 200 名，协作单位 17 个）

953 德国过敏与哮喘协会 Deutscher Allergie–und Asthmabund e.V.（DAAB）（会员 18 000 名，合作单位 140 个）

989 德国地理信息总会 Deutscher Dachverband für Geoinformation e.V.（DDGI）（会员 41 名，合作机构 31 个）

990 德国心理治疗总会 DEUTSCHER DACHVERBAND FÜR PSYCHOTHERAPIE（DVP）e.V.（会员 1 300 名，合作单位 11 个）

1000 德国专业医生协会 Deutscher Facharztverband e.V.（DFV）（会员 2500 名，22 个单位会员）

1085 害虫防治协会 Deutscher Schädlingsbekämpfer–Verband（DSV）e.V.（会员 206 名）

1099 德国爆破协会 Deutscher Sprengverband e.V.（会员 1 250 名）

1130 德国足病协会 Deutscher Verband für Podologie（ZFD）e.V.

1132 德国焊接和相关工艺协会 DVS–Deutscher Verband für Schweißen und verwandte Verfahren e.V.（会员 19 000 名，相关团体 100 个）

1140 德国科技社团联合会 DVT–Deutscher Verband Technisch–Wissenschaftlicher Vereine e.V.（会员 210 000 名，机构 31 个）

1145 德国氢与燃料电池协会 Deutscher Wasserstoff–und Brennstoffzellen–Ver–

band e.V.（DWV）（会员 310 名）

1150 德国原子能论坛 Deutsches Atomforum e.V.（DAtF）（会员 54 名）

1155 德国成人教育研究所暨莱布尼茨终身学习中心 Deutsches Institut für Erwachsenenbildung-Leibniz-Zentrum für Lebenslanges Lernen e.V.（DIE）（会员 20 名）

1158 德国标准研究所 DIN Deutsches Institut für Normung e.V.（会员 2 150 名，对口机构 4 个）

1163 德国心身医学学院 Deutsches Kollegium für Psychosomatische Medizin e.V.（会员 390 名）

1169 德国循证医学协作网 Deutsches Netzwerk Evidenzbasierte Medizin（DNEbM）e.V.（会员 940 名）

1173 德国冷链技术研究所 Deutsches Tiefkühlinstitut e.V.（会员 159 名）

1176 德国航空航天中心 Deutsches Zentrum für Luft-und Raumfahrt e.V.（DLR）（会员 80 名）

1179 德国职业医学与环境医学学会 DGAUM Deutsche Gesellschaft für Arbeitsmedizin und Umweltmedizin e.V.（会员 1 170 名）

1180 德国血液学与肿瘤学会 DGHO，Deutsche Gesellschaft für Hämatologie und Medizinische Onkologie e.V.（会员 2 800 名）

1195 数字化分析协会 Digital Analytics Association e.V.（会员 189 名，从属机构 2 个）

1200 德国质量标准与检测研究所 DIQP Deutsches Institut für Qualitätsstandards und-prüfung e.V.（成员 8 个，所属机构 2 个）

1217 德国大地测量、地学信息与土地管理学会 DVW-Gesellschaft für Geodäsie, Geoinformation und Landmanagement e.V.（会员 7 108 名，机构 13 个）

1219 德国牙科医生协会 DZV Deutscher Zahnärzte Verband e.V（会员 1 700 名）

1224 欧洲土地侵蚀保护与绿化专业协会 EFEB-Europäischer Fachverband für Erosionsschutz und Begrünung e.V.（会员 15 名，从属机构 2 个）

1229 德国电子货币协会 Electronic Money Association e. V.（EMA）（会员 10 名）

1245 欧洲可再生能源协会 EUROSOLAR-Europäische Vereinigung für Erneuerbare Energien e.V.（会员 3 000 名，合作单位 100 个）

1249 欧洲发展研究与教育机构协会 Europäischer Verband der Entwicklungsforschungs-und Ausbildungsinstitutionen e.V.（EADI）（会员 400 名，对口

机构 150 个）

1281 德国 X 射线专业协会 Fachverband Röntgentechnik in Deutschland e.V.（会员 104 名）

1284 生物沼气专业协会 Fachverband Biogas e.V.（会员 4 800 名）

1291 德国精密加工磨床协会 Fachverband Deutscher Präzisions-Werkzeugschleifer e.V.（FDPW）（会员 289 名）

1341 可再生能源科研联盟 ForschungsVerbund Erneuerbarer Energien（FVEE）（会员 14 名）

1344 未来能源论坛 Forum für Zukunftsenergien e.V.（会员 240 名）

1347 航空航天论坛 Forum Luft-und Raumfahrt e.V.（会员 284 名）

1379 基因伦理协作网络 GeN Gen-ethisches Netzwerk e.V.（会员 500 名）

1384 阿尔弗雷德魏格纳基金会地学联盟 GeoUnion Alfred-Wegener-Stiftung（会员 50 000 名）

1387 德国学者组织 German Scholars Organization e.V.（GSO）（会员 3 500 名，相关组织 4 个）

1388 德国带医学院高校 15 强联盟 German U15e.V.（会员 15 名）

1389 德国观察 GERMANWATCH e.V.（环保组织会员 675 名）

1407 德国化学家学会 Gesellschaft Deutscher Chemiker e.V.（GDCh）（会员 31 000 名）

1408 数据保护与数据安全协会 Gesellschaft für Datenschutz und Datensicherheit e.V.（GDD）（会员 2 800 名）

1410 评估学会 DeGEval-Gesellschaft für Evaluation e.V.（会员 632 名，机构 114 个）

1411 德国信息学会 Gesellschaft für Informatik e.V.（GI）（会员 20 000 名，机构 335 个）

1414 腐蚀保护学会 GfKORR-Gesellschaft für Korrosionsschutz e.V.（会员 520 名）

1422 实验动物学会 Gesellschaft für Versuchstierkunde/Society for Laboratory Animals Science GV-SOLAS（会员 1 000 名，相关机构 3 个）

1423 病毒学会 Gesellschaft für Virologie e.V.（会员 1 000 名）

1425 癌症治疗促进会 Gesellschaft zur Förderung der Krebstherapie e.V.（会员 155 名）

1449 超常科学之科学研究会 GWUP-Gesellschaft zur wissenschaftlichen Untersuchung von Parawissenschaften e.V.（会员 1 300 名，合作机构 10 个）

1476　黑森州鸟类学与自然保护学会 Hessische Gesellschaft für Ornithologie und Naturschutz（会员 1 300 名）

1481　德国高校大学校长会议 Hochschulrektorenkonferenz（HRK）（会员 268 名）

1498　国际金属轻体构造协会 Internationaler Verband für den Metallleichtbau（会员 270 名，机构 9 个）

1524　通信行业工程师协会 If Kom–Ingenieure für Kommunikation e.V.（会员 4 500 名）

1527　D21 倡议 Initiative D21e.V.（会员 96 名）

1540　热油技术研究所 Institut für Wärme und Oeltechnik e.V.（成员 31 名）

1543　轨道技术跨学科研究会 Interdisziplinärer Forschungsverbund Bahntechnik e.V.（IFV）（成员 256 名）

1580　国际环境噪声防护研究所 Internationales Institut für Umgebungslärmschutz gemeinnützige GmbH（会员 20 名）

1607　核技术协会 Kerntechnische Gesellschaft e.V.（KTG）（会员 1 983 名）

1611　德国气候联盟 Klima–Allianz Deutschland（会员 115 名）

1615　自然医学研究委员会 Komitee Forschung Naturmedizin e.V.（KFN）（会员 19 名）

1622　哥白尼学会 Kopernikus e.V.（会员 18 名）

1688　国家 e 政府卓越中心 Nationales E–Government Kompetenzzentrum e.V.（NEGZ）（会员 50 名，相关机构 32 个）

1692　德国自然保护协会 Naturschutzbund Deutschland e.V.（NABU）（会员 41 万名）

1683　德国自然保护论坛 Naturschutzforum Deutschland e.V.（NaFor）（会员 7.1 万名，14 个机构）

1693　德国住诊医师协会 NAV–Virchow–Bund Verband der niedergelassenen Ärzte Deutschlands e. V.（会员 12 000 名）

1706　恐怖主义研究网络 Netzwerk Terrorismusforschung e.V.（成员 36 个）

1714　海上风电论坛 Offshore–Forum Windenergie GbR（OFW）（成员 23 个）

1715　生态环境医学协会 Ökologischer Ärztebund e.V.（成员 250 个）

1719　异种移植医学研究组织 Orgamedica（成员 120 个）

1726　水之友：饮用水质量保护和改善协会 Partner für Wasser–Interessengemeinschaft für den Erhalt und die Verbesserung der Trinkwasserqualität e.V.（成员 9 个）

1743 倡导医学科研进步促进会 –Pro Forschung e.V.–Initiative für medizinischen Fortschritt（成员 11 个）

1793 德国太阳能促进协会 Solarenergie–Förderverein Deutschland e.V.（SFV）（成员 2 812 个）

1794 M–V 太阳能协会 Solarverband M–V e.V.（成员 16 个）

1806 SPECTARIS 德国光学、医学与光电一体化技术产业协会 SPECTARIS Deutscher Industrieverband für optische，medizinische und mechatronische Technologien e.V.（成员 400 个）

1812 德国科学赞助者协会 Stifterverband für die Deutsche Wissenschaft e.V.（会员 3 000 名，合作机构 640 个）

1817 德国海上风电利用与研究基金会 Stiftung der deutschen Wirtschaft für die Nutzung und Erforschung der Windenergie auf See（Offshore–Stiftung）（会员 102 名，合作机构 17 个）

1866 TU9 德国理工学院 TU9German Institutes of Technology e.V.（9 所顶级工科大学为会员）

1878 德国科学院联盟 Union der deutschen Akademien der Wissenschaften e.V.（成员 8 个）

1910 3D 打印技术协会 Verband 3DDruck–Interessenvertretung für 3D–Drucktechnologie e.V.

1917 咨询工程师协会 Verband Beratender Ingenieure（VBI）（成员 4 000 个）

1922 德国生物学、生物科技、生物医学协会 Verband Biologie，Biowissens–chaften und Biomedizin in Deutschland e.V.–VBIO（会员 5 100 名，机构 37 个）

1961 德国电气电子与信息工程协会 VDE Verband der Elektrotechnik Elektronik Informationstechnik e.V.（会员 36 000 名，包括 1 300 家企业，另有合作机构 12 个）

1992 住诊神经心理学家协会 Verband der Niedergelassenen Neuropsychologen e.V.（VNN）（成员 23 个）

1994 德国骨科医生协会 Verband der Osteopathen Deutschland e.V.（会员 4 300 名）

2010 TÜV 质量论证协会 Verband der TÜV e.V.（VdTÜV）（成员 13 个）

2027　德国肾病中心协会 Verband Deutsche Nierenzentren（DN）e.V.（成员 863 个）

2099　德国测量工程师协会 Verband Deutscher Vermessungsingenieure e.V.（成员 6 500 个）

2142　自谋职业工程师与建筑师协会 Verband selbständiger Ingenieure und Architekten e.V.（会员 500 名）

2160　民主药学工作师协会 Verein demokratischer Pharmazeutinnen und Pharmazeuten（VDPP）e.V.（会员 94 名）

2170　德国工程师协会 Verein Deutscher Ingenieure e.V.（VDI）（会员 15.4 万名）

2252　布莱梅 / 布莱梅港风能组织 Windenergie-Agentur Bremerhaven/Bremen e.V.（会员 345 名）

2278　莱布尼茨联合会 Wissenschaftsgemeinschaft Gottfried Wilhelm Leibniz e.V.（会员 91 个）

2305　德国工程师社团组织总会 Zentralverband der Ingenieurvereine ZBI e.V.（会员 40 000 名，下属机构 15 个）

2314　德国工程师总会 ZENTRALVERBAND DEUTSCHER INGENIEURE e.V.（ZDI）（会员 1 800 人，对口机构 10 个）

CHAPTER 5

第 5 章 日本科技社团发展概况及管理体制

日本是我国的邻邦，也是世界第三经济大国，陆地面积约 37.8 万平方公里，包括北海道、本州、四国、九州 4 个大岛和 6 800 多个小岛屿，2017 年人口为 1.26 亿人。日本是一个高度发达的资本主义国家，但在历史、文化、社会组织形态等方面与我国又有着相近的特性，因此，日本科技社团的发展状况及管理体制，对我国科技社团的发展有借鉴意义。

日本科技社团的成立与发展虽然晚于欧美等西方资本主义国家，但进步迅速，普遍有较强实力，在日本科技经济长时间的高速发展历程中，扮演着重要的角色。特别是 1948 年，日本颁布了《日本学术会议法》，成立了“内阁特别机关”——日本学术会议机构，并确定了日本学术会议的性质，即“一个在国内和国外代表日本科学家的机构，其目的是谋求科学技术的发展，向行政、产业及国民生活反映并推进科学理念”①。需要特别说明的是，2005 年，日本学术会议建立了一个联络包括科技社团在内的日本学术团体的机制，与之建立联系的团体被称为“日本学术会议协力学术研究团体”②。因此，日本的科技社团和日本学术会议与日本政府有着密不可分的联系。本报告在统计和分析日本科技社团相关数据时，以接受日本学术会议管理和指导的各种理工农医类“学会、协会”为统计范围。

① “日本学术会议法”（昭和二十三年七月十日，法律第一百二十一号），第一章第二条。http://www.scj.go.jp/ja/scj/kisoku/01.pdf。

② 日本学术会议会则第 36 条。

5.1　起源与发展历程

5.1.1　日本科技社团的起源

19 世纪中期，日本处于闭关锁国的幕府统治末期。国内矛盾的不断激化、欧美列强的相继入侵，使日本陷入了深重的民族危机。在这种背景下，为了自立图存，19 世纪 60 年代，日本开展了著名的明治维新运动，积极吸收西方先进科学文化，在亚洲率先开始了近代科学技术的萌芽与发展。明治维新后，日本政府在引进外籍教师与技师的同时，向国外派遣留学生，确定了东京大学为国内科学中心、工部省为技术中心的现代科技发展模式。在日本现代科学发展中，东京大学发挥着指导性的作用，而铁路、通信、矿冶、造船等工业则由工部省倡导，并在各省的政策保护下发展起来，逐渐成为日本工业发展的基础。

经历了明治初期对外来科技的吸收消化，日本的现代科学开启了稳步发展的新局面，进入现代科学发展的创始时期，日本科技社团的筹备与研究发表体制也逐步确定。1877 年，东京数学会社成立，东京化学会（1878 年①）、东京生物学会（1878 年）、东京地学协会（1878 年）、日本工学会（1879 年）、日本地震学会（1880 年）、东京药学会（1881 年）、东京植物学会（1881 年）、东京气象学会（1882 年）、人类学会（1884 年）、农学会（1884 年）、东京医学会（1887 年）等学会组织相继建立。18 世纪末期，自然科学等各专业领域专业学会的建立，为日本科研人员提供了广阔的展示科研成果的舞台。

20 世纪初期，直至第一次世界大战前后，日本科研奖励制度和学术的国际交流制度逐步创立。随着大量的国立研究所成立，日本政府对科学技术研究人员加大了研究补助力度，1918 年，日本文部省明确了科学研究奖励金制度。而哲明会（1913 年）、东照宫三百年祭纪念会（1915 年）、原田积善会（1920 年）、齐藤报恩会（1923 年）等民间组织也成为科研奖金的重要来源。与此同时，这一时期日本学术的国际间交流也日益频繁和正式化，1920 年学术研究会议②的创立，成为这一时期日本学术国际化的里程碑事件。

5.1.2　第二次世界大战后日本科技社团的复兴与发展

第二次世界大战期间，日本进入长期的科学封闭状态。1945 年战败后，日本物

① 括号中数字为科技社团成立年份，下同。
② 学术研究会议为日本学术会议的前身，1948 年改组为后者。

资极度贫乏，科学研究陷入了举步维艰的困境，各级研究机构也遭遇瓶颈期。1947年，日本施行新宪法（又被称为“和平宪法”），由天皇制国家变为以天皇为国家象征的议会内阁制国家，开始奉行“重经济、轻军备”路线，特别是在科技研发方面投入了巨大力量，国内经济、科技取得了几十年的高速发展。

在这种局面下，日本政府开始了学术体制的改革。1957年的国际地球观测年等活动为日本科学界重新打开了国际交流与合作的大门，以日本学术会议为代表的研究机构以此为契机向政府提出了针对学术改革的建议。在此背景下，文部省作为推进基础科学发展的责任机构，充分发挥测地学审议会、学术奖励审议会等的作用。于1967年设立学术审议会，完善了学术振兴基本政策的立案审议体制，日本学术振兴会也于1967年成立，各种学术团体也随之重新活跃起来。

2008年日本新公益法人制度颁布之后，日本政府降低了法人注册的门槛，一些过去很难获得法人资格的、规模较小的科技社团，也可以通过简化的申报程序，获得应有的法律地位，从而在获得社会信誉、享受优惠的税收政策、获得政府资金资助等。政府出台的一系列政策，推动着日本科技社团的发展。

5.1.3 日本科技社团的发展历程

根据检索，日本学术会议所属的日本科技社团有1 265个。根据现有数据，其中最早成立的科技社团是1878年成立的公益社团法人日本化学学会，最新的社团是2016年成立的一般社团法人——日本口腔康复学会，同时，缺少成立的时间的社团有4家①。因此，本报告对1 261家社团进行了统计。

根据日本政治、经济发展情况，日本历史可以简要划分为以下几个阶段②：1867—1930年，日本明治维新运动开始，迈向了现代化的进程；1931—1945年，日本军国主义开始登上历史舞台，直到1945年第二次世界大战结束，日本战败；1946—1955年，战后经济恢复期；1956—1973年，经济高速增长阶段；1974—1990年，经济低速增长阶段；1991年至今，经济长期停滞阶段。本书按照以上历史阶段划分，对社团成立时间进行了统计，如图5-1所示。

图5-1列出了日本各经济发展阶段科技社团成立的数量与该阶段的年均社团成立数。由此可以看到，日本科技社团经历了漫长的发展阶段。明治维新时期，日本开始出现科技社团，这一阶段平均每年成立1.4家；第二次世界大战期间，总共成

① 缺少成立时间的分别是：日本颚口腔机能学会、家畜传染病学会、日本面部学会、一般社团法人日本工作治疗师协会。

② 祝曙光. 我们需要什么样的日本经济史著作——读杨栋梁著《日本近现代经济史》[J]. 社会科学战线，2011（11）：277-278.

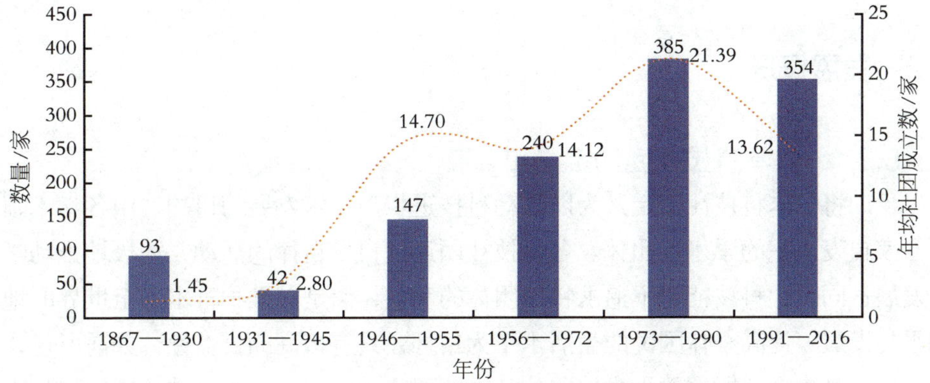

图 5-1　日本科技社团成立时间按照经济发展阶段分布图

立 42 家，年均新增 2.8 家；战后经济恢复期，共成立 147 家科技社团，年均成立 14.7 家，而到了高速发展的黄金 10 年阶段，成立数量更多，达到 240 家，年平均成立 14.12 家；在经济低速增长阶段，日本新成立科技社团数量达到顶峰，为 385 家，年平均新增 21.39 家，而进入经济长期停滞阶段后，日本科技社团年均新增 13.62 家。尽管数量增长略呈下降趋势，但并不意味着日本科技社团的力量下降了。

若以 10 年为周期来考察日本科技社团的发展，则具体如图 5-2 所示。图中，1878—1947 年，日本科技社团每年成立数量呈现缓慢增长态势；1948—1957 年呈现高速增长的态势；1958—1967 年略微下降；随后的 1978—1997 年的 20 年间，增长速度较快；1998—2016 年呈现下降趋势。因此，整体上日本科技社团增长情况呈现出倒 U 型的特点。

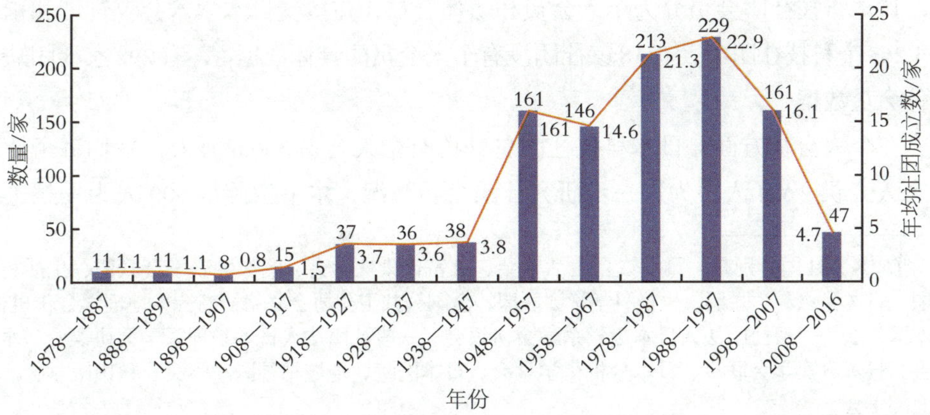

图 5-2　日本科技社团成立时间以 10 年为周期分布

5.2 发展概况

5.2.1 日本科技社团的定义和规模

我们将日本科技社团定义为以推动科技进步与学术发展为目的，由各学术领域的专家自发组织的学术性团体。各科技社团通过自发自律的活动，积极地推动学术的发展；同时，科技社团不追求特殊团体的利益，而是以维护日本乃至世界的地域和平与发展、提高全体国民的生活水平为目标，具有极高的公益性。如前所述，本书以日本学术会议所属的学术性团体为主要研究对象，对日本科技社团的现状进行研究。

日本学术会议会章第 36 条第 1 项规定，要成为日本学术会议协力学术研究团体或学术研究团体联合，须遵守以下原则：

（1）以提高学术研究水平为目的，并积极致力于学术水平提高的各类学术研究团体；

（2）研究人员自发成立的组织，由研究人员自主运营；

（3）学术研究团体，成员人数在 100 人以上；

（4）学术研究联合团体，须包含三个以上的学术研究团体。如果含有未在日本学术会议注册的学术研究团体，该学术研究团体也必须满足上述的（1）（2）条所包含的内容。

目前，日本学术会议下属的社团共 2 025 个，符合科技社团定义的学术性社团的有 1 265 个，分布在理工农医等学科领域，大部分为国家级学会。

5.2.2 会员规模、联合程度及学科分布

日本科技社团会员分为个人会员和团体会员，在接受日本学术会议管理和指导的 1 265 个科技社团中，有 18 家社团没有个人会员的具体数据①，有 292 家社团缺少团体会员数据②。

在个人会员方面，日本科技社团总计约有个人会员 330.6 万人，平均每个社团有个人会员 2 684 人。为进一步研究社团会员情况，本书按照每 500 人为一档进行

① 18 家社团分别是：日本饮食生活学会、家畜传染病学会、图像关联学会联盟、生活科学联盟、日本昆虫科学联盟、生物科学学会联盟、全国公共卫生协会联络协商会、地理学合作机构、日本医学会、一般社团法人日本齿学系学会协议会、一般社团法人日本护理系学会协议会、水泥协会、日本分类学会联合、日本分析化学学会、日本医院、地域精神医学学会、秋田医学会、日本面部学会。

② 在现有数据中，有 292 家社团在团体会员数量上空缺，这并不能说明该社团没有团体会员，或者团体会员为 0，因此，将该部分删除。

了分类汇总，如图 5-3 所示。其中，个人会员在 500 人以内的社团有 476 个，数量最多；个人会员在 500 人以上 1 000 人以内的社团有 257 个。而随着个人会员数量级的上升，与之对应的社团的数量也在减少。

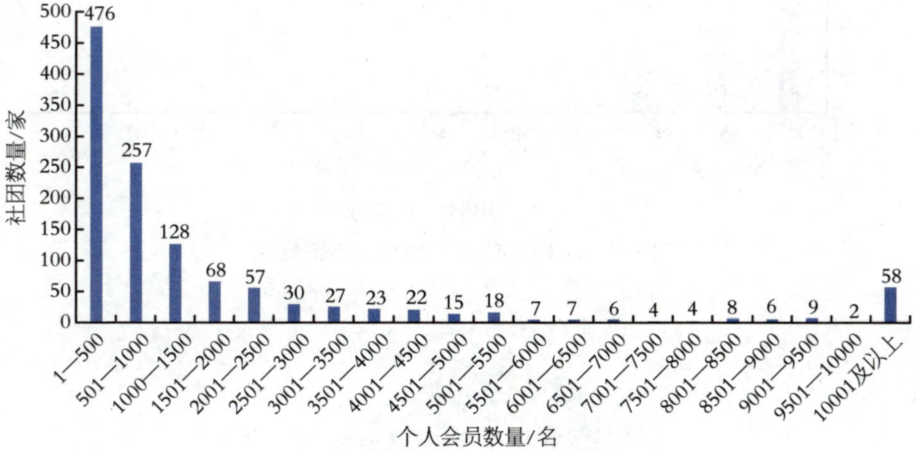

图 5-3　日本科技社团个人会员分布图

在团体会员方面，如图5-4所示，团体会员最少的为1个①，最多的是日本透析医学会，有 4 125 家团体会员，日本社团总计有团体会员 80 677 个，平均每个社团有团体会员 86.56 个。按每 50 个为一档进行统计，团体会员在 1—50 个的科技社团最多，有 476 家，占比为 48.92%；51—100 有 152 家，占比为 15.62%。因此，大多数日本科技社团团体会员数量集中在 1—100 个。

根据组织联合程度分类，日本科技社团可以分为单独性社团和联合性社团，其中，单独性社团有 1 142 家，占比为 99.68%，联合性社团仅有 13 家，占比为 1.03%，具体如图 5-5 所示。

① 有 31 家科技社团团体会员为 1 家，分别是：数理社会学会、西谷椰子研究学会、日本面部神经学会、日本咬牙学会、日本景观生态学、日本消费经济学会、(DV) -Xα 研究协会、比较文明学会、综合人类学会、人体科学学会、日本康复网络研究会、硬组织再生生物学会、日本生产管理学会、形之科学学会、日本神经式网络学会、日本非营利组织（NPO）学会、区域渔业学会、日本人类关爱心理学协会、一般社团法人日本矫正牙科协会、法律和精神医疗学会、一般社团法人日本卫生学会、澳大利亚学会、日本头颈癌学会、一般社团法人日本癌症看护学会、艺术科学会、日本海洋人类学会、自然环境复原学会、一般社团法人日本足部外协学会、日本精神保健护理学会、日本兽医临床病理学会、日本地农学会。

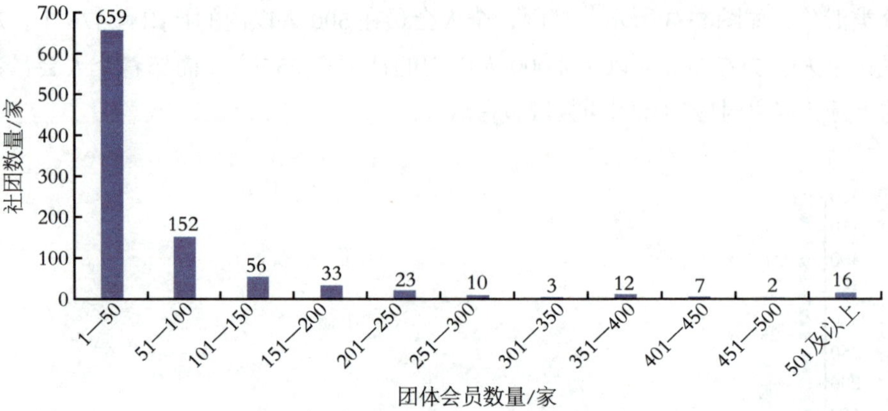

图 5-4　日本科技社团团体会员分布情况图

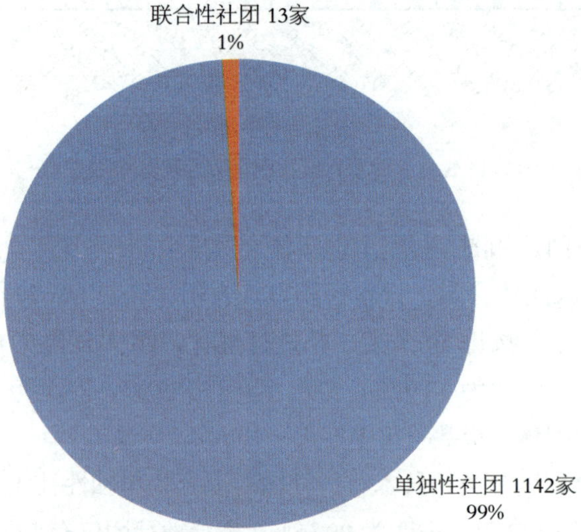

图 5-5　日本科技社团联合性分类统计

共有 309 家科技社团加入了国内的社团联合组织，占比为 24.43%，956 家科技社团没有加入国内社团联合组织，占比为 75.57%，见图 5-6。这说明大多数日本科技社团没有加入国内社团联合组织，这与日本科技社团中单独学会较多的情况大致一致。

根据学科，我们对日本学术会议所属科技社团进行了细化学科领域分类，如表 5-1 所示①。

① 由于很多科技团体的学科领域存在交叉，所以表 5-1 中科技团体的数量总合远远大于日本科技社团的总体数量 1 265 个。

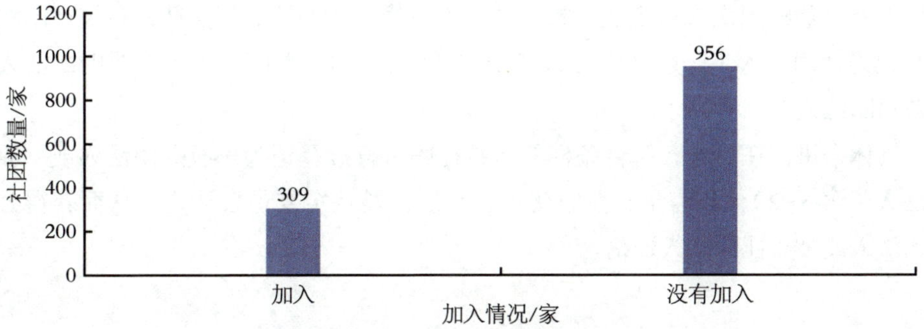

图 5-6　加入国内社团联合组织

表 5-1　日本科技社团分学科领域数量分布（单位：个）

学术领域	科技团体数量	学术领域	科技团体数量
基础生物学	118	情报信息学	115
基础医学	190	电子工学	59
药学	96	数理科学	45
综合生物学	71	化学	105
临床医学	377	土木工程与建筑学	95
农学	230	物理学	55
健康生活科学	252	综合工学	125
食品科学	68	材料工学	78
齿学	112	地球行星科学	77
环境学	163	机械工学	72

5.2.3　日本科技社团的法律形式

《日本国宪法》第 21 条规定："保障集会、结社与言论、出版及其他一切的表现自由。"科技社团也体现了"结社自由和言论自由"两个核心原则，总体上呈现多元化状态。① 根据组织性质分类，日本的科技社团有法人和非法人之分。也就是说，日本科技社团既可以登记为法人，也可以选择不登记，成为"任意团体"。

就登记社团而言，从 2008 年 12 月起，基于《一般社团法人及一般财团法人法》《公益社团法人及公益财团法人认定法》《一般社团法人及一般财团法人法、公益社

① 王天华. 日本的科技政策与科技团体概观［J］. 北京航空航天大学学报（社会科学版），2018，31（5）：37-43.

团法人及公益财团法人认定法等相关法律实施修订法》这 3 部法律，科技社团法人可登记为社团法人（一般社团法人和公益社团法人）、财团法人（一般财团法人和公益财团法人）。

具体来讲，在日本，符合条件的科技社团可直接登记为一般财团法人或一般社团法人（表 5-2），如需享有税收优惠，须经公益认定委员会认定，从而获得公益财团法人或公益社团法人资格。

表 5-2 日本社团法人与财团法人对比[①]

比较对象	社团法人	财团法人
成立的基础	以人为基础	以一定的资产为基础
初始会员	2 名以上	无
注册资产	无	300 万日元以上
人数最低限度	2 名（含一名理事）	7 名（理事 3 名，评议员 3 名，监事 1 名）
评议员	无	3 名以上
决策机构	总会	评议员会
理事会设置的必要性	无	有
业务执行机构	无理事会：理事半数以上或会员全体； 有理事会：理事会	理事会
法人代表	无理事会：全体理事 有理事会：理事会选举出的代表理事	理事会选举出的代表理事
监事	无理事会：可有可无 有理事会：至少一名	至少一名
社团章程的变更	由社团总会决定	没有法院的许可，不得变更社团宗旨、评议员的聘任方式；获得法院的许可后，设立者在评议员会决议的基础上，可进行相关条款的变更
社团的解散	按照社团总会决议可解散；或者依法解散	总资产连续两年不足 300 万日元时依法解散；或其他事由依法解散

① 来源：一般社団法人及び一般財団法人に関する法律 http://elaws.e-gov.go.jp/search/elawsSearch/elaws_search/lsg0500/detail?lawId=418AC0000000048&openerCode=1#AR.

5.3　内部治理概况

5.3.1　日本科技社团的内部组织架构和治理机制

日本科技社团的内部组织架构和治理机制比较完善，又有着日本的特点。日本《民法》规定，科技社团由社员总会作为最高权力机构，理事会是其执行机关。此外，为保证日常业务的有序运营，还要求根据社团章程、捐助章程或社员总会决议设置监事一人或数人。日本科技社团大多数为公益法人，就公益法人性质的科技社团而言，《公益法人设立许可及监督准则》对其理事、监事等机构做出了详细的规定。

第一，公益法人理事的人数应依公益法人的事业规模、事业内容等实际情况而定，其上下限幅度不宜过大；理事任期原则上以两年为准；理事中具有亲属关系、特定的企业关系、同业关系或主管机关出身者不得超过一定比例；不得不当给予常任理事过高报酬或退休金等。

第二，公益法人监事是对公益法人会计、财产、理事业务执行等事项进行监察的重要机关，必须设置一人以上，且不得由理事兼任。该监督准则使监事从《民法》上的“可”设机关成为“必”设机关。

第三，如注册法人性质为公益财团法人，原则上应设置评议员，组成评议员会，负责理事和监事的选举，同时也作为公益财团法人的咨询机构。评议员由理事会选任，原则上不得兼任理事和监事，在不得已的情况下，评议员可以兼任理事，但其比例不可达到评议会实质上可以控制理事会的程度。

《特定非营利活动促进法》也对监事的职权内容做了界定，主要内容包括：“监督理事的业务执行情况；监督特定非营利活动法人的财产状况；当发现特定非营利活动法人的业务或财产存在不正当行为或违法违规等重大事实时，向社员总会及相关主管部门报告；认为有必要时可召集社员总会；针对理事的业务执行情况或特定非营利活动法人的财产状况，向理事陈述意见”等①。此外，为保证监事的独立性和公平性，该法规定监事不可兼任理事或特定非营利活动法人的职员。

在此，我们以日本生物工学会（The Society for Biotechnology Japan）为例来描述日本科技社团的内部组织架构。日本生物工学会是日本生物工学领域规模较大的

①「特定非営利活動促進法」（平成十年法律第七号）、第十八条。http://elaws.e-gov.go.jp/search/elawsSearch/elaws_search/lsg0500/detail?lawId=410AC1000000007#5。

科技社团之一，涉及学科门类有生物信息学、发酵工程学、生化工程学、环境工程学、酵素工程学、细胞工程学与生物医学工程学。其组织架构如图 5-7 所示[①]。

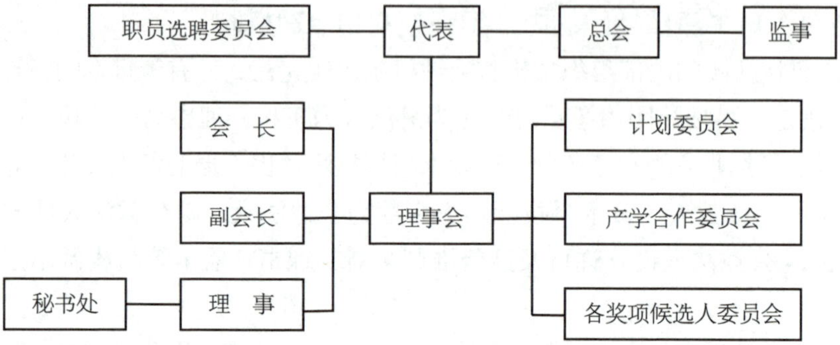

图 5-7　日本生物工学会组织结构图

日本生物工学会设代表若干名，按 1 ∶ 15 的比例在正式会员中选举产生，法人代表的选举办法由理事会议定。总会由学会代表参加，每 3 个月定期召开 1 次。会员代表具有表决权。理事 20—30 人，监事 2 人，顾问 10 人。会长、副会长及业务执行理事由理事会决议，从理事会选出。监事不得由理事兼任。会长、副会长是学会的代表，执行会章规定的相关职责，业务执行理事分管其他业务，每年两次向理事会进行业绩汇报。顾问负责解答会长的疑问，并依照会长的要求在会员总会和理事会上提出相关建议。监事负责监督理事的日常工作，根据法规要求，撰写监察报告，对学会的业务及财政收支进行监督。秘书处设秘书长 1 名，负责会刊发行、网站维护、信息发布、国际交流与合作、财务等日常事务。

5.3.2　社团法人和财团法人在内部管理架构方面的差异

由于日本科技社团存在社团法人和财团法人的组织性质差异，所以，不同的组织在内部管理架构上也有一定的差别。根据对不同性质的科技社团内部管理架构和机制的研究，本书总结得出，社团法人、财团法人和非法人社团在组织结构上有如下几点区别。

5.3.2.1　主要管理职务设置的区别

根据《一般社团法人及一般财团法人法》的要求，社团法人除总会外，至少设置一名业务执行部门理事。根据社团章程，可以设置理事会、监事及会计监察人等机构或职位。如果存在理事会和会计监察人，则必须设置会计检查人一职。

① 来源：日本生物工学会网站（https://www.sbj.or.jp/）。

财团法人要设置评议员、评议员会、理事、理事会及监事等机构或职位。根据财团章程设置会计监察人。

非法人社团的职位设置相对灵活，一般设置总会会长或代表理事（干事）一名，理事（干事）若干名，监事及顾问等职。

5.3.2.2　社员总会与评议会的区别

社团法人由社员总会负责社团的主要事务，包括社团法人章程的制定与修改、社团的解散，以及社团法人的组织、运营、管理等相关事务。社团法人的理事、监事、会计监察人的任免也由社员总会审议决定。

财团法人需要设立由评议员组成的评议员会，通过评议员会决议，产生理事、监事及会计检查人。理事、监事及会计检查人如违反工作纪律，则自动免职。财团法人章程的制定与修改、工作的交接、业务的转让以及签约都需要经由评议员会审议通过。

非法人社团的总会由全体会员组成，会长由会员选举产生，是社团对外的代表。理事由会员选举产生，理事会审议决定社团的日常事务。

5.3.3　日本科技社团的收支情况

日本科技社团的组织管理和运营活动等均受《特定非营利活动促进法》的制约。按照《特定非营利活动促进法》规定，特定非营利性活动法人不得从事为了特定个人、法人或者其他组织的利益的活动，但作为一个机构团体，为保证正常的运转，在不影响非营利性质的前提下可以从事以取得用于特定非营利活动的经费为目的的活动，且收益活动的账目必须与该特定非营利活动法人所从事的特定非营利活动的账目互相独立，并且作为特别账目管理。因此，为更好地发挥社会服务功能，科技社团必须有一定规模的收入。目前，日本官方并没有单独针对科技社团收入的全面统计，但依据非营利组织的总体收入相关情况，我们可以对日本科技社团的收支情况做一定的了解。

一般日本非营利组织的主要资金基本由事业性收入、会费、补助金等构成。据日本内阁府调查，非营利法人收入来源中，70% 来自服务收费等事业性收入，该项收入占比最高的社团达 34.2%；14% 来自政府的补助金，补助金收入占比最高的社团为 11.9%；7% 来自会费收入，会费收入占比最高的社团为 37.0%。[①] 科技社团的收入情况与非营利法人的收入情况在一定程度上类似。

---

① 内閣府:「平成 25 年度特定非営利活動法人に関する実態調査」(平成 25 年 12 月)。https://www.npo-homepage.go.jp/toukei/npojittai-chousa/2013npojittai-chousa。

第一，会费收入。大部分科技社团均设置会员制度，并将交纳会费作为会员的基本义务。会费是科技社团稳定的收入来源之一，而且会费的使用限制较小。社团可以根据活动内容等实际情况自由支配会费的使用，但会费收入规模并不大。

第二，社会捐赠收入。社会捐赠主要由对某一科技社团的理念和活动具有强烈认同感的个人或社会团体提供，且社会捐赠是建立在自愿和信任的基础之上，不以等价回报为目的。资金使用的主导权由科技社团掌握，使用自由度较高。从理论上讲，非营利组织（NPO）的特性决定了科技社团的发展应该主要依赖于民间资金，这样才能更好地抑制其组织营利性活动，并在减少对政府、企业依赖的基础上独立自主地开展活动。但社会捐赠收入容易受经济形势、科技社团的社会声誉等诸因素的影响，具有不固定性。与欧美等国家相比，日本非营利组织获得的社会捐赠偏少（表 5–3），80% 的非营利法人每年所获得的社会捐赠低于 50 万日元。就日本科技社团现状来看，社会捐赠主要集中在知名科技社团中，大多数科技社团缺乏社会捐赠收入来源。

表 5–3　日美社会捐赠额比较①

		日　本		美　国		美国 / 日本
捐赠总额		5 892 亿日元		26 兆 4 770 亿日元		44.9 倍
捐赠分类	企业捐赠	5 092 亿日元	86.4%	1 兆 5 070 亿日元	5.7%	3.0 倍
	个人捐赠	324 亿日元	5.5%	22 兆 1 100 亿日元	83.5%	682 倍
	财团支出	476 亿日元	8.1%	2 兆 8 930 亿日元	10.9%	60.8 倍
平均每人捐赠额度（个人捐赠 / 人口）		249 日元		78 964 日元		317 倍
平均每户捐赠额度（个人捐赠 / 户数）		2 794 日元		174 636 日元		62.5 倍

第三，补助金收入。这部分收入主要由科技社团向政府机构或者民间企业、财团法人等提出申请，经审查批准后即可获得。日本政府的财政预算中，一般都安排有对科技社团的补助金，据统计 2003 年日本财政预算中安排的 NPO 补助总额为 3 000 亿日元。资料显示，目前科技社团的补助金收入占总收入的 8% 左右。

第四，事业性收入。这部分收入主要包括委托业务或其他业务收入。就目前来看，日本科技社团委托业务的主体多为政府行政机构，委托内容多为科技调查、科

① 掛江浩一郎、高橋一則：「NPO によるホ゛ランティア活動の支援方策に関する研究」、『国土交通政策研究』第 41 号、第 5 頁。

技研究业务、公共设施运营管理业务、社会福利相关业务、福利设施运营业务等。由于委托业务的资金数额较大，因此此项来源往往成为科技社团最大的收入，对维持科技社团正常的运营发挥了重要作用。日本科技社团主要收入类型及特性见表 5-4。

表 5-4　日本科技社团的主要收入类型 ①

种　类	资金提供者	连 续 性
委托业务收入	行政等	单发性
补助金收入	行政、企业、财团等	单发性
会费收入	个人、企业	连续性
社会捐赠收入	个人、企业	单发性、连续性
其他业务收入	个人、企业、NPO 等	单发性

以日本地震学会为例，2017 年收入中，会员会费为 2 044.8 万日元，占总收入的 55%，事业收益为 1 269.26 万日元，占总收入的 34%，政府补助金为 223.7 万日元，占总收入的 6%，社会捐赠为 150 万日元，占总收入的 4%，其他收益 12.9 万日元，占收入的 1%。②

5.4　主要业务活动

日本科技社团是日本社会组织的重要组成部分，是国家创新体系的重要力量，近年，随着政府对民间社团法人身份的法制改革，日本科技社团的法人身份和组织管理进一步规范。近年来，日本科技社团作为日本学术振兴政策的重要组成部分，在研究成果的交流、研究方案的制定及推进、各专业领域知识的教育启蒙等方面发挥着重要作用。

基于科技社团的主要工作领域和业务方向，日本的科技类社团组织可划分为大型综合性科技社团、学术研究型科技社团、各领域行业协会、产学研合作型科技社团四大类，不同种类的科技社团，其社会服务功能也有所不同，各有侧重。其中大型综合型科技社团以国家科技振兴与发展为基本定位，承担技术研发、社会调查、

① 来源：掛江浩一郎、高橋一則:「NPO によるホ゛ランティア活動の支援方策に関する研究——環境· 景観保全等を中心としたホ゛ランティア活動の資金調達に関する一考察」、『国土交通政策研究』、2005 年第 41 号、第 4 頁。

② http://www.zisin.jp/org/pdf/yosan_H29.pdf.

人才培养、科普教育等不同社会职能，同时作为政府与产业界、科研机构、协会学会、教育机构的联络枢纽，组织开展与科学技术发展相关的活动；学术研究型社团的主要社会职能包括召开学术研讨会、交流会、出版学术专刊、人才培养、科技奖励、学术道德规范等；各领域行业协会的科技服务职能主要体现在行业领域技术现状调研、技术开发、技术创新与融合、行业技术标准的制定等方面；产学研合作型科技社团的主要职能是通过产学官合作实现加速技术创新和推动产业发展。具体来讲，日本科技社团的主要工作如下。

5.4.1 促进科技交流

科技社团作为学术团体，承担着促进科技发展的重任，它既是推动科技发展的参与者，同时也要积极为学术交流搭建平台，是促进学术发展的组织者和评价者。日本科技社团促进科技交流的主要做法为：①组织同行专家对科技工作者的科研成果进行评审，以确定其是否具有推广或者转化的价值，这也是促进科技创新的手段之一。②定期召集学术会议，为不同机构甚至不同国家的科技工作者搭建学术交流平台。③出版学术期刊或会议论文集。④定期开展评奖活动，将同行专家判定为有价值的成果向国内外宣传和推广。这四个方面的内容互相相辅相成，互为支撑，对促进日本“科技立国”理念的形成和实施具有重要意义。

5.4.2 推进科普

随着经济发展、科技进步以及国民素养的不断提升，科普的概念、内涵和形式都发生了变化，不再是单纯的普及科学知识，更多的是增进国民对科学技术的理解，重视科学技术、社会与人类相互关系的研究。鉴于此，日本科技团体把科普工作作为服务社会的重要举措之一。由于科普受众的认知水平不同，通过学术性期刊、学术会议、论坛以及网络等渠道宣传最新科技成果，其受众面狭窄，普及效果也会大打折扣。因此，日本的一些科技团体往往联合一些民间机构或地方团体，开展市民公开讲座、面向青少年的科技活动周、送科普进课堂、进社区等活动，用简易的语言、直观的形式对一些高端科技成果进行解读。

如日本医学会每年的医学总会上，除业内专业人士间的研究成果发表、交流之外，还通过公开的学术集会、演讲会、市民公开讲座等方式向一般民众公开最新医学研究成果，普及医疗知识。日本物理学会把面向社会开展教育活动作为学会的重要职责，通过举办市民科学讲座、以高中生为对象的科学讨论课和公开讲座、以小学生为对象的快乐理科实验室等提升兴趣的活动，向学生和市民浅显易懂地教授物理学知识。

5.4.3 推进科技创新

一直以来，日本政府非常重视发挥科技类社团组织在推动产业技术创新发展中的作用，因此很多科技社团的成立、发展与转型都和技术创新、产业发展密切相关。产业技术中心、产业振兴机构等都是具有产学官合作性质的科技社团，从技术研发到产业应用的各个环节，通过灵活多样的方式开展科技服务活动，在推动区域技术创新和产业发展中起重要作用。[①]科技社团参与产业技术创新的主要方式是搭建产学官学术交流平台，通过定期技术交流会、论坛、展览等形式，聚集产业界、科技界和行政部门开展跨机构、跨领域的高水平学术交流，以推动本行业领域的技术发展。除此之外，以项目的形式为技术研发机构与企业之间在合作研发、技术成果转移转化、知识产权管理方面提供对接服务。

以科学技术振兴机构（JST）为例，在其组织原则上明确规定使命为“振兴科学技术、创造新的价值、造福国民生活”，主要业务包括通过创造性研究开发实现科技创新、通过虚拟网络型研究经营实现成果最大化、夯实国家科技基础，加速科技创新等。如开展再生医疗基地网络项目，在世界上率先利用 iPS 细胞开展再生医疗研究，并加速推进临床应用；开展大规模研发活动，积极支持大学、科研机构的研究成果转化，以降低研发风险；开展一系列创新中心项目（COI），产学研共同参与，打破传统领域和机构之间的壁垒，打通基础研究到应用推广的通道；遴选一批具有潜力的基础研究成果，实施技术孵化，最终将其打造成为可转化的成果；加强科技创新人才培育，从全国各地遴选一批具有培养潜力的中学生，对其进行科技素养教育，培养其科技思维、研究兴趣。此外，该机构还充分发挥其在调查、分析和咨询的优势，收集海外相关科技领域的进展、成果、动向，为文部科学省等政府机构提供研发战略决策咨询和调查工作。

5.4.4　积极推进国际化

从加入国际学术共同体和举办国际学术会议情况来看（图 5-8，图 5-9），日本科技社团当前的国际化程度与美国、欧洲部分国家相比，并不是很高。但日本国内已经对科技全球化发展有了深刻的认识，在 2011 年日本公布的第四期科学技术基本计划中，明确提出了世界各国相互协调、开展国际合作的建议，“日本作为科学技术先进的国家，在解决这些问题的同时，应该率先将经验与成果为世界所共享”[②]。在此规划的指导下，各科技社团亦纷纷制定国际战略，开始加速国际化进程，主要措施如下。

---

① 李荣，孙艳艳：“日本科技社团推动产业技术创新发展经验与启示”，《社会管理工作研究》2015 年第 7 期，第 45-45 页。

② “科学技術基本計画”（2011 年 8 月 19 日内阁会议通过），http://www8.cao.go.jp/cstp/kihonkeikaku/4honbun.pdf。

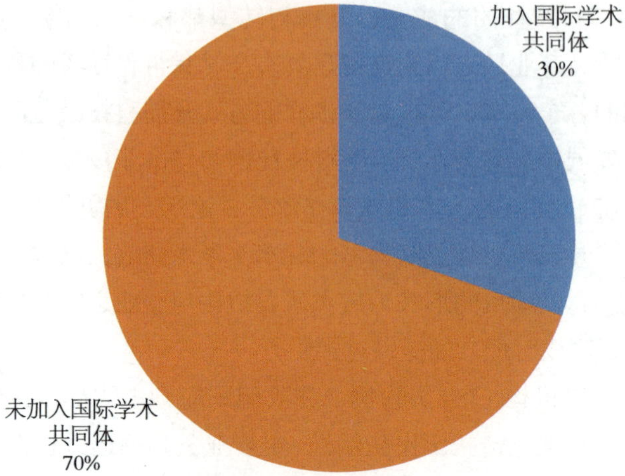

图 5-8　日本科技社团加入国际学术共同体情况①

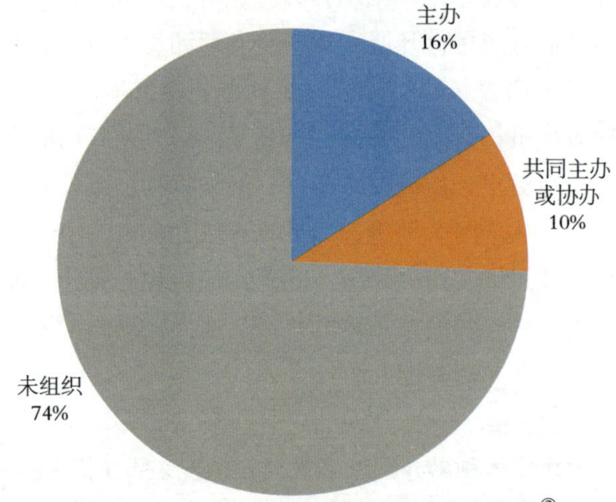

图 5-9　日本科技社团举办国际学术会议情况②

第一，推进国际间共同研究。随着全球化进程的不断深入发展，人类社会共同面临的环境、能源、食品、传染病等全球性问题，单凭一国之力是无法解决的，因此各科技团体积极推进和参与国际共同研究。一是保持传统的国际技术支援体制，对一些技术相对落后地区或日本科技占据优势的地区实施技术输出，如亚洲地区特别是东南亚地区很多国家都采用了日本的能源环境、饮用水、防灾减灾等技术，日本在这些方面加强了同这些国家和地区科技团体的合作，设立对口援助基金，开展

① 数据来源：日本学术会议网站（http://www.scj.go.jp/）。

② 数据来源：日本学术会议网站（http://www.scj.go.jp/）。

共同研发活动，以此加强日本科技团体在国际社会的话语权，努力推进日本技术、标准、规格的国际标准化进程。二是密切关注国际科技发展动向，积极寻找并对接亚非等国家的科技需求，在人才培养、研究体制、研究经费等方面给予支持。三是与科学技术高度发达的国家和地区开展合作，在各领域不断完善国际研究的合作机制，充分学习和吸收国际上优秀的研究资源，特别是积极参与国际性的大型科研项目，努力推进尖端科技方面的国际合作，从而强化日本在尖端科技领域的研发能力。此外，还积极推进与联合国以及 G8、APEC、ASEAN+3、东亚首脑会谈（EAS）等国际组织或机构之间的合作。如日本土木学会自 1988 年与加拿大土木工程学会（CSCE）缔结合作关系以来，分别与美国、英国、中国等 31 个国家和地区的土木工程学会建立了国际合作关系。

第二，促进研究人员的国际交流，为日本科技走向国家化提供人才支撑。人员的国际交流也是双向的。一是吸引海外优秀科技人才，为其提供优厚待遇，不断完善其工作环境，让其直接参与项目研发、科学研究、科技创新等。二是积极向海外特别是尖端科技发达的国家和地区派遣科技人员，并且创造条件让这些具有发展潜力的人员在国际舞台上发声，与国际最优秀的科研人员开展对话，以促进日本尖端科技的发展和创新。

第三，不断充实国际合作机构，为促进日本科技发展提供组织保障。一是积极拓展海外分支机构，负责收集海外科技发展、学术研究的相关前沿信息，同时加强与当地研究人员、科研机构的沟通和交流。日本土木学会在中国台湾、韩国、英国、土耳其等国家或地区设立了 9 家分会，日本学术振兴会则在 9 个国家设立了 10 家海外联络机构，主要负责学术会议的召集、研究人员的招募、共同研究项目的设立和推进等。二是积极参与国际组织和机构，向这些机构派驻代表，以扩大日本科技的影响力。如日本医疗研究开发机构（AMED）加入了国际科学理事会等 45 家国际学术团体，除积极参与这些机构的日常工作外，还与这些机构共同举办重要的国际会议。①

第四，与国内大学合作，共同完善有利于推进国际合作的教育环境。早在 1986 年，日本政府便制定了《研究交流促进法》，规定科技社团可以聘用外国人为研究人员，并针对公立大学实施了《任用外籍教员特别措置法》，进一步完善外籍教员制度。进入 21 世纪后，日本科技界认识到要促进科技人员的学术活动走向国际化，就必须在大学等教育机构优化研究教育环境，走全球化和国际化的人才培养路径。基于此，一些学术团体与大学密切合作，一方面利用大学的教育资源，与国外科技

① http://www.cao.go.jp/yosan/juten/juten30/juten30-4.pdf。

机构开展人员交流、共同研究，另一方面则积极推动和支持与海外大学之间签订交流协议，设立基金为科研人员留学和接收提供经费支持。

5.5 管理体制

5.5.1 科技社团的成立和登记

在日本，科技社团主要登记为从事非营利活动的公益法人，因此，本书关于政府对科技社团的监管主要从公益法人的角度来进行探讨。在1998年公益法人制度改革之前，按照日本旧《民法》规定，公益法人必须在其章程中明示其目的及事业范围，依各法人目的及事业范围不同，分别由主管该事业范围有关事务的机构为该公益法人的主管机关，且经主管机关许可，方可成为法人。

1998年日本公益法人制度改革后，根据1998年颁布的《特定非营利活动促进法》，“特定非营利活动法人由该法人的主事务所在地的都、道、府、县知事作为政府主管机关”①。

依照现行的社会组织管理体系，科技社团的设立采取准则主义，废除主管机关许可制度，科技社团应向其主要事务所所在地相关机关部门提交登记申请，首先登记成为一般法人。除登记申请书外，所提交的材料还包括：

（1）法人章程；

（2）设立时推选代表理事的，需提供相关文件；

（3）设立时理事、监事及代表理事的承诺任职证明文件；

（4）选任会计审计人的，需提供相关文件，包括：①承诺任职证明文件；②设立时会计审计人为法人时，须提供该法人登记事项证明书；③设立时会计审计人不是法人时，须提供其为公认会计师证明文件。②

此外，登记事项中要求设立时社员必须全员同意或某些社员意见必须一致的，提供其全员同意或意见一致的证明文件。

5.5.2 科技社团的公益认定

在公益性认定方面，日本科技社团在依法登记成为一般法人后，若想获得公益法人资格，则须向政府行政机构申请“认定”，经过审查合格后方可获得。按照

①「特定非営利活動促進法」（平成十年法律第七号）、第九条。http://elaws.e-gov.go.jp/search/elawsSearch/elaws_search/lsg0500/detail?lawId=410AC1000000007#5。

②“一般社団法人及び一般財団法人に関する法律”（平成十八年法律第四十八号）第318条，http://elaws.e-gov.go.jp/search/elawsSearch/elaws_search/lsg0500/detail?openerCode=1&lawId=418AC0000000048_20150801_000000000000000#1739。

《公益社团法人及公益财团法人的认定》等相关法律规定，“从事公益事业的一般社团法人和一般财团法人必须接受行政部门的认定”[1]，但对公益性认定的实施主体是由民间人士组成 7 人专家组来实施。在国家层级，在内阁设立公益性认定委员会，其成员分别获得上议院和下议院认可后，由内阁总理大臣任命。在地方层级，都、道、府、县的政府机构中也同样设置该认定委员会，其性质属于都、道、府、县的合议制行政机关，委员会成员由都、道、府、县的知事任命。按照《公益社团法人及公益财团法人的认定等相关法律》规定，内阁或地方政府选任“公益性认定委员会”委员时，必须从具有高尚的品德，能对认定事项做出公正判断的，并且具有法律、经济或具有公益法人相关知识背景的民间有识之士中选任。

公益法人认定的准则也比较明确，共有 18 条[2]，概括起来主要包括以下几点。

---

① “公益社団法人及び公益財団法人の認定等に関する法律”（平成十八年法律第四十九号）第 4 条，http://elaws.e-gov.go.jp/search/elawsSearch/elaws_search/lsg0500/detail?openerCode=1&lawId=418AC0000000049_20160401_426AC0000000069#17。

② “日本公益法人认定标准” 18 条：第 1 条 以实施公益目的事业为主要目的。第 2 条 具备实施公益目的事业所需会计基础和技术能力。第 3 条 在事业实施过程中，禁止向会员、评议员、理事、监事、职员以及政令规定的其他相关利害人提供特殊利益。第 4 条 禁止在事业实施过程中向股份制公司等营利企业以及政令规定的以谋求特定个人或特定团体之利益为宗旨的组织提供捐赠及其他特殊利益。不过，为了更好地实施公益目的事业，允许法人向其他公益法人提供捐赠及其他利益。第 5 条 禁止从事投机性交易、高息融资以及由政令规定的有可能损害公益法人社会信誉或公序良俗的事业。第 6 条预 计在公益目的事业实施过程中，通过该事业所获得的收入不超过实施该事业所需合理费用总额。第 7 条 实施公益目的事业之外的事业（简称“收益事业等”）不会影响公益目的事业的顺利实施。第 8 条 预计公益认定法第 15 款所规定的公益目的事业在法人所有事业中所占比率超过 50%。第 9 条 在事业实施过程中，预计公益认定法第 16 款第 2 项所规定的闲置资产总额不超过同款第 1 项所规定的限额。第 10 条 每名理事及其配偶以及三亲等以内的亲属（包括政令规定的与该理事存在特殊关系的相关人员）所担任的理事人数不超过理事总人数的 1/3。监事与此相同。第 11 条 其他同一团体（政令规定的公益法人及其他相似团体除外）的理事或职员以及政令规定的与该团体存在密切关系的相关人员所担任的理事人数不超过理事总人数的 1/3。监事与此相同。第 12 条 损益计算表所列收益总额超过 1 000 亿日元，或者损益计算表所列费用额度和损失额度的总和超过 1 000 亿日元，抑或借贷对照表所列负债总额超过 50 亿日元的一般法人必须设置会计监查人。第 13 条 根据内阁府令，同时参考民间企业高管和普通职员的工资水平，并充分考虑本法人的经营状况及其他情况，制定合理的工资支付标准，以确保报酬等不至于过高。第 14 条 一般社团法人还须满足以下条件：1. 禁止设置有关会员资格的取得和丧失的歧视性规定及其他不合理的规定；2. 禁止设置有关会员决议权的歧视性规定及其他不合理的规定；3. 须设置理事会。第 15 条 禁止持有能够左右其他团体决策的股份或内阁府令规定的其他财产。第 16 条 关于实施公益目的事业所不可或缺的特定财产的使用途径、维护以及处置限制等必要事项，必须通过章程加以规定。第 17 条 必须在章程中做出如下规定：在公益认定资格被撤销或因合并而导致法人消亡的情形下，应在 1 个月内将剩余公益资产捐赠给组织宗旨相近的公益法人、中央政府、地方政府或其他法人。第 18 条 必须在章程中做出如下规定：将清算后的剩余资产捐赠给组织宗旨相近的公益法人、中央政府、地方政府或其他法人。

第一，在法人的目的及事业方面，应主要从事公益事业①；拥有必要的经济基础和技术能力；不进行投机性交易活动和高利润融资业务；公益性事业收入主要用来开展公益性活动等。

第二，在社会团体的财务方面，以公益为目的的经营费用占法人总体经费的比率在 50% 以上，且闲置资产数额不能过高。

第三，在社会团体构成方面，同一家人及同一团体的相关人员不可超过理事或监事的 1/3；理事、监事所不能获取不当的高额报酬；必须设置理事会，理事人数须在 3 人以上。

第四，在社会团体拥有的财产方面，不可持有其他团体的股票及其他财产；须制定条款以保证资金用于公益事业；当丧失法人资格或社会团体解散、合并、清算时，须保证以公益目的获得的资金必须转移至从事公益活动的法人。

此外，如果存在以下情形，则排除申请人的公益性：①业务活动由暴力团体支配或领导层有暴力团体成员参与的；②滞纳处分结束后未满 3 年的；③公益性认定被撤销后未满 5 年的。

将公益性质的认定交由专门机构依法定标准进行统一认定这一举措，有效消除了因原来主管行政机关各自为政而出现不同公益性认定标准的情况，也使得行政机关和公益法人以"公益"之名行"官益"之实的现象得以抑制，从而在大大削弱了行政机关对于公益法人的控制的同时，也使得现行公益法人制度变得更加透明和公开②。

① 按照《公益社团法人及公益财团法人的认定等相关法律》的相关规定，"公益事业"包括：1. 以振兴学术及科学技术为目的的事业；2. 以振兴文化及艺术为目的的事业；3. 以援助残疾人、贫困人群以及事故、灾害、犯罪受害者为目的的事业；4. 以增进高龄者福祉为目的的事业；5. 以向有工作意向人员提供就业支援为目的的事业；6. 以提高公共卫生为目的的事业；7. 以培养儿童和青少年健康发展为目的的事业；8. 以提高劳动者福祉为目的的事业；9. 以通过教育、体育等促进国民身心健康、提高国民素质为目的的事业；10. 以防止犯罪或维持治安为目的的事业；11. 以防止事故或灾害发生为目的的事业；12. 以防止和消除人种、性别及其他事由引起的歧视和偏见为目的的事业；13. 以尊重和拥护思想自由、宗教自由、言论自由为目的的事业；14. 以推进男女共同参与型社会的形成及其他良好社会风气的形成为目的的事业；15. 以促进国际相互理解及对发展中海外地区实施经济援助为目的的事业；16. 以保护地球环境和保护、完善自然环境为目的的事业；17. 以国土利用、整备和保护为目的的事业；18. 以有助于确保国家政治健康发展为目的的事业；19. 以促进地域社会健康发展为目的的事业；20. 要确保和促进公正自由的经济活动，以促进国民生活稳定增长为目的的事业；21. 以确保国民生活中不可缺少的物资、能源等稳定供给为目的的事业；22. 以拥护和促进普通消费者利益为目的的事业；23. 除上述内容外，由相关政令确定的其他公益相关事业。

② 俞祖成. 日本公益法人认定制度及启示［J］. 清华大学学报（哲学社会科学版），2017，32（06）：160-169.

但我们应该看到，新的公益法人认定原则关注的并非申请法人是否已积累开展公益活动所需的经验和技能，而是着眼于申请法人今后是否有能力根据事先制定的组织愿景实施基于组织宗旨的公益事业。为此，公益认定标准需要解决的核心问题是“如何判定申请法人是否具有公益性”以及“如何确保获得公益认定的法人能够持续维持其公益性”。

5.5.3　政府主管机关对科技社团的业务监管

根据日本《特定非营利活动促进法》，特定非营利活动法人由该法人的主事务所在地的都、道、府、县知事作为政府主管机关，作为包括科技社团在内的公益法人的主管部门，政府主管机关对其业务活动进行主要监管。

首先，作为常规监管，科技社团须每年一次向政府主管机关提交事业报告书、负责人员名册和章程等文件[①]。其次，主管部门认为科技社团有违规行为时，“可以要求该特定非营利活动法人就业务活动状况或者财产状况提交报告，也可以派遣政府主管机关的官员进入该特定非营利活动法人的事务所或者设施，并检查其业务活动状况、财产状况或者账簿、文件和其他资料”[②]。政府主管机关还可以依据该法，针对具体情况对科技社团做出改进的命令或撤销其设立认证。此外，当发生组织变更、章程修订、资产清算、合并重组等事项时，科技社团也必须向政府主管机关报备。

按照《特定非营利活动促进法》规定，特定非营利性活动法人不得从事为了特定个人、法人或者其他组织的利益的活动。公益法人最大的特性就是“公益性”，这也是认定标准中最核心的内容。为确保公益活动所需财源，公益法人可以进行营利性活动。由于营利性活动属于公益法人的辅助事业，为避免商业经营活动规模过大妨碍公益法人宗旨的实现，并导致与一般营利性法人的不公平竞争，日本除对公益法人的营利性活动征收所得税外，还对其规模、内容、盈余之用途进行了一定的规制和监管。

一是公益法人的业务应与该法人设立目的相符，且必须在法人章程上有明确体现。其营利行为应明显区别于营利性团体，当其业务内容的营利性过于明显或与营利性企业构成商业竞争时，公益法人在业务运行过程中必须采取一定措施，降低收益，提升不特定多数的受益对象的比例，并增加新的公益事业，否则必须变更为营利法人。主管机关对公益法人的上述改进措施实施监督，3 年内一旦被认定为整改

---

①《特定非营利活动促进法》第 29 条。

②《特定非营利活动促进法》第 41 条。

不到位，则可能面临解散等行政处分。

二是公益法人的营利性业务必须满足以下条件：在规模上，营利活动的规模应限制在保证公益事业正常运行的范围内，不应超过公益活动的限制比例，即营利活动所得利润不应超过总收入的一半；在业务内容方面，公益法人所从事的营利活动不能有损于其社会信誉；在收益使用方面，营利活动中获得的超过正常活动管理费用的收入必须用于公益活动，即用于公益事业的费用应超过总收入的一半。①

《特定非营利活动促进法》对特定非营利活动法人的营利性活动也做出了规定。该法规定，特定非营利活动法人可以从事以取得用于特定非营利活动的经费为目的的活动，但是该收益活动不得影响非营利活动的进行，收益活动的账目必须与该特定非营利活动法人所从事的特定非营利活动的账目互相独立，并且作为特别账目管理，且需要接受行政主管部门的监管。此外，该法还规定在每个会计年度开始前要向主管部门提交事业计划、收支预算等文件，在会计年度结束后 3 个月内向主管部门提交事业报告书。

5.5.4 科技社团的财税制度

除业务监管外，日本政府对科技社团的有效监管主要体现在对公益法人的财务和税收约束方面。

5.5.4.1 财务制度

为确保公益事业活动能够顺利实施，更好地履行公益法人的职责，公益法人必须具有稳定的财政基础，因此也必须拥有完善的财务会计制度。日本科技社团的财会制度原则上应遵从公益法人会计准则。公益法人会计准则于 1977 年 3 月 4 日经公益法人监督事务联络协议会审议通过，1985 年经公益法人指导监督联络会议修订实施，2004 年 10 月又经公益法人指导监督相关省厅联络会议审议进行了全面修订，于 2006 年 4 月 1 日起正式实施。其基本指导思想有三方面：一是尽可能引进企业会计的做法，公开财务信息、对经营效率做出明确易懂的表达；二是在会计账目中明确显示符合捐赠人、会员等资金提供者意志的活动年运营状况，明确受委托责任；三是尊重自我约束的运营，简化对外财务报表。② 此外，社团财务还要符合以下要求。

①公益法人长期借贷时，应指定切实可行的还贷计划，同时应明确反映在收支预算表内，并获得理事会及总会的许可，同时需向主管部门报备。②管理费在总支

① “公益法人の設立許可及び指導監督基準”，http://www.pref.niigata.lg.jp/HTML_Simple/690/702/shidoukantokuoyobiitakukijun.pdf。

② 王名，等:《日本非营利组织》，北京大学出版社，2007 年，第 93 页。

出额中所占比例不可过大，应控制在一半以下。③应严格控制劳务费在管理费中所占比例。④除财团法人基本财产、开展公益使用所需基金、法人运营所必不可少的固定资产等，公益法人可预留一部分财产，以确保公益事业的持续健康发展。

此外，原则上公益法人不可持有股票，但以下情况除外：①为保证公益事业持续发展而进行事业性投资时可购买股票，但必须通过公开市场购买；②当捐赠人捐赠股票作为财团法人基本财产时，可持有股票。[①] 所持有股票不可超过该营利企业全部股票的一半，且所持有股票超过全部股票的 20% 以上时，应在每个事业年度报告书中填报该营利企业的概况。

5.5.4.2　税收制度

作为公益法人的科技社团，所对应的税收主要包括国税中的法人税和消费税、地税中的住民税。

1. 法人税

1965 年，日本颁布《法人税法》，该法第 4 条规定日本国内法人“有根据该法缴纳法人税的义务”[②]。作为公益法人的日本科技社团，也有纳税义务，但在法人税征收方面日本科技社团对应的是“收益事业课税原则”，享受一定的税收优惠政策。具体来说，公益法人原则上是非课税的，仅对列入法人税法施行令第五条的 34 种收益性行业[③]课税，且在很长一段时间内其税率低于营利法人收益事业的税率。为支持日本关东大地震的灾后重建，日本政府于 2011 年 12 月 2 日公布“复兴特别法人税”，规定自 2012 年 4 月 1 日至 2015 年 3 月 31 日三年时间内面向日本国内全体法人征收复兴特别法人税，以确保灾后重建的财政来源，在此背景下公益法人的法人税上调至 25.5%，其中 800 万日元以下部分的税率为 15%[④]。2017 年 4 月 1 日日

---

①“公益法人の設立許可及び指導監督基準”，http://www.pref.niigata.lg.jp/HTML_Simple/690/702/shidoukantokuoyobiitakukijun.pdf。

②“法人税法”（昭和四十年法律第三十四号），http://elaws.e-gov.go.jp/search/elawsSearch/elaws_search/lsg0500/detail?lawId=340AC0000000034&openerCode=1#95。

③《法人税法施行令》第五条规定的 34 种行业为：物品销售业、不动产销售业、金钱借贷业、物品出租业、不动产出租业、制造业、通信业、运输业、仓储业、承包业、印刷业、出版业、照相业、会场出租业、旅馆业、餐饮业及其他饮食业、中介业、代理业、经纪业、批发业、矿业、土石开采业、洗浴业、理发业、美容业、演出业、游戏场业、旅游业、医疗保健业、技艺传授业、停车场业、信用保证业、无形财产提供业、劳动者派遣业。参见《法人税法施行令》（昭和四十年政令第九十七号）。http://elaws.e-gov.go.jp/search/elawsSearch/elaws_search/lsg0500/detail?lawId=340CO0000000097&openerCode=1#1096。

④“公益法人·一般法人の税制”，参考公益财团法人公益法人协会官网：http://www.kohokyo.or.jp/sector/taxation01.html。

本政府又对税制进行了修订，规定自2018年4月1日以后，日本法人的税率调整为19%，低于普通法人所缴纳的23.2%的税率标准①。此外，即使是收益事业，若其视野内容被政府认定为公益事业，也在免税范围内，这是公益法人在税收方面的最大特征。如有利于促进学术交流的出版业、有利于促进文化、体育、社会福利发展的承包业、紧急医疗、健康指导等相关的医疗保健业等以公益为宗旨的事业均属于非课税范围。

与此同时，若公益法人从其收益事业收入中拿出一部分用于公益事业的支出，这部分支出视为从该公益法人的收益事业部门向非收益事业部门的捐赠，这在法律上称为“视同捐赠制度”，按照日本税法，视同捐赠部分也在免税范围内。当然，视同捐赠部分有比例限制，在旧法人法时代，最多可将收入总金额的20%转入捐赠。但按照最新修订的《法人税法施行令》规定，公益法人用于“视同捐赠制度”的金额最多为“该事业年度收入金额的50%”②。

2. 捐赠税

社会捐赠是公益法人特有的收入来源，据日本内阁府公益法人行政担当办公室统计，2013年度日本全国5 484家公益法人获得的捐赠收入总额为2 157亿日元，仅相当于当年度日本全国捐赠总额的15%，③且有超过半数的公益法人没有捐赠收入。为鼓励社会捐赠风气的形成，促进公益法人事业的发展，日本在税法上设置捐赠税优惠政策，对向公益法人捐款的法人或个人提供一定程度的减税待遇。

当向公益组织提供捐赠的主体为个人时，其税收缴纳基数为全年收入总额减掉当年捐赠总额，再扣除2 000日元，即所缴纳税收为：(全年总收入－全年捐赠额－2 000)×税率。但计入税收的全年捐赠额不能超过当年总收入的40%。此外，如果受捐赠的公益法人获得主管部门下发的税额扣除证明，捐赠人不但可选择享受上述优惠政策，还可选择从当年应缴纳的税额中扣除当年捐赠总额减掉2 000日元后的40%，即所缴纳税收为：应缴纳税额－(全年捐赠额－2 000)×40%，而当年捐赠总额减掉2 000日元后的40%这部分不能超过当年收入所得税的25%，即上述两种优惠政策可任选其一。此外，当个人将继承财产向公益法人进行捐赠时，其捐

① “法人税の税率”，参考日本国税厅网站：https://www.nta.go.jp/taxes/shiraberu/taxanswer/hojin/5759.htm。

②《法人税法施行令》(昭和四十年政令第九十七号)，第73条第3款。http://elaws.e-gov.go.jp/search/elawsSearch/elaws_search/lsg0500/detail?lawId=340CO0000000097&openerCode=1#1096.

③ 内阁府公益法人行政担当室：「公益法人の寄附金税制について」、平成26年10月15日。https://www.koeki-info.go.jp/administration/pdf/no6_01_kihukinzeisei.pdf。

赠部分不计入继承税或遗产税中。当个人将股票等有价证券、土地等不动产以及专利等无形财产捐赠给公益法人时，获得国税厅长官许可后，可免交转让所得税。上述税收优惠政策对刺激个人捐赠起到了促进作用，据统计，实施该政策的第一年，个人平均捐赠金额提高了 2 倍，个人捐赠件数约增加了 30%。①

当向公益组织提供捐赠的主体为法人时，其捐赠部分可以不计入纳税基数，在税前扣除。但所扣除的这部分有一定的额度限制，具体来说，对公益法人捐赠额度中享受税额优惠的部分不能超过（资本金 ×0.375%+ 收入金额 ×6.25%）×1/2，而普通捐赠额度中享受税额优惠的部分不能超过（资本金 ×0.25%+ 收入金额 ×2.5%）×1/4。

当向公益法人或从事公益事业的其他法人进行捐赠，而这些捐赠又被用于振兴教育、科技、发展文化水准、提高社会福利以及为增进其他公益事业，原则上会被大藏大臣指定为“指定捐款”，捐款全额可纳入免税范围。

此外，公益法人将获得的捐赠用于资助团体活动时，若完全满足以下条件：

（1）捐款的募捐主体是公益社团法人或公益财团法人；

（2）捐款只能用于特定活动的特定支出：

（3）捐款在一定的募捐期限内筹得；

（4）捐款与其他资金明确区分，分别管理。

且在募捐公告里明确做出说明，在募捐开始前取得行政部门的认可，则这部分捐赠不会计入收入总额，其所缴纳税收也不会因此增加。

5.5.5　科技社团的信息公开

为保证公益法人的公开性和透明度，日本公益法人在设立阶段即引入了公众监督机制。社会团体在申请成为公益法人资格时，须向主管部门提交书面认证申请，所提交的所有资料须向社会公众公示，公示期为 1 个月，公众可在指定的场所查阅其相关资料。依照《公益法人设立及指导监督准则》，公益法人应将以下业务及财务相关资料，备置于主事务所，原则上供一般公众阅览。①章程及捐助行为；②董事名簿；③应置社员名簿；④事业报告书；⑤收支计算书；⑥实质财产增减计算书；⑦借贷对照表；⑧财产目录；⑨事业计划书；⑩收支预算书。主管机关也应备置前项资料，应民众的要求，原则上应予以阅览。指导监督准则还要求政府每年度应针对公益法人的实际营运状态及指导监督准则的实施状况，以做成白皮书的方式公开于社会大众。

---

① 内閣府公益法人行政担当室：「公益法人の寄附金税制について」、平成 26 年 10 月 15 日。https://www.koeki-info.go.jp/administration/pdf/no6_01_kihukinzeisei.pdf。

《特定非营利活动促进法》亦有类似的规定。特定非营利活动法人应当将事业报告书、财产清单、资产负债表、收支计算书和负责人员名册置于主事务所，如果社员或者其他有兴趣者要求查看这些资料，特定非营利活动法人应当允许其查阅，公众还可以向政府主管机关要求查阅这些资料。资料公开的规制有助于以公众监督的方式达到确保法人公益宗旨的目的。

此外，为保证公益法人提交的财务报表的可信度，2001 年日本内阁通过了《关于充实公益法人指导监督体制等意见》，要求国家公安委员会、防卫厅、金融厅以及各地方政府部门加强对公益法人的监管，特别提出引入“公认会计师”监管制度，规定“资产额达到 100 亿日元或负债额达到 50 亿日元或者收支决算额达到 10 亿日元以上的公益法人，应邀请公认会计师进行监管”，力图依靠专业程度更高的第三方——公认会计师对公益法人所提交资料进行审查。

5.5.6 科技社团与政府的合作

随着日本行政改革的推进、老龄化及少子化现象日渐严峻以及各级政府财政压力的加大，旺盛的日本公共服务的需求和疲软的行政公共服务供给之间的矛盾日益凸显。在此背景下，日本地方自治体在向居民提供公共服务的过程中必须遵守“以最少的经费获得最大的效果”原则。为此，近年来日本各级政府大力构建“公私合作伙伴关系”（Public-Private Partnership，简称 PPP），以此积极主动地将各种社会力量纳入公共服务供给体系。日本构建 PPP 的路径是多样的，其中最重要的就是“民间开放路径”，即政府购买服务。早在欧美国家新公共管理运动兴起之前的 20 世纪 60 年代，日本政府已开始着手构建向社会力量购买公共服务的制度。经过将近半个世纪的努力，日本已构建起符合本国国情且高度分化和精细化的政府购买服务制度体系。

日本政府当前购买公共科技服务的基本制度是以 2015 年 8 月《关于推进地方行政服务改革之注意事项》为制度基础的。在《关于推进地方行政服务改革之注意事项》中，日本把政府要求推行地方行政服务改革，大力推进“行政服务的开放化和外包化”[①]，从而促进政府购买公共服务的范围和力度。日本政府把购买公共服务制度分为四种：民间委托制度、PFI 制度、指定管理者制度、市场检验制度，政府购买公共科技服务也基本以这四种制度为指导进行的。

第一，民间委托制度。民间委托制度是政府把一些基本公共服务委托给社团、

① 総務省：“地方行政サーヒ゛ス改革の推進に関する留意事項について”，平成 27 年 8 月 28 日。http://www.soumu.go.jp/main_content/000374975.pdf。

志愿者团体以及自治会、町内会等承接主体，由这些承接主体去完成这些公共服务，这是日本在政府购买公共服务中最早尝试的一种制度，其最大的特点是非竞争性购买，政府根据对辖区社会组织的了解，选择承接主体，这种制度保证了公共服务供给的连续性，有助于降低社会成本。

日本政府购买科技服务最常用的方式就是民间委托制度，委托内容多为科技调查、科技研究业务、公共设施运营管理业务、社会福利相关业务等。由于委托业务的资金数额较大，因此此项来源往往成为科技社团最大的收入，对维持科技社团正常的运营发挥了重要作用。

第二，PFI 制度。PFI（Private Finance Initiative），即私人主动融资，是在公共产品的设计、建设、维护管理及运营上，充分有效运用民间资金、技术、知识及管理能力，以民间私营主体为主导提供公共产品的运营方式。随着泡沫经济的破灭，日本自 20 世纪 90 年代开始进入经济低迷期，随之而来的经济负增长导致民间资本流入公共服务领域急剧减少。为了解决这一问题，日本在借鉴美英等国经验的基础上，推出了与日本经济社会发展基本适应的《利用民间活力等以促进公共设施建设之法律》，要求在公共设施建设方面，国家及地方公共团体和社会力量要分工协作，既要考虑行政办事效率和资金的有效利用，又要考虑社会力量在该项事业中的收益情况，充分利用社会力量在资金、管理以及技术等方面的优势，“凡社会力量能够实施的工作，应尽可能委托社会力量来实施”[①]，从而激活并创新日本政府购买服务制度。

对于公共科技服务而言，主要是政府通过“项目融资”，吸引社会资本参与科技场馆的建设和管理，政府把本应支付给社会资本的购买费用折合成科技场馆设施的使用权，通过这种方式实现公共科技服务的购买。

第三，指定管理者制度。随着公共服务的快速发展，日本出现了一些与现行法律法规方面不太一致的情况，为此，日本政府于 2003 年对政府购买公共服务制度进行了升级，废除了“公共设施委托管理制度”，重新制定了“指定管理者制度”。按照该制度的规定，各地方自治体可以自行制定条例，对作为承接主体（指定管理者）的遴选方式、遴选准则、外包年限、外包范围、外包质量要求以及其他必要事项进行详细规定，承接主体也无需按照相关的规定参加竞标。由于科技社团在业务活动方面具有专业性和排他性，因此政府在公共科技服务购买方面，可以根据委托

---

① “民間資金等の活用による公共施設等の整備等の促進に関する法律”（平成十一年七月三十日法律第百十七号），http://www.pfikyokai.or.jp/about/about-pfi/hourei/pfilaw_h280527_051.pdf。

内容指定最合适的承接主体。

第四，市场检验制度。鉴于上述三种类型在适用范围上的局限性，日本政府在2004年制定《规制改革与民间开放推进3年计划》，并成立直属于内阁总理大臣的咨询机构——“规制改革与民间开放推进会议”，以通过规制改革来促进民间开放事业。之后对英国的“强制竞争招标制度”展开调查并于翌年实施实验性改革。在此基础上，日本政府于2006年出台《通过导入竞争以实现公共服务改革之法律》（通称“市场检验法”）。按照该法规定，在向社会提供公共服务时，政府部门和社会力量基于平等立场展开竞争投标，在价格和质量方面均最具优势者负责该公共服务的供给，以“提高公共服务的质量，削减经费支出”。而提供的公共服务主要包括“设施的设置、运营和管理业务、研修业务、咨询业务、调查研究业务”①，不难看出这些业务内容基本涵盖了科技社团的业务范围，因此政府购买公共科技服务在该领域内表现较为明显。如文部省提出的“捐款、委托研究等竞争环境的整备”计划就要求在捐款、委托研究等方面实现国立、公立、私立大学的相互竞争。环境省委托的课题“东日本大地震海洋环境监控调查业务”就采取了“市场检验制度”的政府购买服务方式。

5.5.7 日本公益法人管理制度改革

科技社团是日本公益法人的重要形式之一，要想系统了解日本科技社团的管理制度，就有必要了解日本对于公益法人的管理制度改革历程。因此，本书在此对日本公益法人的管理制度演变做简要介绍。

日本对公益法人的管理经历了漫长的历史发展过程，其源头可追溯到1896年日本第一部《民法》（简称“旧《民法》”）。该部《民法》将日本法人分为“营利法人”和“公益法人”两大类，并在第34条对公益法人的设立条件做出原则性规定，即“从事有关祭祀、宗教、慈善、学术、技艺及其他公益活动的社团或财团，且不以营利为目的，经主管部门许可，方可成为法人。”如果没能取得法人资格，“其名称中不得使用社团法人或财团法人或可误认为上述两种法人的任何文字”。② 由此可知，公益法人的设立须经由政府主管部门许可，而判定其是否具有公益性质的标准也不明确，均由政府主管部门解释，行政主管部门拥有极大的裁量权，其目的是严控公益法人的成立。此外，政府部门对公益法人的日常业务及资产状况等事项也有监管权力，换言之，旧的公益法人制度具有浓厚的特许主义色彩。

---

① “競争の導入による公共サービスの改革に関する法律”（平成一八年六月二日法律第五十一号），http://www.shugiin.go.jp/internet/itdb_housei.nsf/html/housei/16420060602051.htm。

② https://www.gyoukaku.go.jp/jimukyoku/koueki-bappon/yushiki/dai4/4siryou-s4.pdf。

毋庸置疑，旧《民法》实施以来，公益法人在日本近代化发展过程中发挥了重要作用，但设立许可制度、公益判定的非标准化以及严格的监管制度逐渐也印发一系列弊端。特别是第二次世界大战后日本政府推行政府主导型的国家行政策略，对社会的各种事务拥有绝对的控制权，社会组织从一开始就被国家政府强力控制，其结果使得日本成为发达国家中社会组织最不发达的国家之一。在此背景下，日本从 20 世纪 90 年代开始了法人制度改革。

首先，1996 年 9 月 20 日，日本内阁会议通过了“公益法人设立许可及指导监督准则”及“对公益法人进行检查等委托事项相关准则”等配套法律，对公益法人的定义、业务内容、名称使用规范、机构组织、财务会计、信息公开等进行了规定，明确了公益法人认定的判断准则，在一定程度上规范了行政主管部门的裁量范围。

由行政机关对公益法人进行监管是日本公益法人制度的特色之一。按照日本旧《民法》规定，公益法人必须在其章程中明示其目的及事业范围，依各法人目的及事业范围不同，分别由主管该目的及事业范围有关事务的机构为该公益法人的主管部门。在公益法人制度改革之前，主管部门的监管权限非常大。如前所述，《民法》第 34 条规定，不以营利为目的的社团或财团在申请成为公益法人的时候，“经主管部门许可，方可成为法人”。第 67 条规定，“1. 法人的业务由主管部门实施监督；2. 主管部门在认为有必要时可下达命令对法人实施监督；3. 主管部门可利用其职权，随时对法人业务及财产状况进行检查”①。

为进一步加强对公益法人的监管，1995 年日本内阁通过了“公益法人设立许可及指导监督准则”及“对公益法人进行检查等委托事项的相关准则”，对公益法人的设立目的、业务内容、名称称号、组织机构、财务会计、股票持有、信息公开等进行了详细的规定，其目的是通过确保公益法人设立许可及指导监督的统一性，“加强对公益法人的指导监督”②。各主管机关依据监督准则，公益法人有义务向监管部门递交年度事业计划书、事业状况报告书和收支决算书等，必要时，监管部门可通过实地检查等方法，对公益法人的业务营运加以指导监督。

按照日本旧《民法》体系，公益法人的认定采取“许可主义”。由于“公益”

---

①「民法」（明治29年4月27日法律第89号）第67条。内閣官報局:《法令全書. 明治29年》，内閣官報局、1912 年。

②“「公益法人の設立許可及び指導監督基準」及び「公益法人に対する検査等の委託等に関する基準」について”（平成 8 年 9 月 20 日閣議決定）。http://www.pref.niigata.lg.jp/HTML_Simple/690/702/shidoukantokuoyobiitakukijun.pdf。

的认定标准非常笼统，仅列举出“祭祀、宗教、慈善、学术、技艺以及其他公益事业”，从而将“其他公益事业”的认定权限交由主管部门自由裁量，进而导致许多不属于公益范畴的法人也得以设立①。此外，基于“公益即国益”的理念，当时的日本政府认为实施公益活动应以中央集权制国家为中心，那些作为国家补充性的民间公益活动，必须接受国家的严格监管②。

1998年，日本法务省又出台了《特定非营利活动促进法》，规定特定非营利活动法人“不得以特定个人、法人及其他团体的利益为目的而开展活动”，而且“也不为特定政党所利用”③，并对“特定非营利活动”的范畴做了规定，迈出了公益法人制度改革的第一步。该法案对社会团体的管理取消了“特许制”，采用了“认证制”，即社会团体在申请成为特定非营利活动法人资格时，须向主管部门提交书面认证申请，所提交的所有资料须向社会公众公示，公示期为1个月。主管部门在资料受理后的3个月内对其进行资格审查，审查的标准主要有：以公益活动为主要目的；不以营利为目的；工作人员招聘解聘过程中无不当条件；领导层中获取报酬的人数在1/3以下；不以宗教活动或政治活动为主要目的；不对特定的公职人员或政党采取推荐、支持或反对态度；不与暴力团体或其成员有任何关系；有10名以上工作人员。凡是达到上述标准者，管理部门均应赋予其法人资格。

在获得法人资格后，社会团体必须在《特定非营利活动促进法》的框架下进行活动，且必须遵守《组合等登记令》。该法案最初于1964年颁布，后经多次修订，日臻完善。法案规定任何社会团体在设立、变更、解散、合并、转移时均须向其所在地主管部门提交登记。

其次，在1998年《特定非营利活动促进法》正式实施之际，以众、参两院附带决议的形式公布了今后将全面探讨公益法人制度的方针，并于2000年提出了关于公益法人制度的具体改革方案。此后，日本国会于2006年通过了改革的相关法案，并规定其自2008年起正式实施。按照新的管理办法，公益法人进行设立登记不再需要主管机关的许可，而只需要其具备法定要件并在行政机关进行登记确认即可获得一般社团法人或一般财团法人的资格。而欲申请公益法人资格的一般法人则需要再去向由业界专家而非行政人员所组成的专门机构进行公益性质认定的申请，而该专门机构则须依照统一的认定标准对其是否具有公益性质进行认定。只要成功获得

① 森泉章:『公益法人の研究』、東京：勁草書房、1977年、第3－4頁。

② 雨宮孝子:「民法100年と公益法人制度」、『公益法人』、1998年第27卷第8号、第10頁。

③「特定非営利活動促進法」(平成十年法律第七号)、http://elaws.e-gov.go.jp/search/elawsSearch/elaws_search/lsg0500/detail?lawId=410AC1000000007#5。

了对于其公益性质的认定，一般法人即可转变为公益法人并使用公益法人的名称及字样；而即使没有获得公益性质的认定也并不妨碍其以一般社团法人或一般财团法人的资格来进行活动。

2006 年，日本政府出台了“公益法人改革三法”，即《一般社团法人及一般财团法人相关法》《公益社团法人及公益财团法人的认定等相关法律》以及《调整整备一般法人法及公益法人认定法的关系及各自实施等相关问题的法律》，对一般社团法人、一般财团法人以及公益法人的设立、组织、运营及管理进行了规定，并于 2008 年 12 月 1 日起同时生效。改革后的公益法人制度实现了法人设立与公益认定的制度性分离，并尽可能地通过法律法规将法人设立要件和公益认定标准明文化，从而最大限度地限制行政部门的自由裁量权并极大提高认定申请的透明度和可预见性。

新公益法人认定制度实施后，日本公益法人纷纷在规定的时间节点内按照不同的制度框架对上述制度进行了回应。具体而言，旧制度框架下的公益法人在新制度实施后 5 年内履行法人变更手续，或变更为一般法人，或变更为公益法人，或选择放弃法人变更，过度期满后进行合并或解散。根据日本内阁府的统计，从新法实施日至 2014 年 11 月末，公益认定部门共收到 10 147 件认定申请，最终得以受理并进入实质审查的申请件数为 9 345 件，获得公益认定的件数占受理总数的 99.84%（9 330 件），即不被认定的申请仅 15 件①，从而强有力地印证了公益法人制度改革的成效。

5.6　科技团体的管理机构——日本学术会议

为更好发挥科技社团在科技发展和科技创新方面的引领作用，日本政府成立了一个由人文社会科学、生命科学、自然科学、工程学等所有科学研究领域的日本科技工作者组成的“特别机构”——日本学术会议（Science Council of Japan，简称 SCJ）。

日本学术会议是伴随着战后日本民主化改革出现的。其前身为片山潜内阁时期成立的“科研制度改革和复兴委员会”，主要负责国家科学技术发展规划的制定和实施。1948 年 7 月 10 日，日本国会通过了《日本学术会议法》，确立了日本学术会议的宗旨为“确信科学为文化国家之基础，在全体科学家共同的认知下，谋求日本的和平重建，为人类社会的福祉做出贡献，同时加强与国际学术界合作，促进学术

① 日本内阁府：“平成 26 年公益法人に関する概况”，https://www.koeki-info.go.jp/。

进步”[①]。该法案还确定了日本学术会议的性质，即“日本学术会议是一个在国内和国外代表日本科学家的机构，其目的是谋求科学技术的发展，向行政、产业及国民生活反映并推进科学理念”[②]，从而为日本学术会议的成立奠定了法律基础。1949年1月20日，日本学术会议正式成立。

5.6.1 日本学术会议的组织结构

按照《日本学术会议法》的规定，日本学术会议由内阁总理大臣直辖，其所需经费开支由国库负担。但日本学术会议并非严格意义上的国家政府机构，会长、副会长以及委员也不是由政府机构任命，而是通过日本学术会议全体委员大会选举产生，其职能独立于行政组织之外，是一个无行政权力和具体研究任务的咨询机构和评议团体。

日本学术会议代表日本全国人文社科、自然科学各领域的84万科学家，其委员实行定额制，人数固定为210人。委员经过一定程序产生，“从研究能力和研究业绩优秀的科学家中选拔”（第十七条），委员任期六年，不得连任，每三年改选其中半数。委员任期中因为退休、死亡、辞职、免职等原因而失去委员资格时，需要从候补委员中递补。候补委员可连任一届，其首届任期为前任委员所剩任期。此外，还设立了约2 000名合作委员，分普通合作会员和特任合作会员两种，前者主要是与正式委员开展合作，共同负责日本学术会议的部分工作，组织各委员会及分科会，任期为6年，可连任两届；后者主要“参与国际业务以及委员会特定专项业务的审议工作”[③]，任职期限不超过3年，无连任限制。正式委员到70岁时必须辞去委员资格，但若认为其可继续参与日本学术会议的各项活动，可在会长的推荐下，经一系列特别程序，审查合格后即可转任合作委员。此外，为扩大日本学术会议的影响，获得诺贝尔奖及其他获得干事会认可的高级别荣誉的科学家也可经一定手续吸收为合作会员。自2011年开始，日本学术会议设立荣誉委员，授予那些在科学研究领域成绩卓著的科学家以及对科学发展做出重要贡献的科学家。

日本学术会议是日本各领域全体科学家的代表机构，所涉学科广泛，不仅包括自然科学，人文社会科学也囊括其中，其组织体系非常庞大，见图5-10。

---

① “日本学術会議法”（昭和二十三年七月十日，法律第百二十一号）。http://www.scj.go.jp/ja/scj/kisoku/01.pdf。

② “日本学術会議法”（昭和二十三年七月十日，法律第百二十一号），第一章第二条。http://www.scj.go.jp/ja/scj/kisoku/01.pdf。

③ “日本学術会議会則”（平成十七年十月二十四日，日本学術会議規則第三号），第三章第七条。http://www.scj.go.jp/ja/scj/kisoku/04.pdf。

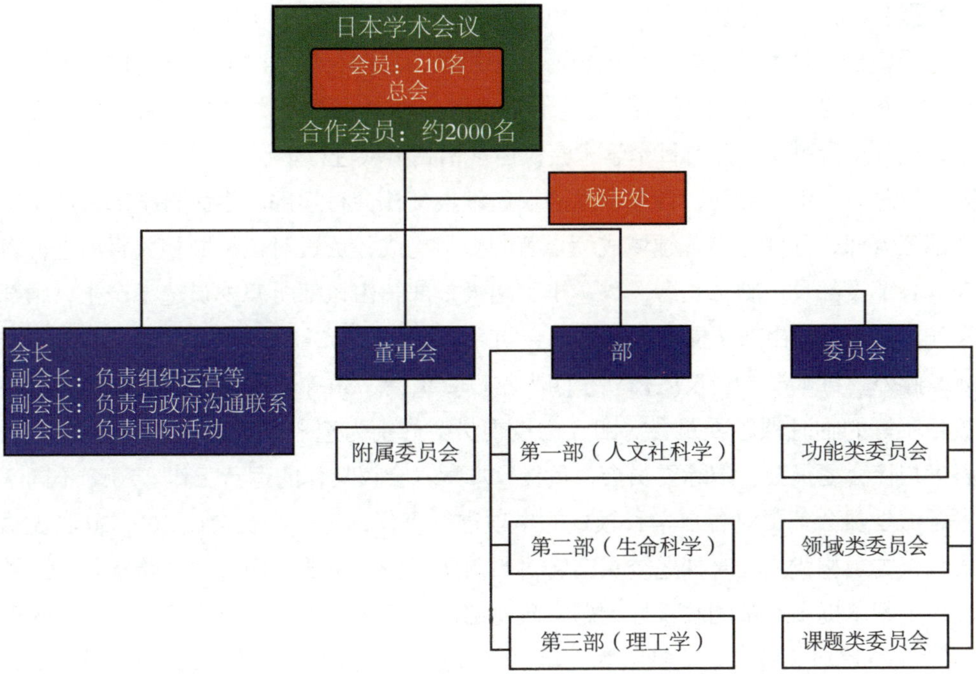

图 5-10　日本学术会议组织结构图①

尽管每届日本学术会议的组织结构不尽相同，设置的常设机构数量也不固定，但其总体框架基本保持稳定。如图 5-10 所示，目前本届日本学术会议设总会（全体委员大会）、领导层（会长和 3 名副会长）、干事会、三大部、四大常设委员会、30 个不同学术领域委员会（常设机构）、课题委员会（临时设置）、各地区会议及事务局。此外，根据需要还可在干事会设立干事会附属委员会，在各委员会设立分科委员会。

总会是日本学术会议的最高决策机构，通常每年 4 月和 10 月召开两次全体会议，必要时可召开临时总会，讨论紧急事项。此外，有 30 名以上委员联合提出召开临时总会要求时，也必须召开临时总会。出席总会的委员数必须达到半数以上，其表决采用少数服从多数的原则。每届日本学术会议委员产生后，由秘书长召集临时总会选举会长 1 人。会长全面负责日本学术会议工作，并对外代表日本学术会议。此外，日本学术会议还设立副会长 3 人，协助会长分别负责组织运营及科学家之间的合作、处理与政府、社会及国民等各方关系以及负责国际活动等工作。副会长由

① http://www.scj.go.jp/ja/scj/index.html。

会长提名，并需经总会同意。会长和副会长任期均为3年，可连选连任。

干事会是日本学术委员会的核心领导机构，目前，第24届干事会共有16名成员，由正副会长、各部正副部长及干事组成，每月召开一次例会，由会长负责召集，执行总会决议，并对日本学术会议运营相关事项进行审议。

除总会、干事会外，日本学术会议还设人文社会科学部、生命科学部、理学工学部三大部，分别由在各领域成绩卓著的委员构成，负责对该领域相关事项进行审议。各部设部长、副部长各一人，干事两人，部长由该部所属委员选举产生，副部长和干事人选需由部长提名，并经部会同意。

此外，日本学术会议还设立了四大常设委员会、30个不同学术领域委员会以及数目不等的临时课题委员会。四大常设委员会分别为选考委员会、科学者委员会、科学与社会委员会、国际委员会，负责日本学术会议具体的运营工作。30个不同学术领域委员会负责对各自学科领域的事项进行审议，每一委员会由10—30名委员或合作委员构成。临时课题委员会针对当前所亟待解决的问题，如“跨学科、跨领域需要紧急提出对策的政策性课题、政府部门委托日本学术会议审议的社会需求课题”① 等而临时设置，设立期限为3年，原则上不可延期，如需延期则需重新提交设置申请，经干事会同意方可成立。

此外，日本学术会议还设立事务局，负责日常事务的处理。事务局设局长、次长各一名，局长协助会长和副会长参与日本学术会议的运营，并统管事务局工作。次长则协助局长负责事务局掌管具体工作。事务局下设企划科和管理科，并设三名参事。企划科负责对事务局全体工作进行统筹以及对政府部门提交咨询报告、信息建设等，管理科负责机密文件的处理、委员的人事关系、福利待遇、经费预算、物品管理等，参事则负责科学相关重要事项的审议、国际会议、国际学术交流等业务。

5.6.2 日本学术会议的业务内容

根据《日本学术会议法》的规定，日本学术会议有两大职能，一是“审议科学相关重要事项，并谋求其付诸实现”，二是“谋求科学相关机构之间的联系，以提高其工作效率”②。其主要作用表现在以下四个方面（图5-11）。

---

① “課題別委員会の在り方について”（平成18年3月23日日本学術会議第10回幹事会決定），http://www.scj.go.jp/ja/scj/kisoku/42.pdf。

② “日本学術会議法”（昭和二十三年七月十日，法律第百二十一号），第二章第三条。http://www.scj.go.jp/ja/scj/kisoku/01.pdf。

图 5-11　日本学术会议主要功能示意图 ①

第一，向政府提供政策建议。日本学术会议可以应政府的咨询要求，就科学研究经费的预算及分配方案、政府所管理的研究所、试验场及委托研究经费相关预算的编制方针等进行咨询，并可向政府提出政策建议，如科学技术振兴和发展方案、科技成果转化方案、科技工作者培养方案、科学向产业及国民生活普及方案等。如在第 23 届日本学术会议期间，临时设置的课题委员会“开放科学探讨委员会”于 2016 年 7 月 6 日向政府提交了“有利于开放创新的开放科学相关提案”；“安全保障与学术探讨委员会”于 2017 年 3 月 24 日发表了“军事安全保障研究相关声明”。

第二，加大科学普及力度，提高公众的科学素养。日本学术会议每年会举办 10 场左右的学术论坛，以民众为对象，针对普通民众关心的问题进行深入浅出的解读。此外，还通过科学座谈会等形式，让科学工作者与普通民众近距离交流，以提高民众对科技角色的认知水平，实现学术成果回归民众、反哺民众的目标。

第三，构建科技工作者之间的联系网络。为进一步加强科技工作者的联系，充分发挥不同学术团体的作用，日本学术会议还设立了“协力学术研究团体”制度，凡有意参与日本学术会议活动的学术团体，均可提交申请，经科学家委员会及干事会同意后，即可获得“日本学术会议协力学术研究团体”称号。此外，为加强日本各地科学家之间的联系与协作，在地方设立了北海道、东北、关东、中部、近畿、中国 ②・四国、九州・冲绳七大地区会议，所属地区的委员和合作委员与当

① http://www.scj.go.jp/ja/scj/index.html。

② 此处的“中国”指的是日本的“中国地区”，位于日本本州岛西部，包括鸟取县、岛根县、冈山县、广岛县、山口县 5 地。

地相关大学开展合作，开展学术研讨会、科普活动等，共同为当地科技工作贡献力量。

第四，开展国际合作。日本学术会议自建立以来非常重视国际交流与合作，1961 年 10 月召开的第 34 次全体会议发表了“日本学术会议关于开展科学领域国际合作的意见”的声明，指出开展国际学术合作“不应仅仅着眼于科技进步，应从其对社会的影响等广阔视野去加以探讨”[①]，从而提出了“国际学术合作五项基本原则”，即国际学术合作应以促进和平为目的；国际学术合作应放眼全世界；开展国际学术合作应尊重各自的自主性；国际学术合作应在科学家之间对等开展；国际学术合作成果应公开。在此原则指引下，日本学术会议开展了一系列国际学术合作活动，主要有：

（1）加入国际学术团体，开展深度交流与合作。自 1949 年成立以来，日本学术会议加入了国际科学联合会（ICSU）、国际社会科学联合会（ISSC）、国际科学院合作组织（IAP）等 45 个主要国际学术团体，并为其中 43 个团体交纳会费。此外，日本学术会议还有计划地向国际学术团体派遣成员，或担任领导职务，以此加深与国际学术界的合作，促进学术研究的国际化。

（2）与各国科学机构建立交流合作机制。日本学术会议与中国、韩国、以色列、加拿大等国家的科学机构签订合作协议，加强与这些国家学术界的交流。日本学术会议于 1952 年第 13 次全体会议决定与中国开展学术交流，并于 1955 年向中国派出代表团，此后和中国科学院、中国教育部、中国科协等机构均保持着良好的合作关系。

（3）发起并运营亚洲科学理事会（Science Council of Asia，简称 SCA）。为在全亚洲的范围内，给文化、社会以及自然科学和技术等各个领域的科学家提供一个科学交流和合作的平台，从而促进整个人类社会的进步，日本学术会议倡导发起创立亚洲科学理事会，第一次大会于 2001 年在泰国曼谷召开。该理事会创始国共 10 个，秘书处设在日本学术会议内部，由日本学术会议负责组织运营。

（4）为在日本举办的重要学术会议提供支持。自 1953 年开始，日本学术会议每年会从在日本举办的各领域学术会议中遴选一部分学术意义重大、有助于解决科学问题的学术会议，与相关学术团体共同发起、共同主办，在资金等各方面提供支持。截至 2016 年，日本学术会议共支持举办此类会议 307 次，成果卓著。

---

① “科学の国際協力についての日本学術会議の見解”（日本学术会议第 34 次总会）。http://www.scj.go.jp/ja/info/kohyo/02/05-29-s.pdf。

5.7　主要特点

日本科技社团的成立和发展深受日本国家科技、经济和政治环境的影响，特别是自 2008 年以来，日本政府对公益法人制度进行了改革，在逐步减少行政干预、理顺管理权责方面做出了积极的成效，为社团发展提供了更大的空间和自由度。概括地讲，日本科技社团的主要特点如下。

5.7.1　发展较为成熟但与西方发达国家相比仍有差距

日本科技社团经过 100 多年的发展，数量已经达到一定规模。日本科技社团是日本科技创新的重要组成部分，既是推动科技发展的参与者，同时也积极为学术交流搭建平台。日本科技社团是促进学术发展的组织者和评价者，特别是在学术交流、期刊建设、科学普及、同行评价、科技奖励、产学结合方面积极行动，促进科学技术的创新、传播与转化。

在公共服务领域，日本科技社团也是政府信任和依赖的良好合作伙伴。通过政府购买公共服务的形式，以项目委托、项目融资、指定管理者、市场检验等机制，实现政府和社会力量分工协作。科技社团承担了科技调查、科技研究业务、公共设施运营管理业务、社会福利等众多公共服务工作。委托业务的资金也往往成为科技社团重要的收入，对维持科技社团正常的运营发挥关键作用。但是，相较于日本在国际上以先进科技和产业发展著称，其科技社团的发展与美、英等西方先进科技社团相比，总体规模偏小，主要表现在经济规模、国际影响力、社会功能发挥方面。如会员规模方面，大部分学会的会员仅在千人以内，会员人数在一万以上的仅有 58 个，以个人会员为主的科技社团为例，说明社团对科技人员的广泛吸引力还有待提升；在国际化发展方面，日本科技社团加入国际学术共同体和举办国际学术会议的占比相对较小，国际上知名的科技社团相对较少。当然，目前日本科技社团已经充分认识到这种情况并意识到国际化发展的重要性，正在努力依靠日本本国科技优势和在亚洲的影响力，逐步开展国际化工作。

5.7.2　促进科技社团发展的国内法律制度完善

日本在公益法人及社团管理方面的法律法规十分众多，构成了相对完整的法律制度体系，以《民法》为统领，涉及的相关法律法规有《一般社团法人及一般财团法人法》《公益社团法人及公益财团法人认定法》《一般社团法人及一般财团法人法、公益社团法人及公益财团法人认定法等相关法律实施修订法》《特定非营利活动促进法》等，以及《公益法人设立许可及监督准则》《公益社团法人及公益财团法人的认定》等条例性规范。在公共服务领域，日本政府也出台了《利用民间活力等以促进公共设施建设之法律》，要求充分利用社会力量在资金、管理及技术等方面的优势。相关法律法规内容范围涵盖了社团注册、组织治理、公益认定、业务开展、财务审查等各个方面，为科技社团在日本的发展提供了相对完善的政策依据。特别是 2008 年颁布新的公益法人法，对科技团体的认定资格和程序进行解绑，由公益认定取代主管部门审批，实质性打破了传统的非营利法人法律框架和组织格局；简化认定流程，将学术期刊和书籍的出版发行、重大事件的调查咨询活动、以人才培养为目的的研究会和研讨会等视为公益活动，进一步优化了学术团体的生态环境，使包括科技社团在内的公益性社会组织发展受益。

与完善的法律体制相联系，日本科技社团一般在成立之初，就需要根据注册性质和主要工作建立完整的组织管理构架，特别是对会员总会、理事、监事、评议会等关键决策和监督机构或岗位需要满足不同法律法规设定的条件，完整的内部组织架构保证了社团在组织管理、决策、运行等方面有较为规范的运行标准。

日本科技社团接受政府主管部门的业务监管，每年须上报各种审查材料，在业务活动、财务运作等方面政府主管部门都对科技社团具有监管职责，特别是对其营利性活动有较为严格的控制。此外，日本科技社团实行严格的信息公开制度，成立登记材料需要公示，社团业务及财务相关资料均可供一般公众阅览，政府每年应对公益法人的实际营运状况及指导监督的实施状况，以白皮书的方式向社会公布。信息的公开有助于以公众监督的方式达到确保法人公益宗旨的目的。

5.7.3 日本学术会议对我国的启示

日本学术会议是人文社会科学、生命科学、自然科学、工程学等科学研究领域的日本科技工作者的代表机构，也是日本大部分科技社团的指导机构，在科技社团的发展中起着连接政府与社团、科技人员的作用，在这一点上与我国的科协组织有相似之处，也是世界上为数不多的在国家层面设立专门机构对科技社团进行指导的机构。通过社会权威性、学术影响力和信息传播能力来看，日本学术会议可作为中日两国科技社团交流的平台。

日本学术会议在为政府提供政策建议、构建科技工作者之间的联系网络、提高公众对科技角色的认知、国际合作等方面开展了各项工作，在一定程度上，可以作为我国学习借鉴的对象。

参考文献

[1] 日本学術会議広報委員会. 我が国における学術団体の現状（要旨）：第4常置委員会報告：調査報告（<たより>学術会議だよりNo. 32）[J]. プラズマ・核融合学会誌，1994，70（4）：413.

[2] 日本学術会議第5部. 学術情報発信基地～学術団体の強化・支援に向けて～[J]. 学術の動向，1996，11：58-65.

[3] 日本学術会議. 日本学術会議の機能強化について[R/OL].[2018-11-28]. http://www.scj.go.jp/ja/info/kohyo/pdf/kohyo-21-h128-1.pdf.

[4] 日本学術会議. 日本の展望ー学術からの提言2010[R/OL].[2018-11-28]. http://www.scj.go.jp/ja/info/kohyo/pdf/kohyo-21-tsoukai.pdf.

[5] 池田駿介，小林良彰，菱田公一. 学術団体のあり方に関する調査研究・中間報告[J]. 学術の動向，2009，14（5）：88-98.

[6] 浅島誠・池田駿介. 新公益法人制度における学術団体のあり方について[J]. 学術の動向，2008，13（5）：96-102.

[7] 学制百年史[EB/OL].[2018-11-28]. http://www.mext.go.jp/b_menu/hakusho/html/others/detail/1317552.htm.

[8] 内閣府. 平成25年度特定非営利活動法人に関する実態調査報告書[R/OL].[2018-11-28]. https://www.npo-homepage.go.jp/uploads/h29_houjin_houkoku.pdf.

[9] 朱紅，岩坪加紋. NPO法人の資金調達問題に関する一考察[J]. 経営情報研究：摂南大学経営情報学部論集，2010，18（1）：35-45.

[10] 李荣，孙艳艳. 日本科技社团推动产业技术创新发展经验与启示[J]. 学会，2015（7）：44-48.

[11] 雨宮孝子. 民法100年と公益法人制度_なぜ公益法人の設立は許可制なのか[J]. 公益法人，1998，27（8）：10-15.

[12] 日本内閣府. 科学技術基本計画（第五期）[R/OL].[2018-11-28]. https://www8.cao.go.jp/cstp/kihonkeikaku/5honbun.pdf.

[13] 日本内閣府. 平成26年公益法人に関する概況[R/OL].[2018-11-28]. https://www.koeki-info.go.jp/outline/pdf/2014_01_houkoku.PDF.

[14] 総理府. 公益法人の設立許可及び指導監督基準等のあらまし[J]. 時の動き，1996，40（12）：84-87.

[15] 内閣府公益法人行政担当室. 公益法人の寄附金税制について[R/OL].[2018-

11−28]. https://www.koeki-info.go.jp/administration/pdf/no6_01_kihukinzeisei.pdf.
[16] 村上仰志. 地方行政サービス改革の推進に関する留意事項：について[J]. 住民行政の窓，2015(422)：44−65.

附　录

美英德日科技社团案例

美国化学学会①

一、学会发展历程

美国化学学会（American Chemical Society，ACS）是一个支持化学领域科学研究的科技社团，于1876年由35名化学家在纽约发起，经美国国会特许成立。ACS致力于“通过化学转化的力量改善人类的生活”“促进化工企业及其从业者发展，为地球和全人类造福”。ACS的主要活动包括：出版学术期刊、建设科技数据库、提供与化学相关的教育、政策倡导和职业项目，在与政策制定者和社会公众就化学重要性的沟通中发挥领导作用。同时，学会每年还会向石油及相关领域的基础研究提供超过2 200万美元的捐款。

ACS是美国科学促进会（AAAS）的成员；在美国有185个地方分会，在不同的区域还有区域性的部门；全国有33个专业委员会；在世界范围内有来自140多个国家，超过24 000名的国际会员。ACS拥有近15.7万名会员，62种期刊，其中《化学文摘》（*American Abstract Service*）是世界上化学和科学信息来源最全面的期刊，有超过4 600万条化学文摘的记录，在《化学文摘》登记的无机物和有机物的种类超过1.36亿种，ACS期刊文章下载数为1.04亿次，学会雇员1 980名。

① 本报告的内容主要来源于美国化学学会官网和2017年美国化学学会年度报告。

二、治理结构

根据 ACS 章程的相关规定“（学会）应设立一个理事会，除履行本宪法和学会章程规定的职责外，还应履行咨询机构的职能；董事会作为学会法定代表人，制定管理政策；理事会和董事会的委员会以及官员和雇员都要履行必要职能。”在 ACS 的治理层面，主要涉及理事会（Council）、董事会（Board of Directors）和委员会（Committee）。三者的关系如附图 1 所示。

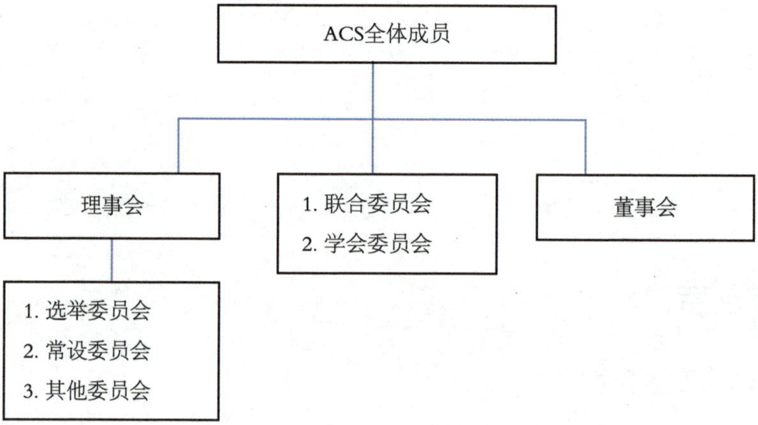

附图 1　ACS 管理层

（一）理事会

根据 ACS 章程的相关规定，理事会是科技社团的协商机构，由主席、当选主席、董事、前任主席、执行董事、秘书长和代表各地方分布的委员组成，这些成员都具有投票权，属于该社团的成员，其中 20% 的理事会成员由部门选举产生，80% 的成员由地方分支机构选举产生。同时，理事会中还有部分没有投票权的理事。这些理事具有一定的社会地位和专业知识，可以参与理事会的讨论，对于科技社团的发展具有一定的助力。社团的主席和秘书长在理事会中也同样承担主席和秘书长的职责。理事会中设有执行委员会，负责制定理事会的会议议程，并在理事会休会期间按照章程的规定履行理事会的职责。理事会每年需要举行不少于两次的会议，其中一次会议与社团的年会相关。在需要的情况下也可以由主席召集召开额外的会议。每次理事会出席的理事数应不少于具有投票权理事数的三分之一。

理事会的成员构成为：地方分会选举的委员，每个地方分会应当有不少于 1 名的理事会成员；专业委员会选举的委员；票选的理事会成员；由于职位或职权而入选的当然委员；候补委员；临时代理委员；无投票权委员。

（二）董事会

董事会是学会的法定代表，根据国会通过的相关法案，负责持有和管理学会的一切财产、资金和事务。董事会需要在理事会的会议上，就学会的一般经营情况和理事会休会期间的行政事务进行汇报。

目前 ACS 理事会共有 16 名成员，分别为：区域董事 6 名（由所属地区会员选举产生），专业董事 6 名（由理事会成员选举），学会主席、当选主席（未就职）和前任主席各 1 名，执行董事 1 名。根据章程规定，董事会每年召开不少于 4 次的会议，会议由主席召集。3 名以上董事会成员提出书面申请的情况下也可以召开临时会议，但根据 ACS 网站的会议纪要显示，从 2012—2017 年，董事会每年举行两次会议，分别在每年的 3—4 月份和 8—9 月份。

（三）委员会

ACS 设有 32 个委员会，每个委员会负责不同的事务，具有多样化的特点。根据职责内容，这些委员会可以被分为 5 种类型，分别为：选举委员会（Elected Committees）、常务委员会（Standing Committees）、理事会董事会联合委员会（Joint Board-Council Committees）、学会委员会（Society Committees）和其他委员会（Other Committees）。各委员会的具体职责见本节附件。

根据管理主体的不同，委员会分为两类：一类是向理事会汇报，另一类是向理事会和董事会同时进行汇报。

1. 向理事会汇报的委员会

向理事会汇报的包括选举委员会、常设委员会和其他委员会，每类委员会包含的具体委员会如附图 2 所示，其具体的职责和运行方式本节见附件。

选举委员会	常设委员会	其他委员会
·理事会政策委员会 ·提名和选举委员会 ·常务委员会	·宪章和细则委员会 ·部门活动委员会 ·经济和职业事务委员会 ·地方分会活动委员会 ·会员事务委员会 ·会务委员会	·分析试剂委员会 ·道德委员会 ·命名、术语和符号委员会 ·项目种子委员会 ·技术人员事务委员会

附图 2　向理事会汇报的委员会构成

2. 向理事会和董事会同时进行汇报的委员会

这类委员会同时向理事会和董事会进行汇报，主要涉及 ACS 的经营管理活动，以及按照人口统计学的特点进行区分的委员会。

（1）化学文摘服务委员会（Committee on Chemical Abstracts Services）

化学文摘服务委员会是 ACS 管理层、学会成员和化学文摘服务客户之间信息流动的渠道，确保每一方的需求都被研究、认可和表达。

（2）化学安全委员会（Chemical Safety）

通过提供权威资源来促进和发展积极的安全文化。其职责包括：发布在教师、实验室和工作场所的标准、工具和其他材料；为 ACS 的董事会制定安全政策声明；为 ACS 的委员会和成员提供帮助和建议；举办和赞助专题讨论会。

（3）化学与公共事务委员会（Chemistry and Public Affairs）

化学和公共事务委员会负责就涉及化学科学和技术的公共政策事项向 ACS 的行动提供咨询和建议。

（4）残疾化学家委员会（Chemists with Disabilities）

委员会的目标是使所有人包括残疾人，在推动化工企业的发展中都能发挥才能。该委员会将在残疾人中推进化学科学领域的教育和专业发展机会，提升残疾人在教育者、雇主和同龄人中的地位。

（5）社区活动委员会（Community Activities）

社区活动委员会的目的是通过提供项目将化学家与社区联系起来，改善公众对化学的看法，主要活动包括：为社区推广项目和活动提供指导，通过开发和实施新的资源 / 技术来支持、评估和维持这些项目；鼓励通过招募、保留和认可志愿者的方式推广社区项目；将委员会的活动通告董事会、理事会和其他组织内机构。

（6）环境治理委员会（Environmental Improvement）

ACS 的董事会和理事会责成环境治理委员会积极促进社会公众提升对保护和改善人类健康和环境质量的认识与关注。

（7）少数族裔事务委员会（Minority Affairs）

少数族裔事务委员会是为了增加少数族裔科学家在学会中的数量以及这一群体对学会治理的参与。

（8）专利及相关事务委员会（Patents and Related Matters）

该委员会下设 5 个小组委员会，奖项小组委员会、教育和推广小组委员会、执行委会会小组、立法和监督小组和技术和转让小组。

（9）出版委员会（Publications）

出版委员会要对学会出版物的质量进行把关。

（10）公共关系和传播委员会（Public Relations and Communications）

ACS 的一个目标是提高公众对化学在人类生活中贡献的认识，本委员会的存在就是为了支持这一目标。

（11）资深化学家委员会（Senior Chemists）

该委员会为学会中的两类人群服务：一是仍然活跃在 ACS 中的老年人；二是需要在职业生涯中获得指导的青年成员和学生。该委员会的使命是通过资深化学家的经验和知识来改善生活，实现他们的价值和意义。

（12）科学委员会（SCIENCE）

科学委员会的宗旨是提供一个组织机构，以促进科学活动、公共政策和与化学科学有关的奖项提名的审议、协调和制定。

（13）女化学家委员会（Women Chemists）

吸引、发展、促进、雇用和倡导妇女平等地参与各种化学相关工作。

（14）青年化学家委员（Younger Chemists）

本委员会的使命是引领年轻的化学家走向事业成功，让他们在学会和行业中发挥积极作用。

3. 学会委员会（Society Committees）

学会委员会包括预算和财务委员会及教育委员会。各学会委员会须在所有财务事宜上对董事会负责，并在所有其他事宜上对董事会和理事会负责。各学会委员会在每次会议中要向理事会政策委员会、理事会和董事会汇报。

（四）技术分部（ACS Technical Divisions）

ACS 设有部门活动委员会（Committee on Divisional Activities），专门负责与部门活动有关的内容。ACS 有 32 个技术分部（附表 1），会员可以根据兴趣加入不同的分部。获得 ACS 会员资格的可以同时免费加入一个分部。

附表 1　ACS 技术分部名称

英　文　名　称	中　文　名　称
Agricultural & Food Chemistry（AGFD）	农业与食品化学
Agrochemicals（AGRO）	农药
Analytical Chemistry（ANYL）	分析化学
Biochemical Technology（BIOT）	生化技术

续表

英文名称	中文名称
Biological Chemistry（BIOL）	生物化学
Business Development & Management（BMGT）	商业发展与管理
Carbohydrate Chemistry（CARB）	碳水化合物化学
Catalysis Science and Technology（CATL）	催化科学与技术
Cellulose and Renewable Materials（CELL）	纤维素与可再生材料
Chemical Education（CHED）	化学教育
Chemical Health & Safety（CHAS）	化学健康与安全
Chemical Information（CINF）	化学信息
Chemical Toxicology（TOXI）	化学毒理学
Chemistry & the Law（CHAL）	化学与法律
Colloid & Surface Chemistry（COLL）	胶体和表面化学
Computers in Chemistry（COMP）	化学计算机
Energy & Fuels（ENFL）	能源与燃料
Environmental Chemistry（ENVR）	环境化学
Fluorine Chemistry（FLUO）	氟化学
Geochemistry（GEOC）	地球化学
History of Chemistry（HIST）	化学历史
Industrial & Engineering Chemistry（I&EC）	工业与工程化学
Inorganic Chemistry（DIC）	无机化学
Medicinal Chemistry（MEDI）	药物化学
Nuclear Chemistry & Technology（NUCL）	核化学与技术
Organic Chemistry（ORGN）	有机化学
Physical Chemistry（PHYS）	物理化学
Polymer Chemistry（POLY）	高分子化学
Polymeric Materials：Science & Engineering（PMSE）	科学与工程：高分子材料
Professional Relations（PROF）	专业关系
Rubber（RUBB）	橡胶
Small Chemical Business（SCHB）	小化学企业

资料来源：美国化学学会官方网站（https://www.acs.org/content/acs/en.html）。

这些技术分部为 ACS 的全国会议提供项目和内容，为对特定领域感兴趣的成员提供交流和合作的机会。ACS 与其技术分部之间的关系属于业务指导关系，除参与 ACS 的互动之外，技术分部可以独立运行但需要向 ACS 提交年度报告。为了促进技术分部的业务开展，ACS 也提供了相应的指导，网站上设有板块指导技术分部如何提交年度报告、招募新成员、提高领导力等。二者虽然具有从属关系，但并不属于上下级关系，因而没有行政上的领导关系。

（五）地方分部（Local Section）

地方分部主要是为处在同一地区的化学工作者提供交流平台，支持他们为提高本地区化学技术水平做出努力。地方分部的运行主要由当地机构的领导指导运行，ACS 常设委员会中包括地方分会活动委员会（Committee on Local Section Activities）负责对地方分会的管理，同时 ACS 会为地方分会提供信息和技术方面的指导。美国共有 185 个地方分会，根据所在的区域位置分为 6 个大区域（附图 3）。

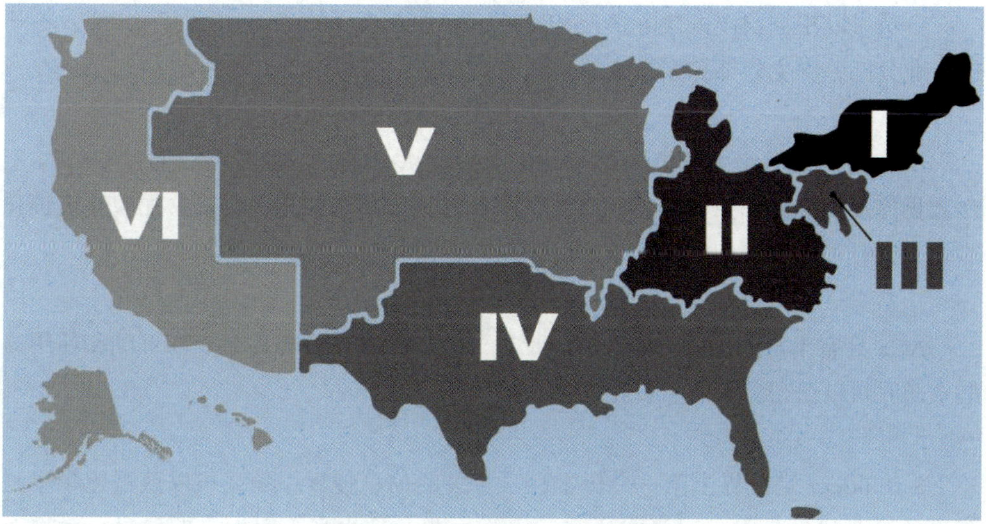

附图 3　ACS 地方分会 6 大区域分部

三、会员体系

ACS 由来自 140 多个国家，超过 16.3 万名会员组成，主要是个人会员。根据会员身份的不同，会费的额度也有所不同，对于学生会员学会给予了较大的优惠，见附表 2。

附表 2　ACS 会员构成

会员类型	会　员　要　求	会费额度（每年）
一般会员	拥有化学或相关学科学位，或从事化学科学相关教育的教师	$171
研究生会员	从事化学或相关专业学习即将取得学位的研究生	$85.5
研究生 第一年会员	已经取得化学或相关专业本科学位，正在申请并将于一年之内获得研究生资格的学生	$42.75
本科生会员	从事化学或相关专业学习的本科生	$28 （不提供 C&EN 服务） $56 （提供 C&EN 服务）
非专业 / 非学会成员	不想加入学会，但是对化学学科感兴趣，事业的方向与化学有关	$171

资料来源：美国化学学会官网（https://www.acs.org/content/acs/en.html）。

成为 ACS 的会员可以享受到一定的福利，这些福利可以概括如下。

1. 专业的社会网络

会员可以根据自己的实际情况和发展需要加入不同的分部，如地方分部、不同的专业分部、学生分部和国际分部。

2. 继续教育和职业发展

ACS 通过提供平台和资源，帮助化学行业从业者的职业发展。通过 C&EN 工作数据库提供职业信息，为求职者提供职业咨询和薪资信息，会员参加职业培训和专业培训时可以获得相应的折扣，对于失业的会员还可以提供会费减免。

3. 获取出版物

ACS 具有丰富的出版物资源，包括电子资源和纸质资源，会员在订阅和使用这些资源时可以获得免费或者折扣优惠。

4. 获得 SciFinder 的使用权

SciFindern 是世界上第一个化学科学相关的信息搜索引擎，可以获得化学学科最新的科学进展信息，对学术研究、化工行业产品生产等提供重要信息，为百万计的附加反应提供全文解决方案和综合协议。会员可以获得 25 项免费的活动。

5. 会议注册费折扣

ACS 每年会举办多个会议，会员参会年会会费可以享受 6 折，参加 ACS 的地区分部会议时，部分会员可以享受免注册费的优惠。

6. 人寿与健康保险

ACS 会为成员制定包括人寿保险、健康保险、宠物保险、财产和意外等方面的保险计划，ACS 新会员可以免费获得为期一年的 25 000 美元的基本团体定期人寿保险和 15 000 美元的意外死亡和伤残保险。

四、财务状况分析

2017 年，ACS 的财务状况持续向好，总资产从 2016 年的 13.57 亿美元增长到 14.57 亿美元，连续 14 年经营状况良好。其中非限定性资产的数额从 2016 年底的 2.43 亿美元增长到了 2017 年底的 3.25 亿美元，这一增长与组织的投资收益、固定资产收益增加有密切的关系。ACS 的财务活动主要涉及两个范畴，ACS 项目和 ACS 石油研究基金，这两部分也是 ACS 在经营中发挥主要作用的项目。这两个项目在总收益中的分布情况如附图 4 所示，其中 ACS 项目的收益略高于石油研究基金的收益。

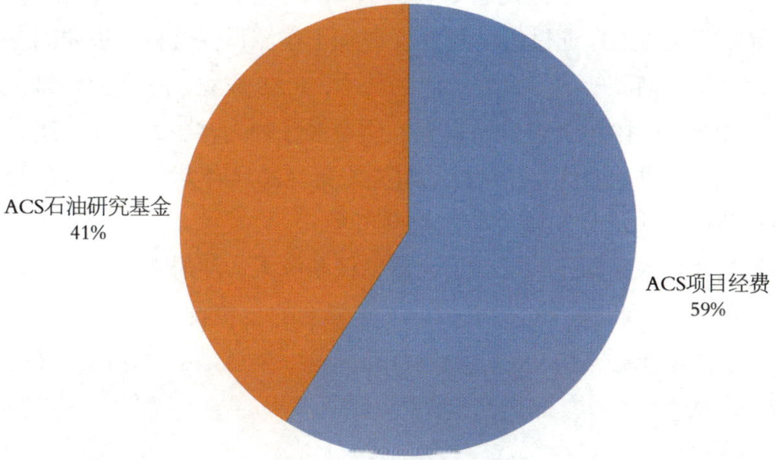

附图 4　ACS 收益分布

（一）ACS 项目

根据《国内税收法》第 501 章（C）（3）条规定，学会总体可免交联邦所得税，主要通过大量的教育和会员项目来完成减免优惠目标。这些项目包括继续教育项目，科研信息论坛在内的全国和地区性会议、就业服务和公众宣传。另外，学会还就与化工企业有关的议题在联邦、州和地方政府提供专家证词服务。学会还通过发行与化学和相关科学信息有关的纸质、电子期刊和数据库向会员和化工企业提供多种服务。

学会活动的资金主要来源于出版部（Publications Division）和化学文摘服务（CAS）服务部产生的净营收。出版部主要出版各种科学期刊和书籍，以高性价比的方式向客户提供高价值含量的重要信息，支撑化学科学和其他学科的学术研究和相关发现。2014 年，全球科研人员通过互联网访问 ACS 文章的总量达到 8 900 万次。

据汤森路透集团 2014 年 6 月发布的期刊引用报告，ACS 期刊总引用量超过 240 万，在 7 大核心化学学科门类中引用量皆排名第一。ACS 出版部两次荣获美国出版商协会（AAP）专业和学术出版部颁发的“美国专业与学术杰出出版奖”（The PROSE Awards），其中,《ACS 化学生物学》获得“AAP PROSE 最佳新刊奖”，ACS ChemWorx 荣获“PROSE Award 最佳 APP/ 电子产品奖”（每年一度的 PROSE 奖主要颁发给专业和学术出版领域的佼佼者）。

ACS 始终坚持通过化学的转化力量来改变人们的生活，在此愿景的指导下，由一批训练有素的科学家组成的化学文摘服务（CAS）团队致力于发现、收集和组织一切公开发表的材料信息，创建了全球最具价值含量的内容库，为全世界的科技创新做出了重要贡献。全球各地的科研人员和专利专业人士都依赖 CAS 的 SciFinder® 和 STN® 寻找解决方案，通过推动科学发现和工作流程促进科学事业的发展。2014 年，为促进从出版商到解决方案提供商的转型，CAS 成立了基金会并建立了相关的基础设施。如今，CAS 除提供数量最大、质量最优的内容服务之外，还为知识产权和科学专业人士提供创造性、新颖性的解决方案。2014 年年末，CAS 已经规划了一揽子新服务项目，计划于 2015 年年初推向市场。

学会的其他收入来源还包括会员会费、保费收入、注册费、投资收入以及个人和机构为支持学会项目进行的捐赠。2017 年学会的会费收入为 1 457 万美元，其来源分布如附图 5 所示，其中，化学与工程新闻这一渠道是会费来源最高的渠道。同

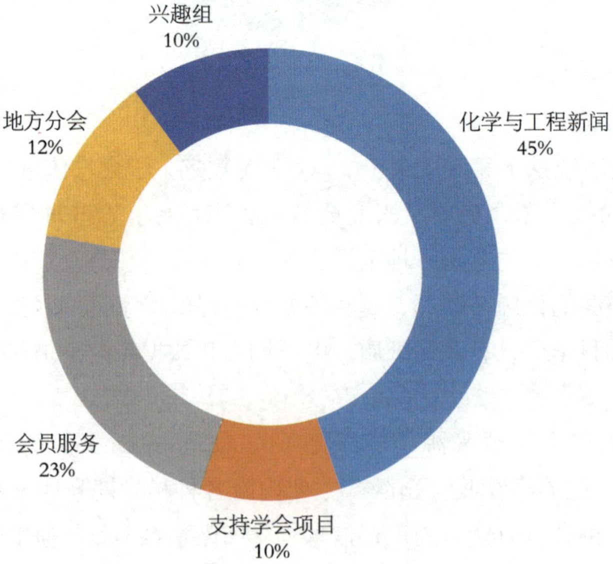

附图 5　ACS 收入来源

时，在 ACS 的年报中还列出了捐赠额度超过 100 美元的机构和个人，按照捐赠额度对捐赠人进行分级，并注明了长期捐赠人。

学会的产品和服务不仅在国内销售，还远销欧洲和亚洲等海外市场。学会的客户群体多样化，包括会员和其他化学相关的从业人员、化工和其他工业企业、学术机构和政府机构。

（二）ACS 石油研究基金

ACS 石油研究基金的起源可以追溯到 20 世纪初，当时，通用油品公司（UOP）拥有 Dubbs 工艺（一种化学方法）的独家专利权，并授权给部分主要的石油公司使用。1931 年，一个由这些主要的石油公司组成的财团（所有这些公司都是 UOP 许可证持有人）收购了 UOP。在 1944 年，为了避免交叉许可专利可能引发的反垄断诉讼，6 名 UOP 的所有者捐赠了他们的 UOP 证券，根据纽约州的法律，成立了一个信托基金——石油研究基金（Petroleum Research Fund，简称 PRF）。ACS 被指定为该信托基金的收入接受者。此后，又有一名委托人加入，形成了 7 家联合委托的形式。根据原信托协议，ACS 是指定的基金收益受益人，负责研究基金的管理。2000 年 10 月，摩根担保信托公司（委托人 – 转让方）、ACS（受让方）在纽约州签署了信托转让协议，解除了 PRF 信托。因此，ACS 同时成为受托人和收入接收者，ACS 对 ACS 石油研究基金行使完全控制权。此后，PRF 在华盛顿重新成立，成为现阶段运行的 ACS 石油研究基金。学会按照 ACS 石油研究基金协议的相关条款规定发放科研经费，经费资金来源于基金的净资产，2017 年，其净资产总额为 5.95 亿美元。基金的投资主要包括本国股票、外国股票、固定收益证券和对冲基金。根据转让协议的相关条款，基金每年的支出不得超过基金近 3 年内平均资产价值的 5%。学会使用基金的捐款提供科研资助，进而促进石油领域的科学教育和研究工作。ACS 董事会做出经费发放决定，且受益人接受之后，即开始发放经费。

该捐助基金获得的投资收入主要用于支持基金的相关活动，包括管理费用，在此，该投资收入会暂时受到限制。受限性资金的最终发放数额与每年产生的经费资助和管理费用严格相等。因此，ACS 石油研究基金对本学会的非限制性净资产的净财务影响为零。

五、业务活动

ACS 的运营活动是围绕着 4 个目标进行的。这 4 个目标是：提供信息、关注会员、推进化学教育和交流化学的价值，如附图 6 所示。

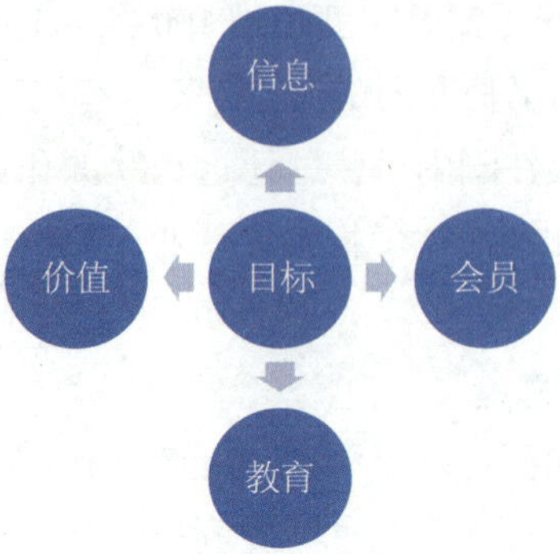

附图 6　ACS 目标构成

目标 1：信息的提供。ACS 提供最权威、全面、不可或缺的化学相关信息，提供基于知识的问题解决方案，以解决全球挑战和科学界面临的问题。ACS 强调信息提供的全面性和权威性，主要通过线上信息检索、线上线下出版物发行、会议、项目支持、媒体传播等形式进行。

目标 2：为成员和成员社区赋能。截止到 2017 年年底，ACS 在全球范围内共有会员 150 862 名。ACS 致力于为会员提供机会、资源、技能培训和社会网络，促进他们为全球经济的发展做贡献。同时，ACS 也支持会员社区的发展，促进各种类型会员社区能力的提升。

目标 3：支持教育。ACS 的目标之一是支持和促进与化学相关教育的发展。因此，ACS 开发了多个项目为教师和学生的发展提供支持。

目标 4：传播化学的价值。向公众和政策制定者传递化学专业和化学学科在世界经济发展和挑战应对中的重要作用。

为了实现这些目标，ACS 主要进行了以下的活动。

（一）信息传播、出版物与会议

ACS 开发了 SciFindern、STNext、ChemPlanner、Chemistry Class Advantage 等线上信息检索数据库，其中，SciFindern 是世界上第一个化学科学相关的信息搜索引擎，可以获得化学学科最新的科学进展信息，为学术研究、化工行业产品生产等提供重要的信息，为百万计的附加反应提供全文解决方案和综合协议。STNext 是在原有的 STN 基础上的升级产品，是升级版的专家搜索引擎。ChemPlanner 支持 CAS（化学文摘服务），在化学科学信息解决方面具有领导地位，是一个具有丰富附加反应内容、规则和文献的集合。Chemistry Class Advantage（CCA）用于将学术机构的研究和实践应用相结合。

ACS旗下设有传媒集团，涉及传统媒体和新媒体，通过线上线下的交流方式实现信息的沟通和传递。*Chemical & Engineering News*（C&EN）是ACS出版的周刊。该周刊的编辑和记者分布世界各地，报道与化学领域相关各个方面的内容，包括科学技术、商业工业、政府政策、教育、雇佣关系等。C & EN在线提供最近的新闻和补充材料的C & EN打印文章，包括1998以来期刊的过刊、网络研讨会、视频、博客和播客。同时，ACS拥有推特账号46个，关注者有187 000人，在Facebook、Youtube和微信上都有账号，并进行相关内容推广。

为支持ACS信息传播的要求，ACS出版集团发布最权威、全面、不可或缺的化学相关信息。ACS出版集团出版物种类繁多，有线上和线下两种形式，具体包括期刊62本（内容涵盖生化研究方法、药物化学、有机化学、普通化学、环境科学、材料学、植物学、毒物学、食品科学、物理化学、环境工程学、工程化学、应用化学、分子生物化学、分析化学、无机与原子能化学、资料系统计算机科学、学科应用、科学训练、燃料与能源、药理与制药学、微生物应用生物科技、聚合物、农业学）、电子书籍网站6个、搜索工具2个、期刊8本、线上社区2个、分部门主编期刊2本、数据库2个和化学文摘服务部产品9个。每年有超过15万的作者和研究团队在这些出版物上发表成果，这些出版物为全世界5 000多家学术、商业和公司机构所订阅。

在会议方面，由ACS发起的会议包括年会和区域会议，ACS还会与其他科学团体举办一些附属会议。年会一般在每年的7月15日—10月1日进行，除此之外每年还可能会举办国家级的会议。区域性会议由ACS地方分部组织，反映不同地理区域中不同的专业兴趣。在3—4天的时间里，这些会议通过多种主题、海报展示、博览会和社交活动等方式呈现优秀的技术方案。ACS区域会议的规模越小，与会者之间的互动机会越大，出席会议的费用也比全国会议少。对于如何举办区域会议，ACS给予充分的指导，从会议的前期筹备、议程设置、财务管理、营销计划等都列出了详细的操作流程。

ACS附属会议是由ACS和其他科学组织共同发起举办的，这些会议侧重于与化学领域相关的小众领域，吸引这些领域优秀的人才参加。

（二）教育

在ACS中与教育相关的机构包括：教育委员会、专业训练委员会、技术事务委员会和项目种子委员会，同时还包括化学教育兴趣组。

在教师培训方面，ACS重视在中学和学术机构中安全操作和安全意识的培养，学会通过“Digital Evolutions”这一数字渠道，为教育者提供多元的安全教育方式选择；ACS 设置了针对在职教师的工作坊，通过一系列的培训指导教师提高教学质量；学会还设置博士后工作坊，帮助申请者申请高校教职，并取得了良好的效果。

ACS 重视对青年人的支持的培养，为有志于从事化学、生物化学、化学工程、化学技术和教学等相关领域的申请人提供 6 种不同类型的奖学金项目。

ACS 通过为少数族裔的学生提供奖学金，资助他们从事化学学科的学习，实现职业梦想。ACS 的种子项目计划面向对化学感兴趣的高中生，为他们提供与科学家合作的机会，通过导师的指导，全方位的提升他们的化学研究能力，为他们申请大学提供帮助。该项目自 1968 年以来，有超过 350 家机构支持超过 10 300 名高中生参与这一科学项目。在 ACS 的支持之下，美国队在世界奥林匹克化学竞赛当中获得了四枚金牌。

ACS 的教育包含了化学知识的科学普及和学校教育，针对不同的群体提供不同的资源。这些资源包括面向教师提供的教学资源，面向小学到博士的不同学习阶段的学生提供的学习资源，面向化学科学家提供的专业资源和化学教育相关的出版物，以及与化学有关的各种活动的信息和资源。

（三）政策倡导

ACS 的成员来源丰富，包括业界、学界和政府部门，ACS 致力于与政府合作，促进和帮助制定化学企业及其从业人员为国家服务的相关政策。ACS 在经济、能源、水资源和环境可持续发展等多个方面，通过化学科学和工程技术，解决美国和全球所面临的挑战。ACS 的倡导主要涉及四个层面：通过研究促进技术创新；推进环境保护和可持续发展；加强科学教育和科学从业者队伍建设；公共政策制定中的科学问题。

在创新促进方面，ACS 致力于：推进联邦政府在研发、基础科学和工业创新方面的持续投资，以增强美国的全球竞争力；加快新技术的开发和产业化，使美国在能源、环境可持续发展、国土安全和人类健康等方面的目标得以实现；推进美国在税收、贸易、经济和监管方面政策的完善，提升美国企业和企业家的竞争力；在世界范围内推进法律体系的完善，通过保护知识产权鼓励创新。

在环境保护方面，ACS 认为科学能够提供社会问题的解决方案，但是这一点需要与政府的决策相结合。ACS 支持：在化工企业中促进节能减排和资源可持续使用的环境决策；在企业界、学术界和政府中推进绿色产品和工艺的使用；在环境、健康、安全和安全目标方面适当、均衡地使用自愿和监管措施，在环境管理过程中重视科学的使用；在全球范围内推进科学和技术的使用，鼓励全球实现环境、健康和安全的协调发展。

在教育方面，ACS 认为美国需要更多的科学和工程技术人员。为了提高学生的技能，除提高教育水平之外，还需要引导更多的人才进入科学和工程领域。ACS 致力于在不同的环境之下为国民提供不同类型的科学教育，提高公民的科学素养；为教育从业人员提供岗前和在岗培训以提升他们的教学水平；鼓励妇女、少数族裔和残疾人从事科学事业；提升科学家和工程师对美国劳动力市场的影响；为科学家和工程师提供专业的工作机会和激励机制。

在政策方面，ACS 认为科学技术确实为人类提供了解决问题的工具，科学的发展离不开公开和交流，学术界应该尽量减少对科学技术无意或有害的使用。ACS 致力于：发展一个有影响力、非政府背景的科学出版机构，确保在合法和版权得到保护的情况下能够进行信息和科学思想的交流；通过建立开放、包容、严谨的同行评议制度保证科技进步的质量；制定机制和指导方针，确保政府在进行决策时能够合理地利用科学技术；确保在全球范围内科学家、工程师和学生之间的互动。

六、经验与启示

ACS 历史悠久、规模庞大，其学会规模、会员数量、经营收入、分支机构数量等均居世界前列，在世界上有巨大的影响。学会本身也致力扩大自身在国际的影响力，通过与世界各地相关组织的合作，对世界各地从业人员进行培训，提升化学学科在目前的经济形势下解决全球问题的能力。通过分析其组织结构、财务状况和经营状况后，对于我国的科技社团发展有以下启示。

（一）重视道德和安全

ACS 的所有活动和项目都建立在道德和安全的基础之上，学会也利用自身在行业中的重要地位，不断地强调二者在学科发展中的重要性。在安全方面，ACS 为化学实验室的安全建立了一个集中网络，并在委员会中设立了一个致力于化学行业安全的全职员工职位；在道德方面，ACS 为兴趣分部和地方分部制定了法律资源手册（第一版），帮助这些部门更高效地、合乎道德地运作。

（二）围绕目标制定的经营活动

ACS 具有众多的委员会、经营机构和分支机构，每年举办的项目和活动数量庞大，但是每一项活动都是围绕着学会的目标进行的，这样可以保证项目虽然众多但并不显得庞杂。目标源于其使命，ACS 的运营活动是围绕着提供信息、关注会员、推进化学教育和交流化学价值四个目标进行的。明确的目标有助于学会对活动进行定位，如 ACS 的搜索数据库建设，出版集团和传媒集团的发展都是为了促进权威信息的发布和传递。同时，明确的目标也有助于机构对活动的效果进行评价，评价的标准就是是否促进了项目标的实现。

（三）重视人力资源，培育后备力量

ACS 在学会本身的发展和学科发展中重视对人才的关注和培养。学会层面，ACS 重视员工的发展，在学会领导和员工培训培训方面都予以重视，并注重改善办公环境。在化学行业中，学会重视对老年、女性、少数族裔、残疾人和青少年的关注与培养，促进他们的发展。ACS 重视会员，扩大会员规模是每一个委员会的责任。ACS 通过广泛的全球互动来提升读者、作者和文献使用者的数量，ACS 已经为 10 万多名审稿人颁发了证书，感谢他们为出版物做出的贡献。ACS 注重对化学行业教育的投入，为提升青少年对化学的兴趣，帮助他们完成学业提供了众多的支持。同时，ACS 还为青年人提供职业方面的培训，使他们能够更好地进入职业生涯，提供更高水平的教育。

（四）重视数字渠道和新媒体的使用

21 世纪是互联网时代，为了适应需求，ACS 重视数字渠道和新媒体的使用。ACS 的网站具有丰富的内容，包括大量的电子期刊、数据库、科技信息搜索引擎等，通过网络化学行业的从业人员可以获得相关领域的权威信息，从而帮助他们制订问题的解决方案。网站上还包含大量的教育资源，可供不同的教师和学生使用。同时，ACS 还注重社交媒体的使用，在 Twitter、Facebook、Instagram、YouTube、微信上均拥有账号，实现信息传播、组织宣传、粉丝互动等功能。如在 Instagram 上使用 #ACSMosaic 标签，上传了超过 850 张照片，产生了超过 700 000 条印象、7 000 条喜欢、超过 300 条评论的网络评价。

由于 ACS 具有明确的目标，合理利用现代科技，因此在学术界保持着权威地位和运行活力，这些都值得中国的科技社团借鉴。ACS 也重视与中国学术界的交往，2016 年起每年都会在中国举办学术会议、开办微信公众号，组织亚太地区的机构进行学术交流，这些都为我国的科技社团与其进行学习交流提供了契机。

参考文献

[1] 2017American Chemical Society Annual Report. 美国化学学会 2017 年年度报告 .

[2] ACS GOVERNING DOCUMENTS（Bulletin 5）：Charter，Constitution，Bylaws，and Regulations of the American Chemical Society. 美国化学学会治理文件，规章与细则 .

[3] 2018Member handbook for ACS. 2018 年美国化学学会会员手册 .

[4] 美国化学学会官方网站. https://www.acs.org.

附件：美国化学学会各委员会职责

ACS 设有 32 个委员会，每个委员会负责不同的事务，具有多样化的特点。根据职责内容，这些委员会被分为五种类型，分别是：选举委员会（Elected Committees）、常务委员会（Standing Committees）、理事会董事会联合委员会（Joint Board–Council Committees）、学会委员会（Society Committees）和其他委员会（Other Committees）。

根据管理主体的不同，委员会又可以被分为两类：一类向理事会汇报、另一类向理事会和董事会同时进行汇报。

（一）向理事会汇报的委员会

1. 选举委员会（Elected Committees）

选举委员会包括理事会政策委员会、提名和选举委员会和常务委员会，其中的成员都属于理事会理事。

（1）理事会政策委员会（Council Policy Committee）

该委员会职责包括：制定理事会会议议程；规划促进理事会有效活动所需的详细议程；经理事会或规章授权成为临时代理理事会；担任理事会执行委员会；根据相关规定为提名和选举委员会提名委员；为学会制定长期规划；监控全国和地区的选举并在发生重大违规行为时对选举结果做出判断；在成员或候选人对会员事务委员会有不满时成立上诉委员会。

（2）提名和选举委员会（Nominations and Elections Committee）

委员职责为：在会员中征集候选人提名；成立地区董事、当选主席和专门董事候选人提名工作小组，审查候选人的资质；除明确由理事会政策委员会监督的选举之外，其他学会的选举均由提名和选举委员会监督；审查理事会成员的资格并确定其参加理事会会议的资格；理事会选举；担任所有分部选举的选举上诉委员会（制订并实施选举上诉条例，调查选举程序是否违规，如有必要责令重新选举，确保选举的有效性）。

（3）常务委员会（Committee on Committees）

常务委员会职责为：为理事会选择委员会成员和社会团体成员提供咨询和建议；研究并就所有与理事会有关的社会团体的责任和规模向理事会提出建议，包括解散、创建或合并它们的建议；协调理事会常务委员会和学会其他委员会之间的会议议程和时间，确保对关心的问题进行充分的意见交换；在有修改总则和细则的要求时，向委员会提供实质性的建议；在由主席任命领导人和成员的团体当中，如果有理事会成员的位置空缺超过 60 天，则由常务委员会任命成员填补空缺。

2. 常设委员会（Standing Committees）

理事会各常设委员会须对理事会负责，每次召开委员会会议时，须向理事会政策委员会汇报，并提交委员会活动总结或报告，付印后存档。各常设委员会主席每年经委员会事务委员会推选并由会长任命，同一委员会主席的任期连续不得超过 3 届。各常设委员会要选举一名成员担任秘书长。常设委员会成员任期两年，且在同一委员会的连续任期不得超过 3 届。经委员会事务委员会建议，学会会长须为各常设委员会任命有投票权的委员，并按此方式填补席位空缺，实现席位轮换。各常设委员会成员总数不得低于 12 人且不得超过 20 人，理事会另有特别授权的情况除外。各常设委员会主席和其他成员在任命时必须为有投票权资格的委员。丧失资格的常设委员会成员必须予以辞退，并宣布席位空缺。如推迟辞退丧失资格的成员明显有利于委员会的运行，会长可推迟辞退该成员和宣布空缺席位，直至当年年末。

（1）宪章和章程细则委员会（Committee on Constitution and Bylaws）

职责包括：履行学会宪章和章程细则所分配的职责；审核学会宪章和章程细则条款，必要时采取相应的措施；必要时解释并采取相关行动以消除学会宪章和章程细则中的冲突；为增加地方分会和国际化学分会以及更改试运行部门规章制度等更改章程细则，就相关内容进行审核并向理事会提出建议；就试运行部门制定的为获得部门身份资格按照本学会章程细则提交的规章细则进行审核，并向理事会提出建议；代表理事会批准依照本学会章程细则提交的对地方分会、国际化学分会、部门规章细则进行的修改和修订；按照本学会章程细则修订地方分会和部门的组织章程，确定这些修订是否符合学会的章程、宪章，并代表理事会对上述修订进行最后核批，同时对国际化学学会的组织章程或同等文件做相应的修订；代表理事会确定地方分会与地方科技组织或部门与其他科技组织之间的联合是否完全符合本学会章程细则的要求。

（2）部门活动委员会（Committee on Divisional Activities）

职责包括：研究影响部门利益关系的学会政策，并向理事会提出建议；协助各部门协力做好学会和地方分会的相关活动；履行本学会章程细则其他部分所规定的有关设立新部门的相关职责，就部门的合并和解散事宜向理事会提出建议；促进部门与地方分会和其他部门之间的正式和非正式合作与交流；在共同关切的领域与会务委员会、学会各机构以及其他委员会就出版问题进行协调；根据本学会章程细则，确定部门会费分配方案，并将方案提交理事会审核；配合宪章和章程细则委员会代表理事会批准各部门与其他技术组织的联合。

（3）经济和职业事务委员会（Committee on Economic and Professional Affairs）

职责包括：促进化学科研人员经济和职业地位的不断提升；解决理事会成员在职业事务方面的问题，并提交理事会；配合管理部门代表理事会对学会的职业协助和职业发展项目进行监测和协调；监控化学科研人员的经济和职业状态并向理事会提交相关的政策建议；研究化学科研人员长期和短期的经济和职业需求并向学会汇报；对影响化学从业人员经济地位的供需情况、薪酬和其他因素进行定期的实际调查，并上报调查结果；审核、更新化学科研人员职业和就业指南，经董事会和理事会批准后，发放给会员和用人单位；监测劳资关系，定期就人事政策、附加福利、工作条件、雇佣终止、工作安全、遵守学会指南的情况等向学会报告；提出化学科研人员的伦理行为准则并提交理事会审议。

（4）地方分会活动委员会（Committee on Local Section Activities）

委员会的职责是：研究影响地方分会利益关系的学会政策，并向理事会提交建议；协助地方分会做好学会和部门活动；促进地方分会与其他部门和地方分会之间的正式和非正式合作与交流；研究协助地方分会对活动项目进行充实、丰富的可能性；接收地方分会活动报告，并就活动的有效性进行评价；接受、审议有关划定新地方分会及更改区域或名称的请求，并向理事会提交建议；就地方分会的合并和解散向理事会提出建议；研究与学会项目有关的地方活动是否需要财务支持并就此类财务分配问题向理事会提出建议；根据本学会章程细则其他部分的相关规定，确定地方分会的会费分配方案，并报请理事会批准；按照学会章程细则规定，代表理事会解决会员针对地方分会的分配请求发起的反向行动申诉；配合宪章和章程细则委员会代表理事会批准地方分会与其他技术组织的联合行动。

（5）会员事务委员会（Committee on Membership Affairs）

职责包括：推选学会的会员和附属会员，就会员和附属会员的身份标准和要求（包括优先权和限制）以及本学会章程细则其他部分有关特别会费的规定进行评审并提出建议；审议学会相应机构的会员增加保障计划、方案，包括会员招募和维持以及会员服务的改进，并提出建议；依照本学会章程细则其他部分所规定的程序，审议是否对会员的危害性行为提起诉讼；审议各学会机构就学会事务，包括会员优惠待遇、通知会员和潜在会员的方式等，并提出相应建议。

（6）会务委员会（Committee on Meetings and Expositions）

职责包括：就学会、学会各部门、地方分会所主办和运行的会议的相关政策和问题进行研究，并向理事会提出建议；研究学会赞助会议的举办日期和地点，并向理事会提出建议；在共同关切的领域与部门活动委员会展开合作。

3. 其他委员会（Other Committees of the Council）

（1）分析试剂委员会（Committee on Analytical Reagents）

该委员会制定了商业公司销售的超过 400 种常用化学试剂的纯度标准，并建立了确定这些试剂纯度的验证分析程序。该委员会每年在华盛顿召开两次会议，整合现代分析技术，以提高其分析方法的准确性、精确性和灵敏度，并研究将新的试剂加入标准。委员会的工作还包括定期修订《试剂化学》一书，该书具有纸质版和电子版两种形式。该委员会包括商业化学品制造商、标准组织、政府、学术界和化学试剂使用者的代表。目前，分析试剂委员会是唯一制定要求并开发确定化学试剂纯度有效方法的组织。

（2）道德委员会（Committee on Ethics）

该委员会为科学和社会的利益，在化学和相关学科中促进和支持高标准的道德行为和操守。该委员会的目标是促进科学界的道德教育；识别和整合相关资源，将其传播给化学及相关学科的组织；促进和提高化学及相关学科从业人员的道德意识；支持美国化学学会委员会、学术小组、地方分支机构和其他组织的道德倡议。该委员会下设意识与教育、资源与沟通两个分委员会。

（3）命名、术语和符号委员会（Committee on Nomenclature，Terminology and Symbols）

该委员会解决与命名、术语、符号和单位有关的问题和内容，同时，提升美国化学学会对科学重大改变和提议的认识。该委员会的职责包括：为学会出版物的编辑提供咨询和建议；在适当的情况下代表理事会发起、审查、推荐和审定文件与提案；与其他国家的组织、国际组织、委员会等就命名、术语、符号等问题保持联络；为学会成员提供一种参与命名、术语、符号和单位等研究工作的方式。

（4）项目种子委员会（Committee on Project Seed）

该委员会的使命是确保在经济上处于弱势地位的学生有机会体验化学及相关学科的挑战与回报。

（5）技术人员事务委员会（Committee on Technician Affairs）

通过职业的许可，支持和促进化学技术专业从业人员的发展。为化学专业技术人员提供重要从业资源。

（二）向理事会和董事会同时汇报的委员会

这类委员会同时向理事会和董事会进行汇报，主要涉及 ACS 的经营管理活动，以及按照人口统计学的特点进行分区的委员会。

1. 理事会董事会联合委员会（Joint Board-Council Committees）

（1）化学文摘服务委员会（Committee on Chemical Abstracts Services）

化学文摘服务委员会是美国化学学会管理层。委员会职责包括：在董事会其他组织之间建立信息互通、积极的、相互支持的关系，共同执行和管理化学文摘服务的相关事务，包括在不同的团体之间进行信息沟通；作为美国化学学会管理层、学会成员和化学文摘服务客户之间信息流动的渠道，确保每一方的需求都被研究、认可和表达。鼓励会员对化学文摘服务提出意见和建议，并将这些信息反馈给负责出版的机构和董事会；将委员会的活动通报理事会和董事会。

（2）化学安全委员会（Chemical Safety）

通过提供权威资源促进和发展积极的化学安全文化。其职责包括：发布教师、实验室和工作场所使用的标准、工具和其他材料；为 ACS 的董事会制定安全政策声明；为 ACS 的委员会和成员提供帮助和建议；举办和赞助专题讨论会。

（3）化学与公共事务委员会（Chemistry and Public Affairs）

化学和公共事务委员会负责就涉及化学科学和技术的公共政策向美国化学学会的行动提供咨询和建议。其职责包括：识别和分析影响化学科学和技术的立法、法规、研究、科学教育经费和其他科学政策问题；定义、提议、实施，并在适当的情况下与美国化学学会内的团体合作，就上述问题采取行动，其中包括但不限于：向董事会提出关于研究或应采取的行动的建议；对可能纳入美国化学学会官方政策声明的政策问题进行评估；就化学科学和技术问题向政府提供专家意见；设立专门的常设小组委员会或专门小组处理具体问题；鼓励和促进美国化学学会的成员参与与政府的互动；监督美国化学学会公共政策伙伴项目，包括选拔过程。

（4）残疾化学家委员会（Chemists with Disabilities）

委员会的目标是使所有人特别是残疾人，在推动化工企业的发展中都能发挥才能。该委员会在残疾人中推进化学科学教育和提供专业发展机会，提升残疾人的地位。

（5）社区活动委员会（Community Activities）

社区活动委员会的目的是通过项目将化学家与社区联系起来，改善公众对化学的认识，主要活动包括：为社区推广项目和活动提供指导，通过开发和实施新的资源/技术来支持、评估和维持这些项目；鼓励通过招募和培训志愿者的方式推广社区项目；将委员会的活动通报董事会、理事会和其他组织内机构。

（6）环境治理委员会（Environmental Improvement）

ACS 的董事会和理事会责成环境治理委员会积极促进社会公众提升对保护和改善人类健康和环境质量的认识与关注。为了实现这一目标，委员会就科学和公共政策中有关环境问题向 ACS 理事会提供咨询，以保证学会采取行动。一旦确定，这些问题就成为委员会行动的焦点和项目的来源。其职责包括：监测环境立法和规章，保证 ACS 在适当的时机可以提出意见或建议，撰写或审查社会声明；及时了解当前和新出现的环境问题，关注委员会或学会可能采取的行动；研究环境化学问题，编写相关资料，向学会内外相关的群体和个人传播；利用委员会成员的技术专长就科学和公共政策中的环境问题发布学会立场声明、编写资料手册和出版物（如书籍和文章）；设计和协调与环境改善有关的专题研讨会和编写出版物；通过开发科学课程、音频课程等促进中学、大学以及公众的环境化学教育，并将这些课程分发给教育者和其他感兴趣的人。

（7）少数族裔事务委员会（Minority Affairs）

少数族裔事务委员会是为了增加少数族裔科学家在学会中的数量以及这一群体对学会治理的参与而设立的。

（8）专利及相关事务委员会（Patents and Related Matters）

该委员会下设 5 个小组委员会，分别为：奖项小组委员会、教育和推广小组委员会、执行委会会小组、立法和监督小组以及技术和转让小组。

奖项小组委员会强调和认同化学家的知识产权贡献；为国家发明家名人堂、国家妇女名人堂和国家技术和创新奖章以及其他相关奖项征集提名；通过适当的 ACS 批准程序指导提名，以获得社会的认可；考虑新的奖项；保持与学会内其他组织的联络。

教育和推广小组委员会为 ACS 的会员提供有关知识产权方面的信息服务。如通过网络为会员提供有关专利和相关事宜的信息资源；在网上为化学家提供专利的入门指导；保持与学会内其他组织的联络等。

执行委员会小组负责帮助委员会制定长期规划和半年阶段性评价。

立法和监督小组负责监控对化学家和其他化学企业从业者来说重要的知识产权问题；在有关知识产权立法或法规的研究和讨论中确保美国化学学会会员的利益被充分考虑；维持适当的机制以应对知识产权问题；维持与学会内部和外部组织的联系。

技术转让与赞助小组负责与技术转让和赞助相关的事务。

（9）出版委员会（Publications）

出版委员会要对学会出版物的质量进行把关，其职责包括：评估学会出版项目的编辑质量和内容，包括图书、期刊、报纸等，并向董事会报告调查结果；作为学会成员、理事会、学会出版物使用者、出版管理委员会和董事会之间的沟通渠道，出版委员会须确保需求得到满足；与上述出版物的编辑就编辑政策进行商议；与董事会商讨有关上述出版物的相关事宜；就学会出版物的必要性和适当性向董事会提出建议，包括需要削减的方面和新的努力方向，并将这些出版工作中的改变提交给董事会和理事会；向董事会、理事会和工作人员提供版权政策咨询，并采取措施保护学会出版物的版权；通过国家和区域专题讨论会、学会官方机构的文章和其他学会出版物告知和教育会员注意版权问题；关注国家和国际层面版权问题的发展；将委员会的活动报告理事会和董事会。

（10）公共关系和传播委员会（Public Relations and Communications）

ACS 的一个目标是提高公众对化学在人类生活中贡献的认识，本学会的存在就是为了支持这一目标。委员会的工作包括：参与和支持 ACS 中的组织和成员进行有效的沟通和积极的公众宣传；管理多项公共宣传 / 公共关系奖；为化学大使项目和 ACS 对外事务与交流中的其他沟通工作提供指导和支持；委员会以全球事业观察化学共同体的交流，并就学会如何做出最佳回应提出建议。

（11）资深化学家委员会（Senior Chemists）

本委员会为学会中的两类人群服务：一是仍然活跃在美国化学学会中的老年人；二是需要在职业生涯中获得指导的青年成员和学生。该委员会的使命是通过资深化学家的经验和知识来改善生活，实现他们的价值和意义。其目标是：建立一个活跃的资深化学家交流网络；增加地方分部资深化学家的数量；开发和支持有资深化学家参与的活动。

（12）科学委员会（Science）

科学委员会的宗旨是提供一个组织机构，以促进科学活动、公共政策和与化学科学有关的奖项提名的审议、协调和制定。组织目标为：确定新的化学领域，包括新出现的挑战和机遇，并提出促进发展的建议；查找与化学科学相关的公共政策的科学依据，并向 ACS 的相关实体机构提出建议；为杰出科学奖审查和提名杰出化学科学家。该小组包含科学技术、奖项、公共政策与传播三个分部。

（13）女化学家委员会（Women Chemists）

女化学家委员会在化学科学及相关学科领域工作的女性中起领导作用。

（14）青年化学家委员（Younger Chemists）

本委员会的使命是引领年轻的化学家走向事业的成功，让他们在学会和行业中发挥积极作用。该委员会的职责是：为青年化学家发声，使他们面临和关注的问题在 ACS 的政策当中得以体现；为青年化学家提供专业的发展机会和指导；提高青年化学家和地方青年化学家委员会参与 ACS 的程度，提升学会对青年科学家的价值。

2. 学会委员会（Society Committees）

学会委员会包括预算和财务委员会及教育委员会。

各学会委员会须在所有财务事宜上对董事会负责，并在所有其他事宜上对董事会和理事会负责。各学会委员会主办的每次会议中要向理事会政策委员会、理事会和董事会汇报。另外，在董事会会议中，如董事会执行委员会代表董事会要求学会委员会汇报的，学会委员会要向执行委员会汇报。学会委员会相关的活动要以书面形式写入报告，并打印存档。各学会委员会成员总数不得低于 12 人，且不得超过 20 人。当多数成员为有投票资格的委员时才可对被任命人进行选任。各学会委员会和常设委员会要鼓励成员在各自职权内对学会事务发表意见，任何可能的情况下，要给予成员合理的时间表达看法，然后才能采取相应行动。为此，在有理事会参加的学会全国大会过程中，各委员会要至少举办一次公开会议和一次常务会议，并在此类会议召开前发布拟讨论的主要议题，以及公开会议的时间和地点。

（1）预算和财务委员会（Budget and Finance）

该委员会的职责包括：代表董事会在设定的预算内执行财务政策和其他广泛的财务行动，并执行董事会规章规定的委派给委员会的特定行动；协助学会财务主管审核、制定预算；研究学会各方面活动的资金分配，并向董事会提出建议；接收并审核对新的、未纳入预算的项目进行配资的请求，对请求提出批准或不批准建议，如请求获批，建议并确定资金来源；监控所有支出的比率便于识别任何可能出现的问题；对预算支持的所有活动进行研究并向董事会提出建议，并在合适的情况下，根据所确定的成本和效果列出活动的优先顺序，包括是否终止某些项目；向理事会报告学会各官方机构所分配的会费收入金额情况。

（2）教育委员会（Education）

该委员会的职责包括：实施学会的化学教育政策；就学会在化学教育方面的政策和旨在改进化学教育的学会项目撰写报告和建议并提交董事会和理事会；接收、审核化学教育政策和项目方面的建议，并向董事会和理事会提出建议；以顾问身份就化学教育相关的事宜提出建议；就未纳入预算的新化学教育项目的资金请求提出批准或不批准建议；在获得宪章和章程细则委员会批准后，为学生分会制定所有的规章制度，包括设立标准和流程、会员标准、项目活动标准、解散和恢复标准、以及所有其他权利和特权；代表理事会特许或取消学生分会的资格。

美国医学会[①]

一、学会简介

美国医学会（American Medical Association，AMA）成立于1847年，是美国最大的医生组织，总部位于芝加哥，源于1845年内森·戴维斯博士（Dr. Nathan S. Davis）在纽约医学协会提出的呼吁召开全国医学大会的决议。在此之前，美国没有国家层面的医学会，但是各个地方已经形成了由医师组成的团体，AMA是各地方医学会的联合体。医学会的出现早于美国卫生部和药监局（FDA），主要关注医师资格认定、药品质量控制和流行病防治等。其目的是为了提升美国人民的健康水平，改善医生的执业环境，提高医疗教育水平，为患者创造一个更为健康的未来，在医疗保健倡导中反对种族歧视。

自成立之日起，AMA就在美国的医学发展中发挥了重要的作用。1873年，AMA成立司法委员会，用以处理医疗伦理和宪法方面的争议；1883年，美国医学学会期刊首次出版；1906年AMA出版了第一份美国医师名录，包含12.8万多名美国和加拿大的执业医师；1910年在卡耐基基金会和AMA的资助之下，出版了Flexner报告，建立了医学院校的新标准；1927年，AMA公布了首批批准培训住院医师的名单；1950年AMA教育和研究基金会成立，赞助医学院和医学院学生；1966年AMA出版了当前程序术语（CPT）的第一版，这是一套用于简化医疗程序文件的标准化术语体系。1990年AMA建立了电子互动数据访问系统，以电子化形式描述美国的住院实习项目。

二、组织结构

AMA的管理层主要包括代表大会、董事会、高级管理人员和委员会，如附图7所示。其中代表大会是学会的主要决策机构；董事会负责管理学会的财产和财务事务，指导学会制定医疗行业的标准和政策；委员会根据各自的职责领域，将相关信息和建议提交董事会，由董事会提交代表大会；高级管理人员负责学会的组织管理和日常运作。

① 本报告的内容主要来源于美国医学会官网和2017年美国医学会年度报告。

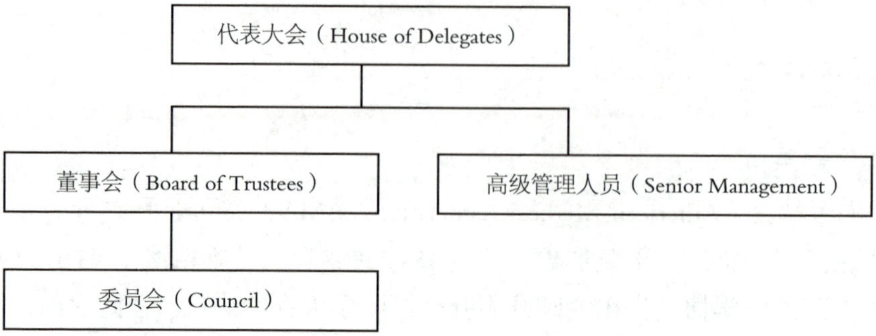

附图 7　AMA 治理结构

（一）代表大会

AMA 代表大会是学会的主要决策机构，成员代表由来自 170 多个不同学会的医务人员组成。这些代表每年召开两次会议，制定关于卫生、医疗、专业和管理事务的相关政策，以及 AMA 在开展业务活动时的原则。代表大会成员是 AMA 与基层医务人员进行沟通、政策制定和成员关系维护的桥梁。代表和候补代表是 AMA 活动、项目和政策制定的重要信息来源。为了保证信息交流畅通，代表需要将他们的联系方式在 AMA 的网站上公布，保证个人会员可以与他们联络。

1. 代表资格的获得和代表的职责

要成为代表，需要具备以下条件：是 AMA 的会员；由其所在的组织机构通过选举或选拔确定；每个机构至少选出 1 名代表参与治理活动。

代表的职责包括：定期向其他成员传递学会的政策、活动和项目等信息，履行代表职责；将与组织有关的政策建议反馈给 AMA 的管理机构；在代表大会、其他治理组织和行政人员中倡导组织成员的观点；参加代表大会的相关会议并将会议的主要内容报告给组织的其他成员；作为患者的倡导者，致力于提升公众健康和完善卫生保健系统；为各级有组织的医疗机构培养有前途的领导者，帮助他们获得领导职位；为 AMA 招募新成员，并维持现有的成员参加 AMA 会员资格推广项目。

代表大会包括超过 500 名具有投票权的代表（以及相应数量的候补代表），2018 年代表的数量为 617 名。出席代表大会的所有代表都具有 AMA 的会员资格，并由他们所代表的组织选出。还有一些组织没有投票权，但他们仍然可以对代表大会的流程进行监督。

2. 代表的来源

代表的来源主要有 3 个，分别是：各地方分会的代表；国家医学专业学会的代表和其他章程中规定的组织代表。AMA 在全国各地有 53 个地方分支机构，还有 1 个代表海外成员的分支机构。根据分支机构成员的数量推选代表人数，每1000人（不足1000人按1000人计算）选出1名代表，2018年这些地方分支机构代表的人数为273名。

国家医学专业学会包含122家机构，分配代表名额271个，其中有43家机构的代表人数超过1人，其他机构的代表人数为1人。

其他章程中规定的组织包括：AMA相关部门、联邦服务机构（为美国军队、退伍军人和公共卫生服务的机构）、美国妇女医师学会、美国骨科学会和其他专业的医学组织。

（二）高级管理人员（Senior Management）

由高级管理人员组成的团队负责学会的组织管理和日常的运作，包括首席执行官（CEO）1名、首席财务官（COO）1名、首席战略官（CSO）1名、高级副总裁11名、集团副总裁4名。同时AMA还有5个附属机构，分别为：AMA商业解决方案团队、AMA基金会、AMA保险机构、健康2047和政策事务机构。这些附属机构的负责人也属于高级管理人员。

（三）董事会（Board of Trustees）

董事会负责学会的财产和财务事务，履行组织章程和细则规定的职责。董事会指导AMA制定医疗行业的标准和政策，帮助AMA为患者、医生和整个国家塑造一个更美好和健康的未来。董事会成员需要通过他们丰富的医疗经验来指导问题的解决，同时也有责任将AMA的利益置于个人利益之上。

目前AMA的董事会由21位成员组成，包括主席1名、当选主席1名、前任主席1名、当然成员（属于联合会）2名、董事会主席、当选主席和前任主席各1名，秘书长1名、董事会成员12名。2018年董事会计划召开14次会议，每次会议的时间和地点都可以在AMA的官方网站上查询，会议向社会公众公开，想参加会议的人员可提前两周向董事会主席发送电邮或传真，在得到主席的确认之后出席董事会。

（四）委员会（Councils）

委员会的职责包括：提供信息和建议，所有委员会都有义务根据细则分配的职责领域，将相关事宜的信息和建议经由董事会提供给会员代表大会；战略制定，所有委员会都有责任与董事会、其他委员会和学会的相关组织机构一起参与战略规划；传播与工作关系，所有的委员会在必要的情况下都有责任与董事会、其他委员会、分组、与代表大会有关的组织和其他组织机构等进行沟通和发展工作关系。

AMA有8个委员会，每个委员会均需要选出主席、副主席或当选主席，经由董事会批准可以自行制定必要和适当的规章制度。

1. 政策制定委员会（AMPAC）

美国医学会政策委员会（AMPAC）从属于 AMA 的两党联立政治行动委员会。任务是选拔并支持进入国会办公室的候选人，且该候选人应是优先为医生和病人服务的新任办公室候选人，或是已证明对医学事业友好的参与连任竞选的候选人。

该委员会在 AMA 的全局宣传工作中占据重要地位，它是一条切实可行的途径，医生们通过这一途径支持能在国会中帮助医学事业的候选人。委员会对候选人的支持资金完全来自 AMA 会员的会员资格费用，因而 AMA 对每个候选人的捐助就代表了成千上万的医生们对 AMA 的捐助支持。

该委员会同样尽力帮助了更多的医生个体参与政治，每年都开办多个研讨会来指导医生们了解政治和政治选举的相关事宜。

2. 章程和细则委员会（Council on Constitution and Bylaws）

该委员会的职责包括：对章程和细则的内容进行审查、建议和推荐；向代表大会提出章程和细则的修改建议；由代表大会或董事会直接提出，或由委员会向代表大会提出建议后，起草章程和细则；在董事会审查各委员会和分部门规则、章程和程序时提供咨询服务。

该委员会有 8 名 AMA 的活跃成员，必须包括 1 名住院医师或医师和 1 名医学院的学生。此外，代表大会的议长和副议长是其中没有投票权的当然成员（具备这一身份的成员自动进入该委员会）。

3. 医学教育委员会（Council on Medical Education）

该委员会的功能包括：研究和评估与医学教育相关的各项内容，包括由代表大会批准的发展项目，以确保有足够的医生满足公众的需求；审查和推荐与医疗及健康教育相关的政策，使 AMA 能够为公众和业界提供最高水准的教育服务；向 AMA 提供意见和建议，使其能够代表公众和医学界，为医疗和相关的健康教育机构提供信息、领导和方向指引；研究能够协助医生保持其专业能力的方式和方法，并为承认这种成就制定方法和标准。该委员会由 12 名 AMA 活跃成员构成，其中必须包括 1 名住院医师或医师和 1 名医学院学生。

4. 医疗服务委员会（Council on Medical Service）

该委员会的职能包括：从社会和经济层面研究和评价医疗保健；并代表公众和行业，建议修订相关政策，以便在不断变化的社会经济环境下更好地提供医疗保健服务；调查影响医学实践的社会经济因素；与国家协会、下属协会和国家医学专业协会一起，就不断变化的条件和可能影响医疗服务的受瞩目提案交换意见；协助国家协会、下属协会和国家医学专业协会设立的医疗服务委员会。

本委员会由 AMA 的 12 名活跃成员组成，其中必须包括一名住院医师或内科医生和一名医学院学生。

5. 科学与公共卫生委员会（Council on Science and Public Health）

该委员会的职能包括：就受公众关注的医学、公共卫生和生物医学研究领域有希望的实质性进展提供建议；就 AMA 可能在医学和公共卫生领域开展的专业和公共信息活动提供建议；就公共媒体提出的医学及公共卫生领域科学议题协助拟定政策主张；就政府对生物医学和公共卫生研究的支持、参与或管控提供政策建议；向会员推荐机会，与国家医学专业协会、志愿卫生机构、其他专业组织和政府机构协调或合作，在医学及公共卫生领域开展科学活动；就医学及公共卫生领域科学议题有关的国内及国际项目，研究共同开发的可行性；就可能由 AMA 独立承担或与国家协会及下属协会共同承担的医学或公共卫生领域重大科研项目进行评估。

本委员会由 AMA 的 12 名活跃成员组成，其中必须包括 1 名住院医师或内科医生和 1 名医学院学生。

6. 伦理与司法事务委员会（Council on Ethical and Judicial Affairs）

该委员会的职责体现在两个方面：一是在政策方面，维护和修订已有 169 年历史的美国医学会医学伦理道德守则；二是在司法职能方面，促进成员遵守守则的职业道德标准。

具体体现为：通过颁布《意见》解释 AMA 的《医学伦理学准则》；解释《美国医学会章程及细则》；通过颁布《报告》或《意见》，调查整体伦理状况以及关于医生之间及医生与公众之间关系的所有事项，向代表大会或成员协会提交建议；当申请人宣称因为性别、肤色、信仰、种族、宗教、残疾、民族、性取向、性别认同、年龄或其他与品格或能力无关的因素，被不公平地取消成员协会和（或）下属协会会员资格时，接收其投诉，确定案件事实，并将结果汇报给代表大会，如果委员会确定此类指控属实，应警告或严厉批评相关成员协会和（或）下级协会，或在屡次违规情况下，向代表大会建议取消此类协会的资格；要求主席指派调查陪审团，以便提交超出地方审判范围的不道德行为投诉或证据，如存在合理起诉依据，调查陪审团应向主席提交正式指控，由主席代表 AMA 向伦理与司法事务委员会任命控方律师，向被告提出指控，委员会可对被告做出无罪、警告、停职、开除或留任查看的裁决。

该委员会的成员构成包括 AMA 有效会员 9 名，其中必须包括 1 名住院医师或预备主治医师和 1 名医科学生。当选的伦理与司法事务委员会成员应在当选时辞去其在 AMA 的所有其他职务。所有伦理与司法事务委员会成员在任职期间，不得担任代表大会代表或副代表，或担任 AMA 官员，或在其他理事会、委员会供职，或担任 AMA 部门的代表或管理委员会成员。

7. 长期规划与发展委员会（Council on Long Range Planning and Development）

该委员会的成员由 AMA 当选主席提名，并由代表大会通过投票选举产生。其职责包括：就 AMA 的长期目标进行研究并提出建议；就 AMA 长远目标的策略进行研究，提出建议并担任董事会顾问；研究 AMA 在医学中的作用，收集相关资料并将此类研究及资料的解读提交董事会，以便分发给整个 AMA 的决策中心，并在适当的时间向代表大会递交报告；研究并评估优化 AMA 政策制定流程的方法，并通过为 AMA 的拓展、交流和宣传活动提供支持，让人们便捷地获得有关 AMA 政策立场的信息；通过董事会，就任何部门的信息和（或）地位变化进行评估并向代表大会提出建议。

成员包括 10 名 AMA 有效会员，其中 5 名成员应由代表大会议长任命，包括 2 名来自代表大会的成员，2 名来自代表大会或无职务的 AMA 成员，1 名住院医师或预备主治医师。董事会应从代表大会成员或无职务的 AMA 成员中选择任命 4 名成员，其中 1 名成员应为医科学生部门管理委员会在董事会在场的情况下指定的医科学生成员。

8. 立法委员会（Council on Legislation）

该委员会的职责包括：审核联邦立法提案，根据 AMA 政策给出恰当的行动建议；有必要完成有效的立法目标时，建议变更现有的 AMA 政策；作为咨询委员会，AMA 的所有立法问题都要先经过立法委员会讨论，再由董事会最终确定；对立法进行持续监督，并为未来立法需求做准备；向董事会介绍新的联邦立法以及 AMA 感兴趣的修改当前法律的立法；监督联邦法规的制定和颁布，向董事会提供关于此类法规的行动建议；开发并向董事会推荐州立法模式。

其成员包括 12 名 AMA 有效会员，其中必须包括 1 名住院医师或预备主治医师和 1 名医科学生。委员会的这些成员应由董事会任命。医科学生成员应从医科学生部门提交的提名候选人中选择。

（五）成员小组（分部）Member Groups（Section）

成员小组是由具有相同兴趣、背景或处在同一职业发展阶段的 AMA 成员构成的，旨在为他们提供一个交流的平台和互动网络，从而使其能够在政策倡导和政策制定方面发挥作用。AMA 共设有 11 个兴趣小组，每个小组都设有独立的董事会，具体名称和活动内容见附表 3。

附表 3　成员小组分类与主要活动内容

名　　称	活　动　内　容
学术医师部 Academic Physicians Section（APS）	APS 为 AMA 成员中的学术医师提供在 AMA 代表大会辩论和投票的机会，使他们能够参与 AMA 政策的制定
综合职业医师部 Integrated Physician Practice Section（IPPS）	推动医生主导的综合医疗，使实践中的医生能够发声，并参与 AMA 医学会的政策制定
国际医学毕业生部 International Medical Graduates Section（IMGS）	美国的医师中 25% 以上是国际医学毕业生，因此这一分部的目标是致力于倡导影响国际毕业生的问题，在 AMA 成员中的国际毕业生都会自动加入这个分部。国际医学毕业生部为正在进行住院医师面试的潜在成员提供资源，关注并就影响国际医学毕业生群体的问题提供帮助
医学生分部 Medical Student Section（MSS）	致力于为医学生提高医疗教育水平，倡导为医学发展未来发声。AMA 会为其学生成员提供与医疗相关的信息和资源，并通过提供奖学金、奖项、贷款等方式在经济上为医学生提供帮助
少数族裔事务部 Minority Affairs Section（MAS）	关注和代表少数族裔医生，致力于提升少数族裔人口的健康水平。该部在全国范围内倡导对少数族裔健康、少数族裔医师和医学生的关注
组织医务人员部 Organized Medical Staff Section（OMSS）	组织医务人员部是唯一一个由医生领导的、拥护医护人员组织及其成员的团体。医护人员中的医生，无论是在职的还是私人执业的，由组织医务人员部授权，致力于改善患者的病情，丰富个人的从医经验，同时也会对其执业环境带来积极的影响
居民和会员部 Resident and Fellow Section（RFS）	该部门致力于解决病人和医生关注的医疗保健问题，对影响医生和患者健康的关键问题进行工作
资深医师部 Senior Physicians Section（SPS）	资深医师部有近 55 000 名成员，均是年龄超过 65 岁的 AMA 会员，无论是全职、兼职还是退休，都会自动加入该组织。该组织为医生提供了一个保持活跃和参加 AMA 相关医疗活动的机会，目的是支持高龄医师团体感兴趣的项目，包括保持与同事之间的交流，倡导资深医师关注的问题，持续维持其成员的福利和活动
女医师部 Women Physicians Section（WPS）	在 AMA 中有超过 82 000 名的女性成员，该部门的目标是提升女性在医学领域的人员数量和影响力
青年医师部 Young Physicians Section（YPS）	青年医师指年龄在 40 周岁以下或者在实习结束后执业时间不超过 8 年的医师。在 AMA 有超过 20 000 名的青年医师，YPS 致力于和 AMA 进行有效的合作，为青年医师的发展提供服务，同时通过青年医师招募更多的会员。YPS 通过为青年医师提供医学实践机会，促进青年医师参与 AMA 和医学联合会的相关活动，在医学组织当中提高青年医生的领导力等方法来提升青年医师的价值
同性恋、双性恋、变性人和性别错乱者倡导委员会 Advisory Committee on LGBTQ Issues	该委员会致力于解决关注 LGBTQ 问题的医学生、医生、病人和其他相关人员关注的问题。该委员会对世界医学协会提出的变性人医疗政策提出了相关意见并最终被采纳，通过委员会 12 年的努力结束了这些人群与普通人在医疗保障上的差异

资料来源：美国医学会官方网站。

三、会员构成

AMA 是一个联合会，其成员包括团体会员和个人会员。根据 AMA 章程显示，其会员包括活跃在美国境内的各级医学协会、直接申请会员的个人（需要在其所在州的医学会提交申请）、联盟成员（2015 年 11 月已失效，之前已获得资格的可以继续保留）、荣誉会员和国际会员。其中荣誉会员指的是在医学界获得优异成绩且有资格参加代表大会会议的外国医生；国际会员指的是从美国本土以外的医学院毕业的，满足国际会员资格但不符合直接申请会员资格的医生。可见，荣誉会员和国际会员都不是 AMA 中会员的主流。个人要想成为 AMA 的成员需要在其所在的州提交申请，成为地方机构的会员后就自动成为 AMA 的会员。到 2017 年年底，AMA 共有会员 243 449 名，其中会员数量最多的 9 个州分别为：加利福尼亚州、纽约州、德克萨斯州、宾夕法尼亚州、弗洛里达州、马萨诸塞州、密歇根州、伊利诺伊州和俄亥俄州，这九个州的分会成员数均超过 1 万人，其中人数最多的加州成员达到了 21 573 名。

四、财务和经营活动

财务状况和经营活动之间有着密不可分的关系，通过经营活动学会可以获得收入，但是这一过程也会付出一定的成本，因此，财务的数据反映了经营的状态，经营活动也必然会对财务的收支造成影响。

（一）财务状况

1. 收入情况

2017 年，AMA 的总收入为 3.47 亿美元，比 2016 年增加了 2 390 万美元。AMA 的版税和期刊网站许可产品带来的收入持续增长，综合投资的收入也有所提升，提高了投资余额。2017 年，AMA 的付费会员数量增加了 1.8%，但会员数量的增长主要集中在团体会员、赞助型会员和半年缴费会员等类型会员中，交纳会费的额度较小，因此会费的收入有所下降。同时，广告收入和期刊订阅收入也出现下滑，导致这一现象的原因主要是由于纸质期刊向电子渠道转型。

2018 年，AMA 的投资收入上升了 8.4%，主要是投资的股息和利息收益，具体包括出版物、健康解决方案和保险等项目。JAMA 网络的出版物包括美国医学协会期刊（JAMA）和 JAMA 网络专业期刊。健康解决方案包括：数据库产品、书籍和数字内容，其中，数据库产品包括许可数据销售的版权费和认证产品的收入，书籍和数字产品包括 CPT 书籍、研讨会和许可数据文件。保险指的是保险机构的收入。随着电子数字编码产品市场的不断扩大，特许权使用费推动了这一增长。2017 年编码图书销售额大幅下降，整体图书销售额下降 410 万美元。从纸质印刷产品到电子数据文件的转变继续影响印刷产品的销售。

AMA 的营利性收入来自其两个子公司，分别为：AMA 保险机构（保险代理机构）和 Health2047。2015 年，AMA 董事会批准使用储备建立 Health2047 子公司，并计划利用第三方资源在未来几年为关键项目提供资金。Health2047 是一家位于硅谷的创新企业，在数据流动性，慢性病护理，生产力和支付领域开发和提供商业化的解决方案，已显著改变美国医疗系统中的医疗保健状况。2018 年，Health2047 成立了新的子公司——AkiriSwitch（平台名），采用区块链技术进行业务运作。2017 年与 2016 年相比，各项收入的具体变化见附表 4。

附表 4　AMA 2016 年、2017 年收入明细表（单位：百万美元）

	2017 年	2016 年
会　　费	37.9	39.2
广　　告	14.1	17.3
期刊订阅收入	5.2	6.0
在线期刊收入	26.2	24.7
其他出版物	12.8	12.8
书籍、简报和在线产品销售	31.8	35.9
版税和认证产品	162.3	131.7
保险佣金	35.8	36.0
投资收益	10.7	9.8
补贴和其他收入	10.5	10.3
总　　计	347.6	323.7

资料来源：2017 年美国医学学会年报。

2017 年 AMA 收入的构成如附图 8 所示，其中版税和认证产品的收入占总收入的比重近 50%，额度最高，此外会费、保险佣金和在线产品销售也在收入中占有较高的比例。

2. 支出情况

AMA 的支出主要包括人员开支和产品销售成本。2017 年，AMA 的雇员达到了 1 033 人（这里所指的雇员不包括地方分支机构的雇员），机构的运行成本、技术成本、工作人员的薪资和福利、业务活动的开支等都包含在一般和行政开支中。产品销售成本指的是期刊、书籍、编码产品和有执照的产品与生产、发行和销售相关的各种费用，例如，纸张、销售佣金、促销活动、发行成本和第三方编辑成本

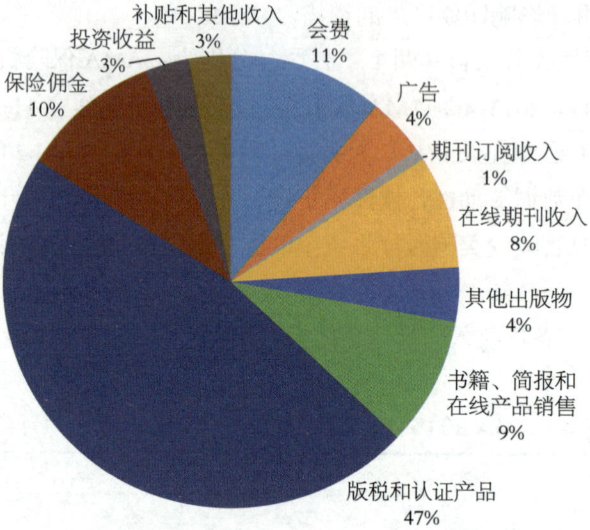

附图 8　2017 年 AMA 收入来源分布

等。2017 年，由于 AMA 图书销量下降、期刊广告的篇幅减少，产品销售的成本和费用也有所下降。附表 5 反映了 2017 年 AMA 的经营性收支状况，税后净收入为 1 380 万美元。

附表 5　2017 年 AMA 经营性收支（单位：百万美元）

项　目	额　度
收　　入	347.6
产品销售成本和费用	28.2
一般和行政费用	297.3
税前收入	22.1
税后收入	13.8

数据来源：AMA2017 年年度报告。

除了经营性收入，AMA 还有其他来源的收入，这些收入共计 7 060 万美元，2017 年年初社团的总资产为 4.89 亿美元，结合当年增加的资产，2017 年年底，AMA 的总资产为 5.597 亿美元，见附表 6。

附表 6　AMA 资产变化（单位：百万美元）

项　目	额　度	项　目	额　度
税后收入	13.8	临时限定资产变动	0.1
营业外收入	45.4	社团资产变动	70.7
除定期费用外，扣除税金后的固定收益增值计划的变更	11.4	年初社团总资产	489.0
非限定性资产变动	70.6	年末社团资产	559.7

资料来源：AMA2017 年年度报告。

（二）经营活动

AMA 工作的核心是提升整个国家的健康水平，通过提升护理水平，促进医生、卫生团队和病人之间的合作使他们都能获得更好的医疗环境。AMA 战略构成包括代表大会、会员资格、医生实践工具、倡导、研究和教育。该学会的愿景（vision）包含三个部分，其经营活动也是围绕愿景展开的。

1. 致力于实践的持续性和专业的满意度

与医务人员合作，提升他们的主动性，帮助他们在不断变化的环境中确定方向并获得成功。对应经营活动包括：

第一，为了提供治疗方案，医生会花费大量为病患提供治疗的时间，因此 AMA 开发了“AMA 迈进（AMA STEPS Forward™）”系统，为医生提供治疗解决方案。系统包括 50 个模块，其中关于病患治疗的模块 16 个、涉及工作流程的模块 14 个、关于领导变革的模块 7 个、关于职业幸福感的模块 5 个、有关技术和财务方面的模块 8 个。同时，该系统还可以根据使用者的目的进行定制，选择最适合的模块。

第二，提高护理的满意度。兰德公司针对 AMA 做的研究报告发现了医师对病患护理、卫生系统和医疗政策专业满意度的影响因素，这为“AMA 迈进”改进医疗策略、工具和资源提供了关键依据。

第三，为医生提供更良好的执业环境。AMA 经过调查后发现，有五分之四的医生在行医过程中遇到过网络攻击，AMA 致力于为医生提供网络安全服务，减少他们在行医过程中遇到的网络攻击。2017 年召开美国医师健康会议，提出要把医生的健康放在首位，同时通过谈论干预措施和想法，来解决医生倦怠的问题。

第四，LexisNexis® 和 AMA 下属机构——AMA 业务解决方案组（AMA Business Solutions）共同开发了一站式在线平台 VerifyHCP™，可供医务人员进行数据的验证和更新，目前包含了 20 多万个临床医师的简介。

2. 推进医学教育的变革

通过与医学院的合作，建立一个满足当今患者需求并适应未来变化的医师培育系统。具体的经营活动包括以下两个方面。

（1）开发更为灵活以提升能力为基础的培养路径

各层次的医科教育都在强调把在课堂上的讲授转变为对病人护理所需知识和技能的学习。医学院正在逐渐引入这样的课程体系，明确医学生培养所需的最佳路径，这样的培养方式培养的医护人员能够不断地评估和更新自己的能力，以便解决职业生涯中遇到的问题。

（2）教授系统科学的健康新内容

为了给患者提供更好的服务，医生除需要了解生物科学和临床医学之外，还需要了解卫生系统科学的相关内容。这一学科包括如何提高医疗的质量，如何增加医疗价值、提升病人的安全、提供以群体为基础的医疗保健。医生需要学习和提倡卫生保健政策和卫生保健经济学等相关方面的知识。

3. 提升医疗服务质量

通过促进医生、健康组织、病人、社区和公司部门之间的合作，提高医疗服务水平，提高全面的健康水平。

AMA 致力于在美全国预防两种常见慢性疾病：心脏病和 2 型糖尿病。三分之一的美国人有高血压，心脑血管疾病已经成为美国死亡率最高的疾病。AMA 致力于让美国人认识高血压的危害，促进他们控制血压，进而减少心脏病的发生。2017 年 AMA 的广告委员会与 AHA（美国心脏学会）合作发起了一项呼吁患者面对高血压的行动，这行动引发了对 loweryourhbp.org（网站）40 多万次的登陆，同时吸引了 470 多万美元的捐款。AMA 和 AHA 发布了高血压指南、为医生和护理团队提供指导，通过“目标 : 血压”（Target:BP™）和其他多个网络平台，实现了 50 多万人次的项目参与。

AMA 致力于增进民众对糖尿病预防的认识，通过与 ADA（美国糖尿病协会）和三星的合作，推出了糖尿病风险评估项目，在 5 周内完成了超过 55 万份的检测。此外，AMA 还指导超过 40 家医疗机构制定 2 型糖尿病的预防策略和糖尿病预防工具包，被保健团队用于糖尿病的筛选、测试和治疗。通过的行动唤醒美国民众对糖尿病危害的认识，

2017 年 AMA 还举办了政策倡导活动，促使《平价医疗费用法案》覆盖的 2 000 多万美国人获得了医疗保障。通过 patientsbeforepolitics.org（网站）发布与医疗保险相关的重要消息，以电话、电子邮件和社交媒体等多种形式，号召全社会关注这一

问题，产生了700多次互动。

AMA在阻止两项对患者和医生产生负面影响的大型医疗保险合并事件中起到了重要作用。仅仅Anthem–Cigna合并，医生每年就会损失5亿美元的收入。

流行病控制。美国医学协会继续努力结束在整个美国产生破坏性影响的鸦片类药物流行病，医生开出的鸦片药物减少，处方药监管加强，越来越多的医生取得了为鸦片类疾病提供正规治疗的资格。

AMA的创新企业Health2047在关键项目上取得了实质性进展，该公司将构建和部署用于私人数据业务的基础设施，并针对医疗保健数据进行了优化。

五、启示与借鉴

AMA是一个历史悠久的学会，在美国卫生部和FDA成立之前承担了医疗与医药相关的众多责任。AMA引领创新，致力于为患者、医生和国家提供更为完善的医疗保健系统，从而全面提升美国人民的身体健康。作为一个历史悠久，经营状况良好，在社会生活中发挥重要作用的科技社团，AMA的发展有许多值得借鉴的经验。

（一）明确定位，围绕组织愿景展开活动

AMA是各地方医学会的联合机构，因此，最高权力机构是代表大会，代表来自各个分支机构。这样庞大的机构组织涉及众多的经营活动、服务内容和支持项目等。AMA有明确的战略目标和愿景，其活动也是围绕愿景的实现展开的。在AMA的战略构成中主要包含：代表大会、会员、医生实践工具、倡导、研究、教育。学会重视维护医生权益、提高医生执业水平、改善医患关系，提高全民健康素质等。其愿景由三部分组成，分别为：促进医务人员提高执业水平；推进医学教育的变革；提高医疗服务水平和医疗服务质量。在愿景指引下，学会所进行的活动围绕愿景展开。如2017年召开美国医师健康会议，提出要把医生的健康放在首位，同时通过干预措施的谈论解决医生倦怠的问题。

（二）非营利组织的盈利活动

AMA是一个非营利组织，且属于501（C）（3）组织，这样的机构具有免税资格。非营利组织并不是不能盈利，只是其收入只能用于事业的进一步发展，而不能用于组织内员工的分配或者增加某些个人的利益。同时，对于免税企业而言，如果其活动涉及商业目的需要按照法律的规定缴纳税款。AMA具有很强的营利能力，除了提供出版物、数据库等服务，还通过保险代理机构、投资等获取了不菲的收益。其中，Health2047就是其投资的创新企业，其主营业务是构建和部署用于私人数据传输的基础设施，并针对医疗保健数据进行优化。AMA通过将高科技运用在医疗领域，实现了学会的愿景，提升了数据的安全性，同时提升了组织的营利能

力。目前，我国的科技社团在经营发展方面呈现出较大的差距，通过市场化的方式促进发展、提供服务并不是科技社团不能触及的，相反，科技社团需要在合理合法的基础之上寻找与市场接轨的机会，促进有效的发展。

（三）分析业务版块，调整业务侧重

互联网的出现对于传统的行业的影响显而易见，AMA 期刊订阅的收入和广告收益逐年减少，线上活动的收益不断提高，学会开始重视与互联网之间的合作。在 AMA 的网站上为医生提供了多种问题解决方案工具，大量的信息传播交流活动都是通过互联网进行的，医生资质的认定、医疗信息的采集等也可以通过 AMA 参与开发的互联网平台进行，同时在平台的建设中引入了当下最热门的区块链技术。这一系列的举动都反映了 AMA 经营理念的变化，与互联网的有效结合能够大幅度提高其工作效率和影响力。

参考文献

[1] 2018Constituent Society Delegate Apportionment. 2018 年美国医学会代表分配 .

[2] Constitution and Bylaws（AMA2018-6）. 美国医学会章程与细则 .

[3] AMA-2017ANNUAL REPORT. 美国医学会 2017 年年度报告 .

美国物理学会①

一、发展历程

美国物理学会（The American Physical Society，APS）在其官方网站的简介称：APS 是一个非营利的会员组织，致力于通过其杰出的研究期刊、科学会议、教育、推广、倡导和国际活动来促进和传播物理知识。美国物理学会成立于 1899 年 5 月 20 日。当时，为了学会的成立，有 36 名物理学家聚集在哥伦比亚大学。他们将组织的使命制定为“推进和传播物理学知识”。此后，美国物理学会的发展和运行一直围绕着这项使命展开。成立之初，举行科学会议是美国物理学会的唯一活动。1913 年，学会接管了期刊《物理评论》的运作，期刊出版成为了另一项活动。此后，美国物理学会对社会活动的参与程度逐渐提升，尤其是在第二次世界大战之后，学会开始活跃于公共和政府事务中，追求在国际物理学界的影响力。与此

① 本报告的内容主要来源于美国物理学会官网和 2017 年美国物理学会年度报告。

同时，学会在教育、公共宣传和媒体关系等方面都开展了广泛的活动。APS 是美国科学促进会（AAAS）的成员，也是美国物理联合会（American Institute of Physical, AIP）的成员。

目前，美国物理学会拥有来自美国本土和世界各地的会员 55 000 多名，这些会员均为来自学术界、国家实验室和工业届的物理学家。在组织结构方面，美国物理学会拥有 16 个分部（Divisions）、8 个论坛（Forums）、10 个地方分部（Sections）和 14 个专题小组（Topical Groups）。分部和专题小组覆盖了物理研究的所有领域，其会员可以根据兴趣、地区等参与相关互动。经营方面，2017 财年美国物理学会的总资产为 2.12 亿美元，比上一年增长了 2 600 多万美元，出版、科学会议、会员服务、公共事务和项目是其收入的主要来源。

二、治理结构

美国物理学会主要由核心管理团队和分支机构构成，核心管理层包括董事会和理事会，一些具体的事务由工作委员会负责推进和监督。委员会工作汇报的主体是董事会和理事会，有的是向一个主体汇报，有的是受到联合监督。美国物理学会的分支机构包括学部、兴趣小组、论坛和地方分部。各组成部分的具体关系如附图 9 所示，董事会是学会的最高权力机构，理事会的工作要受到董事会的指导和监督。

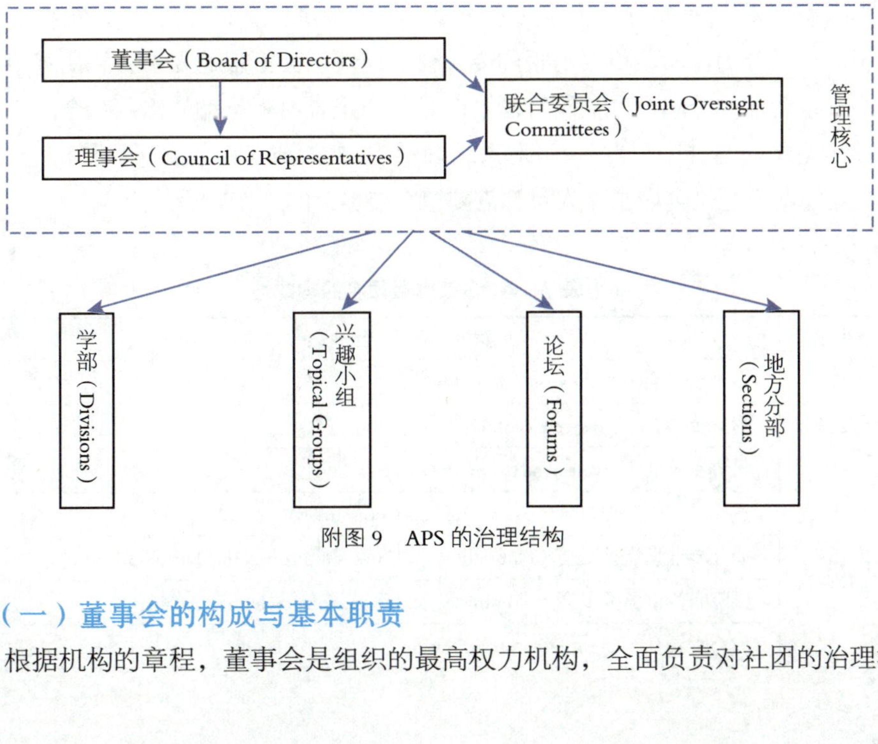

附图 9　APS 的治理结构

（一）董事会的构成与基本职责

根据机构的章程，董事会是组织的最高权力机构，全面负责对社团的治理活动和其他事务，其职责包括：制定组织的发展战略；监督社团的财务工作；监督出版和其他的社团活动；履行章程和细则赋予的责任；承担治理社团事务所需的一切责任。董事会成员包括主席、候任主席、副主席、前任主席（统称“主席序列”）、司库、九到十名理事会成员（包括理事长），其中主席是董事会的最高领导，这些成员由理事会选出。董事会休会期间，由主席序列、首席执行官、理事会发言人和司库组成的董事会执行委员会定期开会。

（二）理事会的构成与基本职责

理事会的代表被称为理事会的发言人，由理事会选举产生。理事会由四名总理事、四名国际理事、司库和代表各学部、论坛和地区分部的理事组成。理事会的活动由理事会指导委员会规划和组织。理事会指导委员会由四名当选理事、发言人、当选主席和首席执行官组成。理事会的职责包括：开发和监督学会出版物；批准学会的政策声明和科学战略；建立和监督学部、专题小组、论坛和地方分部；选举九名理事加入董事会；选举理事会发言人（主席）；筹办科学会议；确认会员资格，选举会士，制定会员和会士的评选标准；监管学会授予的所有奖品、奖励和其他荣誉；批准学会修改的章程和细则；承担任何其他与学会科学使命有关并由董事会提交理事会的责任，或由理事会自行提出或应理事会成员或委员的要求而提出的责任。

（三）工作委员会（Committees）的构成与职责

美国物理学会有 21 个委员会，分别具有不同的职能和工作领域，根据负责主体的不同可以分为：向董事会汇报的委员会、向理事会汇报的委员会和由董事会和理事会联合管理的委员会。美国物理学会是一个由志愿者推动的组织，全职工作人员在整个组织的运转中只占一小部分，因此委员会的成员中包含了大量的志愿者。但无论是志愿者还是全职工作人员都需要遵守委员会的工作职责（附表 7）。

附表 7　APS 工作委员会的构成

汇报主体	委　员　会　名　称
董事会委员会	审计委员会（Audit Committee）
	财务委员会（Finance Committee）
	投资委员会（Investment Committee）
理事会委员会	选举（任命）委员会（Committee on Committees）
	职业专业发展委员会（Committee on Careers & Professional Development）
	国际科学事务委员会（Committee on International Scientific Affairs）
	教育委员会（Committee on Education）

续表

汇报主体	委　员　会　名　称
理事会委员会	奖学金委员会（Committee on Fellowship）
	公众宣传委员会（Committee on Informing the Public）
理事会委员会	会员资格委员会（Committee on Membership）
	少数族裔委员会（Committee on Minorities in Physics）
	奖励委员会（Committee on Prizes & Awards）
	女物理学者地位委员会（Committee on the Status of Women in Physics）
	提名委员会（Nominating Committee）（理事会建立）
联合委员会	科学家国际自由委员会（Committee on International Freedom of Scientists）
	物理政策委员会（Physics Policy Committee）
	公共事务委员会（Panel on Public Affairs）
	科学出版委员会（Committee on Scientific Publications）
	科学会议委员会（Committee on Scientific Meetings）
	治理委员会（Governance Committee）
	古迹委员会（Historic Sites Committee）

资料来源：美国物理学会网站. https://www.aps.org/.

董事会委员会包括：审计委员会、财务委员会和投资委员会。董事会的职责是对学会全面负责，因此财务成为其工作的主要抓手，下属工作委员会主要负责学会的财务管理。在工作职责方面，审计委员会应与学会的审计人员一起负责对学会财务报表的审计，并向董事会提交书面报告，报告中应包括关于财务管理问题的建议。财务委员会负责监督预算程序，并监督学会的投资和财务工作。投资委员会每年至少开会两次，商讨学会投资管理者的策略及表现，并向财务委员会提出建议。

理事会在学会的日常运行中发挥重要作用，其所属的委员会有两个特点，一是与学会的运行和职能履行相关的委员会，包括工作选举（任命）委员会、职业专业发展委员会、国际科学事务委员会、教育委员会、奖学金委员会、公众宣传委员会、会员资格委员会、奖励委员会、提名委员会；二是按照成员的人口统计学特点形成的委员会，包括少数族裔委员会、女物理学者地位委员会。

联合委员会指的是需要向董事会和理事会进行汇报的委员会，包括：科学家国际自由委员会、物理政策委员会、公共事务委员会、科学出版委员会、科学会议委员会、治理委员会、古迹委员会。这些委员会中一部分涉及董事会和理事会都需要关注的工作，如政策和公共事务等，另一部分是学会的重要工作内容，如科学会议、科学出版等，因此需要董事会和理事会的联合管理。

（四）分支机构

美国物理学会的分支机构包括学部、兴趣小组、论坛和地方分部，分支机构的设立需要理事会依照规定的程序进行，每个分支机构自行选择理事成员。学部和兴趣小组主要是按照学科领域进行划分的，前者是物理相关科学中发展的比较成熟的分支，兴趣小组关注的是比较前沿的分支；论坛是物理学科与其他学科之间互动交流的平台；地方分部按地理位置划分，便于学会进行管理。①

三、会员体系

（一）会员的分类与会费标准

美国物理学会的会员包括两类：会士和一般会员。会士指的是对物理事业做出特别贡献的会员，遵循理事会制定的程序，经过表决后方可当选。一般会员的构成丰富，包括：对物理或与物理有关的科学感兴趣的学生；物理教师；经过物理相关专业训练并致力于促进其发展的人；从事物理学相关工作的人；非专业从事物理或相关学科工作，但对科学感兴趣或从事科学活动的人。这些人可以按照代表大会制定的程序，申请成为会员。根据美国物理学会公布的相关数据，各类会员的数量和会费标准如附表 8 所示。2018 年，美国物理学会共有各类会员 55 368 名，其中学生会员 20 832 人。

一般的会士和会员需要按标准交纳会费，一些具有特殊情况的会员也可以酌情减少或减免会费。如早期职业会员、学生会员、资深会员等。早期职业会员资格针对刚毕业的大学生进行会费减免，早期职业会员申请人必须是在过去 12 个月内取得最后学位的个人，最多可在此类别中停留 5 年，5 年之后自动转为一般会员。学生会员可以获得一次会费减免的资格，并且向他们收取的会费额度也远低于一般的会员。资深会员每年支付会费 79 美元，是一般会费的一半。获得资深资格的会员必须至少连续拥有 10 年的 APS 会员资格。并至少符合：达到 70 岁、因残疾退休、从有收入的工作中退休三项中的其中一项。失业会员可向 APS 会员部发出通知，可以获得最多两年的免会费资格，同时，该会员必须是目前正在积极寻找工作的正式会员或早期职业会员。

---

① 对于美国物理学会分支机构的具体管理经验可以参考：董亚峥、韩晋芳. 美国物理学会分支机构的现状和管理经验［J］. 学会，2014（1）.

附表 8　APS 会员构成与会费标准

	数　量	会费标准（$/ 年）
一般会士	3 902	159
一般会员	17 413	159
早期职业（会员）	4 140	79
终身会士（包括新加入）	1 150	1 185
终身会员（包括新加入）	2 683	2 385
资深会士	1 603	79
资深会员	3 645	79
付费学生会员	10 966	本科生：25 硕士生：39
一年免费学生会员	8 166	0
学生分会成员	1 700	本科生：25 硕士生：39

资料来源：美国物理学会网站. https://www.aps.org/.

（二）会员的构成

在 2017 年的年度报告上，美国物理学会对其会员的基本情况进行了描述。性别分布上，美国物理学会的男性成员数量多于女性成员数，在 188 名有投票权的会士中，仅有 11% 为女性，其余的 89% 均为男性，这与物理学科的学科特点有一定的关系。从年龄层面，附图 10 显示了会员的年龄分布情况，学生会员占整体会员数量

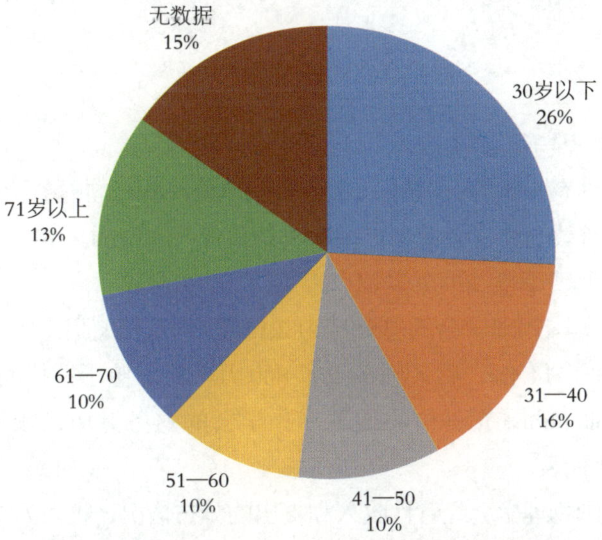

附图 10　APS 会员年龄分布

的比例超过了 30%，所以 30 岁以下会员所占的比重最高。70 岁以上的会员可以获得资深会员资格，这一部分的比重不高，为 13%。30 岁到 70 岁是会员的主体部分，占所有会员的 46%，各年龄段的分布比较均匀，均为 10%。

附图 11 为 APS 会员在 109 个国家的分布情况。数据显示，大量的 APS 会员集中在美国和加拿大，占所有会员的 78%，此外亚太地区和欧洲的会员数量均为 10% 左右，其他国家和地区的会员数量较少。作为美国的科技社团，其会员主要集中在北美是意料之中，但除欧洲和亚太以外，APS 的影响也较为有限，可见，即使是美国的科技社团，国际化的道路也非常漫长，如果 APS 想进一步扩大国际影响力，需要进一步吸收国际会员。

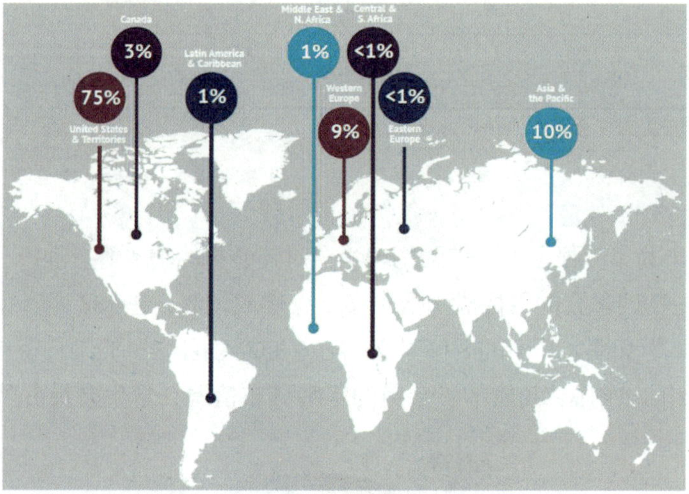

附图 11　APS 会员地区分布图

四、财务状况与经营状况

财务和经营具有一定的关联性，二者相符相承，良好的财务状况建立在有效经营的基础之上，有效的经营会带来更多的收益和资产的增加。

（一）美国物理学会 2017 年财务状况

2017 财年，美国物理学会的总资产为 2.13 亿美元，负债则为 3 250 万美元，前者比 2016 年增加了 14.4%，后者则减少了 800 万美元。鉴于这样的财务表现，APS 的司库 James Hollenhorst 充满信心地表示：学会的财务健康，预算平衡，有一份“强大”的资产负债表。

2017 财年美国物理学会经营性收入和支出的分布情况，收入为 5 620 万美元，支出为 5 490 万美元，基本收支平衡略有盈余，见附图 12。收入主要来源于出版和会议，二者占总收入的 86.4%，主要的支出为出版和公共事务，占总支出的 69.3%。相比之下，出版是美国物理学会最主要的业务，占据收入的 73.6%、支出的 55.4%。由此可见，出版和会议是美国物理学会的两大主要业务，其中，出版是运行的支柱。

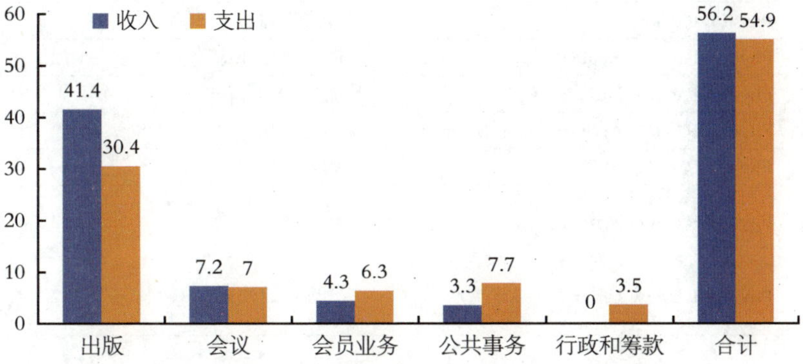

附图 12　2017 年 APS 收支情况（单位：百万美元）

（二）主要业务活动与成效

1. 科技出版物发行

根据财务分析显示，出版是美国物理学会收入的最主要来源。APS 的出版物以同行评议的研究期刊、新闻和评论等形式服务于国际物理学界，内容包括：发表在《物理评论》上的最新研究、与学会会员相关的新闻、与物理地位相关的信息、有关科学政策的博客、有趣和有教育性的科学新闻。目前，APS 出版的物理评论系列包括三类，13 种期刊。三类期刊分别为:《物理评论》《物理评论快报》《现代物理评论》，期刊的名称、出版频率和影响因子如附表 9 所示。

附表 9　ARS 期刊组成

类型	期刊英文名称	期刊中文名称	出版频率	2017 年影响因子
物理评论	Physical Review A：atomic，molecular，and optical physics and quantum information*	物理学评论 A：原子、分子、光学物理和量子信息	12	2.909
	Physical Review B：condensed matter and materials physics*	物理学评论 B：凝聚态物质和物质物理	48	3.813
	Physical Review C：nuclear physics*	物理学评论 C：核物理	12	3.304
	Physical Review D：particles，fields，gravitation，and cosmology*	物理学评论 D：粒子，场域、重力和宇宙学	24	4.394

续表

类型	期刊英文名称	期刊中文名称	出版频率	2017 年影响因子
物理评论	Physical Review E：statistical，nonlinear，biological，and soft matter physics*	物理学评论 E：统计、非线性、生物和软物质物理学	12	2.284
	Physical Review X	物理学评论 X		
	Physical Review Applied*	应用物理评论	12	4.782
	Physical Review Fluids*	流体物理评论		2.021
	Physical Review Accelerators & Beams	加速器和光束物理评论		
	Physical Review PER	物理教育研究		
	Physical Review Materials	材料物理评论	12	JCR2017 年收录
物理评论快报	Physical Review Letters*	物理评论快报	52	8.839
现代物理评论	Review of Modern Physics*	现代物理学评论	4	36.367

* 标为 APS 全文数据库收录的核心期刊 .

资料来源：美国物理学会网站．https://www.aps.org/．美国物理学会期刊数据库简介．http://www.igroup.com.cn/UpLoadFiles/OtherFile/201807190143.pdf.

APS 的核心期刊在影响因子和引用量上都高居行业前列，综合物理收录的 78 种期刊中，*Review of Modern Physics* 影响因子排第一，引用量排第二；*Physical Review Letters* 引用量排名第一；*Physical Review A* 在光学收录的 94 种期刊中，引用量排名第一；在原子、分子、化学物理学收录的 36 种期刊中，引用量排名第二；*Physical Review B* 在凝聚态物理收录的 67 种期刊中，引用量排名第一；*Physical Review C* 在核物理收录的 20 种期刊中，引用量排名第二；*Physical Review D* 在粒子和场物理学收录的 29 种期刊中，引用量排名第一，在天文学与天体物理学收录的 65 种期刊中，引用量排名第二；*Physical Review E* 在数学物理学收录的 55 种期刊中引用量排名第一，在流体、等离子体物理收录的 31 种期刊中，引用量排名第一。①

APS 建立了期刊全文数据库，可以通过 APS 期刊平台（journals.aps.org/）访问，其中收录了 10 种物理领域的核心期刊（附表 9 中标 *），另有 4 种免费出版物和 1 种过刊（Physical Review Online Archive，PROLA），其内容能够回溯到 1893 年，文献总量超过 63 万篇。目前，国内众多高校的图书馆都收录了 APS 的全文数据库，

① 美国物理学会期刊数据库简介（http://www.igroup.com.cn/UpLoadFiles/OtherFile/201807190143.pdf）。

如清华大学、北京大学等，资源检索和下载成为 APS 获得收入的重要来源。

2. 举办不同类型的学术会议

成立之初，会议是美国物理学会的唯一活动，随着经营范围的逐渐扩大，出版已经成为收入的主要来源，会议是收入的第二大来源。美国物理学会每年都会举行年会，各学部、兴趣小组、论坛和地方分部经学会理事会批准后也可以举办会议。在美国物理学会的官方网站上会按月公布会议安排，这些会议包含三种类型：美国物理学会总部举办的会议，美国物理学会的分支机构举办的会议、美国物理学会挂名赞助的会议。不同的会议有不同的规格和特点，APS 分别发挥不同的作用。APS 总部举行的会议由 APS 主办，每年有固定的举办时间和不同的议题，规模都比较大，在行业中具有一定的影响力。分支机构举办的会议具有各自的机构特点，如学部和兴趣小组会根据感兴趣的研究方向举办会议，地方分部会举办地方会议，也可能会与一些大学共同举办。APS 挂名赞助的会议一般在美国本土以外的地区举办，由其他国家的学会或者大学主办，APS 作为赞助方进行挂名。

根据 APS 公布的信息，2019 年学会总部将举办的会议包括：3 月会议（March Meeting），4 月会议（April Meeting），物理专业女大学生大会、物理教职人员大会等。美国物理学会总部举办的会议规模大，主题丰富，注重学术交流，涵盖物理领域的多个方面。以 3 月会议为例，2019 年的 3 月会议将在波士顿举行，参会者预计有 1.1 万人，参会对象来自 APS 中的 28 个机构和委员会，包括物理学家、科学家和学生，他们将就物理领域的产业、学术和实验室的相关研究进行交流，同时参会者还有与委员会成员见面的机会，这些委员会的成员大多来自知名高校与实验室，在业内具有较大的影响力。各分支机构举办的会议规模较小，议题更为聚焦，具有针对性；APS 作为赞助的会议学会一般不会对会务进行实质性的介入，可能会派出代表参会。

3. 提供多元化的会员服务

美国物理学会的会员构成多元，覆盖物理学领域的各类群体，包括学界的研究人员、业界的科研人员、新进入物理学学习领域的本科生、从事物理学教育的教师等，对于不同身份，处于不同发展阶段的会员，美国物理学会也提供了多元化的服务内容。开发了针对会员中本科生、教师、女性、少数族裔等人群的支持和创新项目。如 APS 意识到长期以来女性在物理学科中的参与度较低，于是开发了“STEP UP 4”女性项目，旨在通过招募高中物理教师的方式促进女性对物理学科的参与；同时在 2017 年举办的物理专业女大学生大会，吸引来自 11 个地区的 1 800 名大学生参加。

APS 也致力于为物理行业的从业者打造就业的平台。2017 年 3 月会议上关于就业的工作坊吸引了 300 多名研究生和 180 名博士后参与。在 2017 年 APS 就业大会上，除教职和博士后职位外，还吸引了 200 多个与研究、开发、咨询和销售相关的职位。

综上所述，APS 除为会员提供学术资源以外，还通过项目的形式为会员的发展提供助力。会员服务并不是 APS 的盈利点，2017 年 APS 获得会员服务的收入为 430 万美元，支出为 630 万美元，前者占总收入的 7.7%，后者占总支出的 11.5%，可以说，在会员服务一项，APS 是“亏本”的。但 APS 仍然愿意在会员服务方面进行投入，一方面，会员是学会发展的基础，无论是出版还是会议都需要会员的积极参与；另一方面，会员在学会的发展中也起到重要的作用，因为 APS 有许多的工作是由志愿者完成的，这些志愿者大多数来自会员全体，增加会员对学会的感情和凝聚力，能够更有效地促进学会的发展。

4. 与其他组织的沟通交流

与外界进行沟通交流是科技社团促进学科发展，提升公众对学科的认识，进行政策倡导的关键步骤，体现了科技社团的业务能力。APS 与外界的沟通交流分为三个方面，一是与国际物理学界的交流，二是与其他科技社团的交流，三是与政府和社会公众的沟通交流。

国际交流方面，APS 一直致力于打造学会的国际影响力，2017 年，APS 的 CEO Kate Kirby 建立了一个由 13 位物理学家组成的研究小组，探索如何扩大学会在国际物理科学共同体中的贡献，提升其长期价值。同时，APS 为了促进发展中国家和发达国家物理学家之间的交流，提供了国际研究旅行奖励计划，为被资助对象提供 2 000 美元的交通住宿补贴，2017 年支持了 10 位来自发展中国家的物理学家。

与其他科技社团的交流形式主要是相互合作和提供服务。2017 年，APS 通过分支机构物理教师教育联盟与美国物理教师协会合作，进行物理教师的招募和培训，以解决物理教师短缺的问题。在参与“向科学进军”的活动当中，与美国科促会和光学学会联合举办了游行活动。APS 参与了美国物理学生联合会和美国物理教师联合会在“六旗公园”举办的一年一度的“公园物理日”活动，并为物理教师联合会的教师举办了小型的培训活动。APS 服务的对象主要是发展中国家的物理学会和科技社团，2017 年 APS 参与了三个项目，涉及 20 多个非洲国家。在墨西哥与墨西哥物理学会联合举办了小型培训活动。

与政府和公众的交流体现在公共事务的参与，公共事务的参与也是 APS 支出的一项组成部分，占总支出的 14%。政策倡导方面，APS 有专门的政府事务办公室，2017 年，APS 收到了各种形式的会员联络信息 14 873 条。APS 政策倡导战略分为“四步走”：第一，确定参议院或众议员具体的宣传目标；第二，在地方或全国性的出版物上发表文章倡导目标实现；第三，通过地方草根组织的倡导活动促进信息的传播；第四，为作者和提出目标的政客提供会面的机会。

公共事务参与方面，2017 年，APS 在三个领域对公共政策进行了影响。第一，APS 的公共事务办公室和公共事务委员会联合发布了关于 STEM 教育的报告：在高需求 STEM 教育领域招募教师；对当前专业和近期 STEM 毕业生的调查；第二，核不扩散，APS 举办的研讨会探讨了如何在不适用高浓缩铀的情况下，满足中子研究的科学需求；第三，气候变化，APS 成为美国第一个全面评估并公布温室气体使用情况的科技社团。

综上所述，APS 的业务活动与其财务活动密切相关，出版、会议、会员服务和公共事务参与是财务报表中的主要项目，也是 APS 活动的主要领域。总体而言，APS 的支柱性收入还是出版，会议基本能做到收支平衡，而会员服务和公共事务参与的支出均高于收入。这体现了科技社团的特点：虽然具有强大的营利能力，但组织的使命是不以营利为目的的，因此，需要为组织的成员提供服务，需要在公共事务中承担责任。

五、经验与启示

APS 作为一个历史悠久又充满活力的科技社团，在分支机构管理、工作委员会设置、日常经营活动等方面都有值得学习和借鉴的经验，尤其是在活动经营和政策倡导方面。

APS 的经营活动主要是围绕会员展开的，会员是科技社团成立的基础，同时也为其发展提供了坚实的助力。APS 抓住出版和会议两个主要的抓手，通过高质量的期刊和多元化的会议，满足不同领域、不同层次会员和从业人员的需求，如教师培训，职业培训等。同时，注重对会员提供多元化的服务，针对不同群体，如大学生、女性等提供有针对性的服务。这样，一方面可以提升会员对学科的认可，坚定发展的方向和信心，另一方面也可以增加会员的凝聚力。APS 的日常运行除全职员工外还有大量志愿者的参与，而会员是志愿者的主要来源。通过这样的方式，形成会员和学会之间的有效互动，促进了学科的发展。

在政策倡导领域，APS 建立了简单而有效的倡导策略，这样能够提高倡导的效率，促进目标的实现。同时，APS 重视与其他国家的学科科技社团之间的互动和沟通，在科学共同体中寻找共同的价值点。一方面可以形成合力，促进社会问题更加快速有效的解决，如通过招募和培训解决高中物理老师缺乏的问题；另一方面可以在面对同样的问题时，在整个科学领域可以发出具有统一性的声音，扩大影响。

APS 的发展可以发现，尽管做了非常多的努力，如增加发展中国家和发达国家物理学家之间的交流，为发展中国家提供一些项目支持，但是科技社团的国际化仍然是一个漫长的过程。目前，APS 的会员有近 80% 集中在北美，在非洲和拉美国家数量仍然有限，但这也可能成为中国科技社团国际化的机会。

英国物理学会

一、学会历史沿革

英国物理学会（Institute of Physics，IOP）是一家在英格兰和威尔士（第 293851 号）和苏格兰（第 SC040092 号）注册的慈善机构，受慈善事务委员会和苏格兰慈善监管机构（OSCR）监管，于 1970 年 9 月 17 日根据《皇家宪章》建立。

IOP 的前身为 1874 年成立的物理协会（the Physical Society），由南肯辛顿皇家科学学院 Frederick Guthrie 物理学教授倡议组建，最初在皇家科学学院和帝国理工学院每两周举行一次会议，协会成员基础广泛，包括学校教师和业余科学家以及知名教授，成员资格对女性开放。1970 年与物理学会（Institute of Physics）合并，正式成立 IOP，约翰科克罗夫特爵士为第一任会长，成立初始有会员 9 000 多人。① 现在，IOP 已发展成为一个领先的科学学会，拥有会员超过 5 万人，且遍布全球，是仅次于德国物理学会的全球第二大物理学会。②

IOP 致力于推动物理研究、应用和教育，以提高决策者和公众对物理的认识和理解，通过举办众多活动为科学共同体和社会提供公共利益，归纳如下：通过对教师和课程开发的支持，以持续改善教师的专业发展，提高学校物理教学的质量，使学生能够获得高质量物理教育；通过出版期刊、电子书和网站，以及组织科学会议，并努力覆盖尽可能广泛的受众，传播高质量的物理研究成果，使研究人员和研究组织获得物理研究的最新进展并从中受益；通过联系所有部门的物理学家来促进物理学的应用，推动创新和新技术的开发，以更广泛地造福经济和社会；通过组织活动，吸引公众参与，提高公众对物理的认识，扩大物理学对社会的影响；通过制定学科标准和规范，确保物理学家和相关工程人员（具有物理背景）的职业能力和道德操守；通过多元化的计划和行动，形成一个包容、可持续、多样化和充满活力的物理学领域。③

二、组织结构

IOP 的组织机构包括理事会及下设的各委员会、按地区设立的分支机构、按学

① Institute of physics [EB/OL]（2018-07-26）http://www.iop.org/about/history/page_38385.html.

② Institute of physics [EB/OL]（2018-07-14）http://www.iop.org/about/index.html.

③ Institute of physics [EB/OL]（2018-08-04）http://www.iop.org/about/index.html.

科设立的学科部和专业组、包含独立法人子公司的日常办事机构。在学科部下还设有专业委员会。

（一）理事会

IOP 由理事会管理，理事会现有成员 20 名，其中 17 名由学会会员选举产生，另有 3 名增选成员由理事会任命。理事会成员的任期为 4 年，但增选成员任期最多 3 年。荣誉司库和荣誉秘书都有资格获得第二个 4 年任期。

理事会的成员和成员的任期都在章程中予以规定，见附表 10。

附表 10　IOP 理事会职位和任期

序　号	职　　位	任　　期
1	主席	任期两年，不可连任
2	执行主席	两年之后，就任主席
3	至少有 3 位副主席	任期四年，退休后 1 年内没有资格连任
4	荣誉秘书	四年，可以连任
5	荣誉司库	四年，有资格连任 2 个任期
6	10 名普通委员	四年，退休后 1 年内不具备连任资格
7	最多有 3 名增选委员	最多可获续聘 3 年

理事会对指导 IOP 的事务负有最终责任，负责制定并监督学会战略，确保学会有偿付能力且运转良好。理事会的作用可以概括为：确保学会遵守慈善法和其他相关法律法规；确保学会执行《皇家宪章》规定的目标；确保学会完全按照其目标来应用资源；为组织提供坚定的战略方向，制定总体政策，确定总体目标并根据目标评估绩效；确保适当和有效地利用学会资源，维护和提高学会的声誉和形象；确保有效代表成员并与成员互动；监督成员的选举，进展和纪律处分；监督行政部门的活动；保护学会的良好声誉和精神。

理事会目前每年开会 4 次，通常在 1 月、4 月、7 月和 11 月举行。[①] 作为慈善机构学会的理事会也是它的董事会，因此理事会成员也是慈善机构的受托人。慈善受托人负责对慈善机构的一般管理。

（二）委员会

学会拥有多个具有授权的常设委员会。这些委员会的职权范围、授权和成员资格由理事会确定，并每年接受理事会的审查。委员会成员不限于理事会成员，可以

① Institute of physics［EB/OL］（2018-07-26）http://www.iop.org/about/governance/index.html.

有更广泛的代表性，并在适当情况下接受外部专家建议。目前，IOP 设有高级官员委员会、资源委员会、审计与风险委员会等 12 个委员会。这些委员会必须向理事会报告事项。以下为各个委员会及其职责描述。①

1. 高级官员委员会（Senior Officers' Committee）

考虑理事会会议之间可能出现的紧急和重要事项，并就包括建议或咨询理事会采取的行动向高层管理者提出建议；制定理事会会议的大纲计划供理事会审议；审定 IOP 政策立场并监督公共事务活动。

2. 资源委员会（Resources Committee）

负责就学会核心事务向理事会提供咨询，包括负责财务和投资、人力资源、信息技术、财产审查以及代表理事会对 IOP 出版公司、IOP 出版有限公司、IOP 企业有限公司和其他子公司的财务活动进行监督。

3. 审计与风险委员会（Audit & Risk Committee）

审查并帮助确定 IOP 及其子公司的主要风险，并管理这些风险的内部审计和外部审计流程；提请理事会注意审计过程中发现的任何高风险和（或）任何异常现象。

4. 薪酬委员会（Remuneration Committee）

审定学会及其附属公司执行董事的薪酬及相关事宜。

5. 提名委员会（Nominations Committee）

评估理事会成员的技能、知识和经验，以达到多样性的平衡，并根据这一评估对理事会每个特定空缺职位编写所需作用和能力的说明；提出理事会提名候选人；根据收到的提名，为每个空缺职位确定符合必要技能和专业知识的候选人名单；对被确定、提名和任命为理事会、公共荣誉和外部机构的候选人进行监测。

6. 奖项委员会（Awards Committee）

受理事会授权评选获奖者；就与奖励有关的事项向理事会提供咨询，包括个别奖励的范围，增加新的奖励以及终止现有奖励等。

7. 荣誉会士委员会（Honorary Fellows Committee）

受理事会委托负责确定学会荣誉会士人选。

8. 会员委员会（Membership Committee）

制定、监督并向理事会报告会员活动方案；制定、实施和监督会员招募和维持战略；开发和监督会员服务和福利组合；制定和实施适用于所有级别会员的标准和

---

① Institute of physics [EB/OL]（2018-08-04）http://www.iop.org/about/governance/index.html.

程序；制定和维护特许物理学家的标准和注册程序；代表学会与外部认证和许可机构合作；监督与学会分支机构有关的所有事宜。

9. 科学与创新委员会（Science & Innovation Committee）

就 IOP 有关科学与创新的政策向科学与创新副主席提供信息和建议；就学会的科学和创新活动计划相关事宜向科学与创新副主席提供咨询；制订、监督并向理事会报告科学和创新活动计划及其执行情况。

10. 教育委员会（Education Committee）

提供 IOP 关于教育的政策咨询和建议；制定、监督并向理事会报告有关教育活动的方案；监督外部资助的教育和外联项目的执行。

11. 多元化与包容性委员会（Diversity & Inclusion Committee）

就扩大代表性不足的会员群体向理事会和学会提供咨询意见，以便制定和实施战略规划；监控会员变化，确定会员发展趋势并提交行动建议；就会员服务和福利提供咨询；制定适当的发展目标并监督执行，同时至少每年向理事会提交一份完整的发展报告。

12. 纪律委员会（Disciplinary Committee）

取消或暂停会员资格；取消会员特许物理学家资格；对会员不良行为进行谴责；要求会员就其行为做出书面承诺；发出书面警告并记录在会员的数据库记录中，保留 2 年；监督将上述任何声明记录在该成员的会员资格记录中。①

（三）分支机构

IOP 按 13 个地区设分支机构，由分支机构组织学术会议、科学讲座和活动，与所在地区的学校联系，支持物理教师的工作，对学生进行物理方面的科普教育。有的分支机构还进行年度奖励工作。与此同时，学会还按学科分为 5 个学科部和 38 个专业组。学科部设有专业委员会，负责组织该专业领域学术活动。学科部与专业组合作组织学术会议。学科部专业委员会还参与评议英国工程和物理科学研究委员会在物理和材料方面的活动计划②。

（四）子公司

学会附属公司主要包括 IOP 出版有限公司（IOP Publishing Ltd.，IOPP）、IOP 出版公司（IOP Publishing Inc.）和 IOP 企业有限公司（IOP Enterprises Ltd.，IOPE）。其中 IOPP 和 IOPE 还拥有自己的子公司。

---

① Institute of physics [EB/OL]（2018-07-26）http://www.iop.org/about/governance/committees/index.html.

② 中国物理学会．关于英国与美国物理学会的调研[J]．学会，2002,（07）：27-30.

子公司是独立的法人实体，承担有限责任，学会免于承担子公司的责任。主要子公司由唯一股东——学会直接拥有和控制。二级子公司由各自的母公司拥有并事实上管理，但两者的最终母公司和控制实体均为学会。每家公司都有一个管理业务的董事会。作为学会（唯一股东）的受托机构，理事会负责主要公司董事会任命和更新公司董事，并定期听取董事会报告。

学会受托人有责任监督学会子公司的业绩。但是，慈善机构的受托人通常不会（实际上也不会）干涉子公司的活动。为了确保子公司的管理符合母公司慈善机构的利益，并监督其运行，慈善组织的一些受托人，除雇员外，通常都是贸易子公司的非执行董事。就学会而言，荣誉秘书、荣誉司库及执行主席均为主要附属公司的非执行董事。他们的出现使学会能够在公司董事会中有代表。这种双重角色有时会产生利益冲突，但这种冲突是以结构化和透明的方式精心管理的。①

IOPP 是学会全资子公司，主要活动是出版和发行科学期刊和书籍，支持学会的科学传播目标及其慈善事业。董事会由名誉秘书担任主席，并在每次董事会会议后向理事会报告，通常每年举行三次董事会会议。

IOPE 是学会的全资子公司，在伦敦学会总部设有办事处。公司的主要活动是支持和利用能为学会的科学目标和慈善事业提供利益的商业机会。董事会由名誉司库主持，并在每次董事会会议后向理事会报告，通常每年举行三次董事会会议。

三、会员体系

IOP 面向所有对物理学及其未来感兴趣的人群，其成员是多元化的，从事各种不同的职业。通过加入学会，会员可以成为为物理学工作的组成部分。在个人层面上，会员可以扩展知识，拓展人脉，提高职业声誉。②

（一）荣誉会士（Honorary Fellow）

荣誉会士的候选人必须是为物理学或相关科学提供特别重要服务的杰出人士，或者是学会希望其为学会服务的人士。

（二）会士（Fellow）

会士候选人必须获得物理学或同类学科的相关学位，或通过教育、培训和实践相结合获得的同等水平的成就，并在其最高职业水平上做出了杰出贡献。

① Institute of physics[EB/OL](2018-08-04)http://www.iop.org/about/governance/subsidiaries/index.html.

② Institute of physics [EB/OL] (2018-07-26) http://www.iop.org/membership/prof-dev/tools/workshops/file_69911.pdf.

（三）一般会员（Member）

会员候选人必须具有物理学或同类学科相关学位，并具有 3 年相关领域的工作经验，或通过教育、培训和实践相结合获得同等水平的成绩。

（四）准会员（Associate Member）

准会员的候选人必须具有物理学或同类学科相关学位，或通过教育、培训和实践相结合获得了同等水平。

（五）学生会员（Student）

学生会员候选人必须是正在学习或被接受全日制学习的物理学或同类学科的本科荣誉学位的学生。①

IOP 要求其所有成员遵守学会的“行为准则”，作为其成员资格的条件，使他们对专业精神和诚信做出承诺。这些行为准则规定了成员的纪律。根据学会的章程，受到纪律处分的成员可以根据程序公布其姓名。IOP 其他成员或第三方可以对未遵守行为准则的成员提出投诉，纪律委员会将接受 IOP 就其成员的学术不端行为问题提出的具体书面投诉。

纪律委员会应审查学会成员、其他人士或团体对其成员提出投诉或指称该成员违反章程的情况。在不违反章程条例的情况下，纪律委员会应制定和维持调查任何针对某成员的投诉所必需的程序。②

四、财务状况

根据 IOP2016 年年报，流入资金的 86%（2015 年是 88%）来自其贸易子公司 IOPP 的活动。其他收入来源包括成员收入（会费或附加服务收入）、政府和其他资助机构补助金，以及另一家贸易子公司 IOPE 的收入等。该集团今年的总流入资金为 6 740 万英镑（2015 年为 5 690 万英镑），2015 年增加了 1 050 万英镑（18.5%）。其中团体活动 212.5 万英镑，探索活动 5 965 万英镑，经济活动 14.6 万英镑，教育活动 329.1 万英镑，社会活动 21.3 万英镑，其他交易活动 158.8 万英镑，投资收益 41.2 万英镑，捐赠遗产收入 2.3 万英镑（附图 13）③。

---

① Institute of physics [EB/OL]（2018-09-03）http://www.iop.org/about/royal_charter/file_67323.pdf.

② Institute of physics [EB/OL]（2018-09-03）http://www.iop.org/about/royal_charter/file_67323.pdf.

③ The Institute of Physics Annual Report 2016 [EB/OL].（2018-12-04）. http://www.iop.org/membership/prof-dev/tools/workshops/file_69911.pdf.

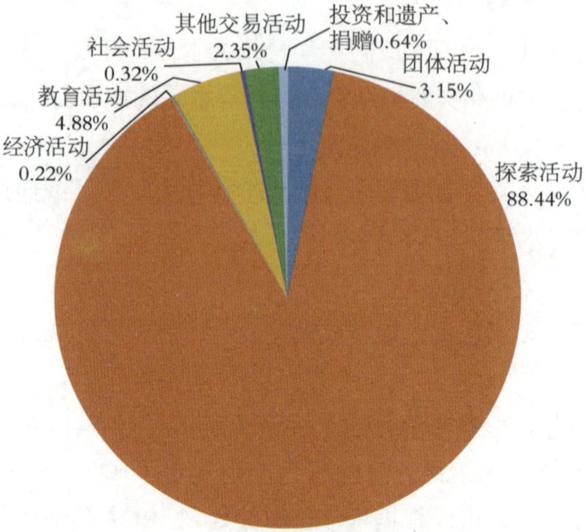

附图 13　IOP 2016 年各项收入占比

全年总支出为 6 300 万英镑（2015 年为 5 380 万英镑），增加 920 万英镑（17%）。其中筹措资金支出 6.3 万英镑，团体活动支出 347.3 万英镑，探索活动支出 5 084.7 万英镑，经济活动支出 79 万英镑，教育活动支出 628.9 万英镑，社会活动支出 125.5 万英镑，其他支出 28.7 万英镑（附图 14）①。全年收入大于支出，收入和支出

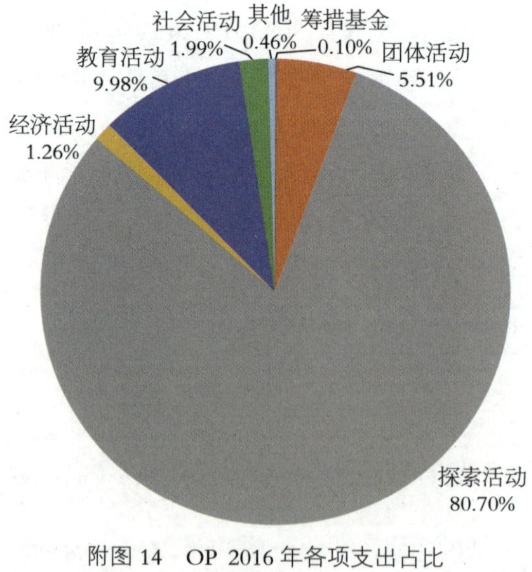

附图 14　OP 2016 年各项支出占比

① The Institute of Physics Annual Report 2016 [EB/OL]. (2018-12-04). http://www.iop.org/membership/prof-dev/tools/workshops/file_69911.pdf.

的最大占比均在探索活动部分。

五、主要业务活动

（一）学术出版

IOPP 成立于 1874 年，是 IOP 下属的非营利性出版机构，是全球最大的物理及相关学科的信息传播机构之一[①]，总部设在英国的布里斯托，分别在北京、费城、巴黎、圣彼得堡设有分部。出版社出版世界著名的《物理学期刊 A、B、D、G》（Journal of Physics A、B、D、G）系列等 76 种期刊，内容涉及应用物理学、天文学及天体物理学、原子、分子以及光学物理、化学、计算机科学、教育学、工程学、环境学、高能量和核子物理、材料科学、数学、测量学、医药及生物科学、等离子物理等广泛领域[②]。除此之外，还出版数百种书籍和会议论文集等[③]。

IOPP 的所有收入都由学会用于支持发达国家和发展中国家的科学研究。1998 年以前，IOPP 所有的印刷版期刊都不向作者收取版面费，期刊的运作费用全部来自期刊的销售收入，其中图书馆等机构性订阅收入为期刊提供了约 80% 的费用[④]。

IOP Science 是 IOP Publishing 出版的期刊内容的在线服务，旨在使研究人员能够轻松发现相关内容并管理研究信息[⑤]，2008 年由 IOPP 开发并投入使用。其主要提供 1874 年以来 IOPP 出版的所有数字化期刊和部分图书、会议论文集。电子订阅套餐为研究人员提供了 140 多年的 IOP 发布内容，其中包括一些已发布的最重要的科学，技术和医学研究，超过 70 种著名期刊，超过 430 000 篇文章，跨越 12 个领域的国际突破、开拓性成就和激动人心的新发展[⑥]。IOP Science Extra 是通过 IOP Science 平台提供的电子档案库；IOP Journal Archive 是 IOPP 从 1874 年以来所出版的全部文章的综合电子文档库，由 196 000 篇文章组成，体现了 140 多年来物理学研究领域中最重要的研究成果，还包括许多诺贝尔奖得主的重要贡献。

（二）学术会议

会议部为 IOP 的小组提供专业的会议组织服务，并支持希望将国际物理会议

---

① 戴利华. 国外科技期刊发展环境［M］. 北京：社会科学文献出版社，2007：133-147.

② 叶文芳，丁一. 英国皇家物理学会期刊出版及运营机制研究［J］. 科技与出版，2013（4）：32-37.

③ 郭志明，武建劳. 英国物理学会出版社及其期刊出版研究［J］. 中国科技期刊研究，2006，（1）：166-169.

④ 莫京，任胜利，武长白，等. 英国物理学会出版部的期刊出版方针及其对我们的启示［J］. 编辑学报，2003，（5）：385-386.

⑤ Institute of physics［EB/OL］（2018-08-04）http://iopscience.iop.org/page/aboutiopscience.

⑥ Institute of physics［EB/OL］（2018-08-04）http://iopscience.iop.org/page/extra.

带到英国的成员。[①] 以 2016 年为例，学会组织了 30 次为期一天的会议和 20 次为期多天的会议。这些活动包括 2016 年成功举办的国际中微子大会和欧洲磁场联合研讨会。所有活动的参与者超过 4 000 人，相比 2015 年增加了 95%。学会积极为研究人员提供机会，在重要的大型科学活动及双边交流计划中与各国物理学会进行介绍和交流。如在 2016 年于美国华盛顿特区举行的美国科学促进会（AAAS）会议上，IOP 与美国物理学会组织了一次关于天体物理学的科学会议；在 2016 年于曼彻斯特举行的欧洲科学技术开放论坛会议上，与欧洲物理学会联合召开了关于太阳能修复水体生态的会议。来自加尔各答可变能量回旋加速器中心的著名核物理学家 Dinesh Srivastava 博士，在 2016 年与印度物理学会的交流计划上提供了 Homi Bhabha 教授的讲座。IOP 还支持英国学生和学者参加中国科学院北京暑期学校举办的非平衡态统计物理和活性物质体系课程，等等。[②]

（三）与企业的合作

IOP 致力于与依赖物理学和物理学家的企业合作。通过在企业和研究基地之间建立公认和有价值的联系，使企业能够在物理学的主要基础领域和新兴物理学研究成果与技术方面加强信息交流，使学会能够在政府和其他机构的最高层代表与物理相关企业的利益，并更好地促进英国和爱尔兰经济中物理学和物理学家的作用。[③]2016 年，IOP 与百事公司、谢菲尔德哈勒姆大学、联合利华集团、荷兰 Jacobs Douwe Egberts 集团、英国知识转移网络、英国工程与自然科学研究理事会等伙伴合作，在食品制造行业开展了一个开放式创新项目，具体活动包括：一个将物理学与行业挑战相结合的峰会；一场物理学健康报告（建议该行业应纳入政府的工业战略）；一个以食品为重点议题提升形象的《物理世界》讨论会；一个食品公众参与活动；以及与八位同仁进行一个为期两天的专题研究会议，提议在该领域成立一个新的特殊利益团体。该项目吸引了 50 多家大、中、小型企业的代表和世界顶级专家学者共同参与。学会还在商业创新奖设立的第五年，将此奖项颁发给 10 个通过物理创新取得成功的高增长企业，使得获奖者总人数达到 26 人。80 名商界领袖和国会议员出席了议会招待会。众多议员的积极参与导致议会提出要突出这些奖项，并讨论政府如何支持企业创新和发展[④]。

---

① Institute of physics [EB/OL]（2018-07-26）http://www.iop.org/events/scientific/conferences/index.html.

② The Institute of Physics Annual Report 2016 [EB/OL].（2018-12-04）. http://www.iop.org/membership/prof-dev/tools/workshops/file_69911.pdf.

③ Institute of physics [EB/OL]（2018-07-26）http://www.iop.org/activity/business/index.html.

④ The Institute of Physics Annual Report 2016 [EB/OL].（2018-12-04）. http://www.iop.org/membership/prof-dev/tools/workshops/file_69911.pdf.

（四）资助和奖励

为服务各级会员，促进学会发展，IOP 设有多种基金、资助计划和奖项等。如安东尼·沃特豪斯奖学金（Anthony Waterhouse Fellowship）向在英国教育机构（学校和学院）工作的教师申请人开放，为 11 至 19 岁的学生提供资助，支持他们参与研究项目①；学校补助金计划（School Grants Scheme）为位于英国和爱尔兰的学校、学院和家庭学校团体提供最高 600 英镑的学校补助金，用于奖励与促进物理和工程相关项目和活动②；公众参与资助计划（Public Engagement Grant Scheme）为在英国和爱尔兰开展基于物理的活动的个人和组织提供高达 2 000 英镑的资金，用于提高公众对当代物理学的认识和参与③；国际会员补助金（International Member Grant）旨在支持海外（即英国和爱尔兰境外）希望与其所在国家物理学会合作举办活动的 IOP 成员，为其所在国家的物理学家安排社交活动等。除此之外，学会还有慈善基金（Benevolent Fund）、教师培训奖学金（Teacher Training Scholarships）、IOP 补助基金（IOP carers' fund）、Virdee 补助金（Virdee Grant）、Cockcroft 和 Walton/Homi Bhabha 讲师交流计划（Cockcroft and Walton/Homi Bhabha Lecturer Exchange Programme）、国际光学委员会和 IOP 旅行讲师计划（ICO and IOP Travelling Lecturer Programme）、凯文麦克斯韦基金（Kelvin Maxwell Fund）、旅行助学金（Travel Bursaries）、研究生会议基金（Research Student Conference Fund）、早期职业研究人员基金（Early Career Researchers Fund）、CR Barber 信托基金（CR Barber Trust Fund）等。

IOP 奖项旨在表彰那些为英国或爱尔兰物理学的发展作出重大贡献的团队和个人。2016 年，被提名者来自超过 54 个组织，涉及所有相关领域的每个职业阶段对物理学做出杰出贡献的人士。创新奖旨在表彰在物理创新应用方面取得成功的英国和爱尔兰公司，在石油、天然气、可再生能源、医疗技术等领域创造业绩、保障就业和提高效率的科技制造业公司④。

---

① Institute of physics [EB/OL](2018-08-04) http://www.iop.org/about/grants/fellowship/page_52780.html.

② Institute of physics [EB/OL](2018-08-04) http://www.iop.org/about/grants/school/page_38824.html.

③ Institute of physics [EB/OL](2018-08-04) http://www.iop.org/about/grants/outreach/page_38843.html.

④ Institute of physics [EB/OL](2018-08-04) http://www.iop.org/membership/prof-dev/tools/workshops/file_69911.pdf.

（五）国际交流与合作

IOP 致力于促进物理领域的国际合作，与世界各地的成员进行接触，以扩大学会范围，解决全球挑战，为可能受益的低收入和中等收入国家的人们提供物理教育或培训的机会[①]。为国际范围的科学家和工程师提供合作框架。IOP 目前是欧洲物理学会、欧洲光学学会、国际光学委员会、国际纯粹和应用物理学联盟会员。

IOP 建立国际关系的机制之一是通过与其他国家物理学会建立联系。在这些学会中，物理学家有许多机会进行网络和潜在的合作，包括出席会议、与国家物理协会代表之间进行交流，以支持在能力建设、教育、科学和创新、成员资格和学位认证方面的相互合作。共同支持双边国际奖项，其中包括与德国物理学会联合颁发的 Max Born 奖、和法国物理学会颁发的 Fernand Holweck 奖、和澳大利亚物理研究所颁发的 Harrie Massey 奖、和意大利物理学会颁发的 Giuseppe Occhialini 奖。此外，还有一些正式和非正式的协议，允许 IOP 成员参加由合作伙伴国家物理学会组织的海外活动。

英国皇家生物学会

一、基本情况

（一）概况

英国生物科学联合会和英国生物学研究所在 2009 年合并成立英国生物学会，2015 年 5 月，英国生物学会获得了皇家宪章，正式更名为皇家生物学学会（Royal Society of Biology，RSB）[②]。RSB 致力于推进生物学在学术、产业、教育等方面发展并影响相关政策制定的专业协会和学术团体，也是英国注册慈善机构。目前，学会拥有约 18 000 名个人会员和 100 多个组织会员。

RSB 的使命是促进生物科学的新发现，促进国家和国际利益，促进更广泛的公众参与[③]。愿景是让世界了解生物学真正的价值和生物学对人们生活所作的贡献[④]。RSB 具有 7 个独特的价值观，分别是发声、包容、联合、领先、进步、推动和鼓励。

---

① Institute of physics [EB/OL]（2018-08-04）http://www.iop.org/about/international/index.html.

② Institute of Biology [EB/OL]. Wikipedia，[2018-06-01]. https://en.wikipedia.org/wiki/Institute_of_Biology.

③ Our vision [EB/OL]. Royal Society of Biology. https://www.rsb.org.uk/about-us.

④ Our mission [EB/OL]. Royal Society of Biology. https://www.rsb.org.uk/about-us.

发声是指代表生物学声音；包容是指支持生物科学的多元文化和平等观念；联合是指汇集个人和组织来实现组织的愿景；领先是指以积极和诚实的方式领先所在的领域；进步是指响应并开发资源以满足该行业不断变化的需求；推动是指在有奉献精神的成员和志愿者的努力下增强生物学趣味性、推动生物学教育、专业及相关政策发展；鼓励是指努力激发成员和公众对生物学的兴趣[①]。

二、治理结构

在治理结构方面，RSB 包括理事会、委员会、工作小组等组成部分（附图 15）。理事会是决策机构，教育、培训和科学政策委员会及会员和专业事务委员会向理事会进行报告，这两个委员会也是最为重要的委员会。还有一些其他的委员会，例如，认证委员会、生物课程委员会、职业委员会、研究传播委员会、生物教育期刊编辑委员会、生物学编委会等。部门委员会下设工作小组具体支持委员会的工作。此外，还有一些在特定领域工作的兴趣小组，包括动物科学小组、英国植物科学小组、药物发现小组、生物科学小组等[②]。

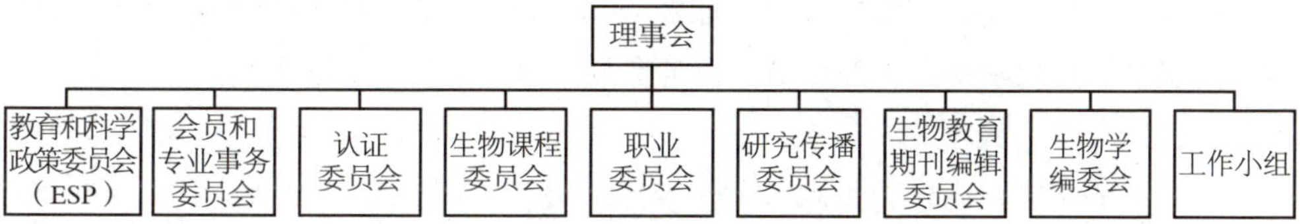

附图 15 RSB 治理结构图

（一）理事会

RSB 的政策由理事会决定。理事会由 3 名名誉官员（主席，秘书和财务主管）和 12 名成员组成。这 12 名成员分别从个人会员中推选 4 名代表、组织会员中推选 4 名代表、理事会任命另外的 4 名代表，以确保理事会成员能够最大限度地代表 RSB。理事会的工作是确保学会的行为符合慈善法等法律法规的规定，为学会明确战略方向，制定总体策略和目标，并根据学会所处的政治、经济和社会环境，为学会的长远发展做规划。除此之外，理事会还负责批准学会的年度预算，管理学会的资金，任命首席执行官并对其进行监督等[③]。

---

① Values [EB/OL]. Royal Society of Biology. https://www.rsb.org.uk/about-us.

② Groups and Committees [EB/OL]. Royal Society of Biology. https://www.rsb.org.uk/policy/groups-and-committees.

③ Role Description for a Council Member and Trustee of the Royal Society of Biology. [EB/OL] . RSB. https://www.rsb.org.uk/images/pdf/Role_Description_for_a_Council_Member_and_Trustee_of_the_RSB2016.pdf.

（二）委员会

教育、培训和政策委员会和会员和专业事务委员会是 RSB 的两个主要委员会，直接向理事会报告。其他的委员会负责各自领域的日常工作。

教育、培训和政策委员会直接向理事会报告，并负责几项具体工作：积极制定教育、培训和政策的战略政策框架；提供指导和支持；指导职业活动；监督专家的科研方向①。

会员和专业事务委员会是另一个向理事会报告主要委员会。会员和专业事务委员会的作用是制定和审查学会个人会员和成员组织的战略、政策和流程，帮助他们实现个人、专业和组织目标。会员和专业事务委员会的职权范围有几方面：审查 RSB 法规和行为准则，并提出适当的修订意见；积极发展从早期职业生涯到退休期间的专业支持战略；审查和分析会员招募和维持策略，就当前情况提供建议；就活动计划和内容提供建议，根据需要推荐发言人、主题和赞助者；通过与分支机构工作组的联络，监督区域分支机构的活动②。

认证委员会、生物课程委员会、职业委员会、研究传播委员会、生物教育期刊编辑委员会、生物学编委会等委员会在各自领域负责学会的日常工作。

（三）工作小组

学会主要有成员组织教育政策咨询小组、会员咨询小组和小学工作小组 3 个工作小组。

成员组织教育政策咨询小组的主要工作是让会员了解学会的教育政策工作。该咨询小组向教育、培训和政策委员会报告。成员组织教育政策咨询小组需要讨论当前、未来教育政策相关的优先事项和与教育政策活动相关的合作领域，在适当的情况下协同开展教育政策活动，根据情况与其他委员会联系，展望未来 2—5 年教育政策中可能出现的问题③。会员咨询小组作为咨询机构参与提出对正式会员的招聘策略和监测结果，参加年度会员调查等工作④。小学工作组的职权范围是为3—11岁的小学生物教学制定理想的内容和标准，开发科学学习方法。除此之外，学会还对小

① Education and Science Policy Committee [EB/OL]. Royal Society of Biology. https://www.rsb.org.uk/about-us/committees/esp.

② Membership and Professional Affairs committee [EB/OL]. Royal Society of Biology. https://www.rsb.org.uk/about-us/committees/mpa-committee.

③ Member Organisation Education Policy Advisory Group [EB/OL]. Royal Society of Biology. https://www.rsb.org.uk/about-us/committees/mo-education-policy-advisory-group.

④ Membership Advisory Group [EB/OL]. Royal Society of Biology. https://www.rsb.org.uk/about-us/committees/membership-committee.

学科学教师进行培训并提供咨询①。

（四）监督机制

根据学会章程，RSB 的监督权由专业事务委员会行使。当学会的首席执行官收到正式书面投诉或指控时，理事会需从专业事务委员会中至少选择 4 人组成小组，对该投诉和指控进行调查，确定是否有需要回答的必要。在进行初步调查之后，若委员会小组决定没有必要答复投诉人，则需要将该决定及其原因通知投诉人。若委员会小组决定回答该投诉或指控，专业事务委员会将举行一次听证会，并通知投诉人。除对首席执行官进行监督外，专业事务委员会对会员也有相关的监督机制。专业事务委员会对会员不专业的行为或其他违反皇家宪章、协会规定的行为进行调查。会员有权就投诉或指控的内容向专业事务委员会提交书面意见或申述。委员会可决定驳回该项投诉或指控，宣告会员没有问题。但如果委员会认为该项投诉或指控是合理的，按照错误程度，会有不同的处理结果，严重者将会员从学会中除名。会员可就其实施惩罚进行上诉，但不得对小组的裁决提出上诉。

三、会员管理

RSB 的会员身份分为个人会员和组织会员。

（一）个人会员

1. 会员等级

RSB 有学生会员、准会员（AMRSB）、成员（MRSB）和终身会员等几个会员等级，下面具体进行说明。

（1）学生会员

生物科学的全日制学生可以申请成为学生会员。学会可以为学生会员提供服务：其一，会员资格在学生会员求职时能够向雇主证明学生会员作为专业生物科学家的资格和经验。其二，来自学术出版商 Wiley Blackwell 和牛津大学出版社的所有生命科学相关书籍对学生会员有 20% 的折扣。其三，学会每年会提供给学生会员旅行补助金，提供学生会员与生物学相关的海外旅行机会。其四，学生会员可以访问生物学家网络，成员包括会员的讲师、未来的同事或雇主。其五，学生会员可以免费订阅学会的《生物学家》期刊②。

---

① Primary Working Group [EB/OL]. Royal Society of Biology. https://www.rsb.org.uk/about-us/committees/primary-working-group.

② Student Affiliate [EB/OL]. Royal Society of Biology. https://www.rsb.org.uk/membership/individual-membership/student-affiliate.

（2）准会员

如果取得了生物学学位便有资格申请成为准会员，学会通过授予 AMRSB 的称号认可其职业发展的早期阶段。一次性的申请费为 15 英镑，正常的会费年费为 79 英镑，但学会对应届毕业生、全日制硕士研究生和博士生有不同程度的优惠，应届毕业生为 39.5 英镑，全日制硕士研究生 15 英镑和博士生 39.5 英镑①。

（3）正式会员

具有 3 年以上生物科学专业的研究生可以申请成为正式会员，即 MRSB。已经成为准会员（AMRSB）的会员，如果已经完成了两年的持续专业发展计划（CPD）并获得了至少 50 个学分，也可以申请成为正式会员。一次性的申请费为 15 英镑，若会员是从准会员将资格转到正式会员，只需交纳 15 英镑的管理费。正式会员的会员年费分为 3 个等级，具有 5 年以下相关研究经历的年费为 90 英镑，具有 6—10 年相关研究生经历的年费为 112 英镑，具有 11 年以上相关研究经历的年费为 132 英镑②。

（4）终身会员

退休的会员可以成为终身会员（FRSB）。终身会员需要年满 65 岁，所需交纳的会费为 630 英镑。若该会员已成为会员的时间在 10 年以上 20 年以下，可以享受 10% 的会费折扣。若该会员已成为会员的时间在 20 年以上，可以享受 20% 的终身会员折扣③。

2. 会员权益

RSB 拥有超过 17 000 名个人成员，从生物学学生到诺贝尔奖获得者都有，还有 100 多名来自生命科学领域的单位会员。学会会定期组织活动和建立特殊兴趣小组进行知识的分享和协作。RSB 针对不同的会员提供不同的课程，涵盖项目管理、写作、展览设计、显微镜艺术、科学创业等多种主题。此外，RSB 为会员提供专业注册资格的认证，包括特许生物学家、特许科学家、注册科学家、注册科学技术员和特许科学教师等，得到了学会的专业注册资格认证是对会员能力和经验的认可。除此之外，RSB 的政策团队会定期向政府提供一些有关科学问题和科学家的政策意见，而会员的意见对政策团队如何进行政策回应十分关键，会员能够在一定程度上

---

① Associate（AMRSB）[EB/OL]. Royal Society of Biology. https://www.rsb.org.uk/membership/individual-membership/associate-amrsb.

② Member（MRSB）[EB/OL]. Royal Society of Biology. https://www.rsb.org.uk/membership/individual-membership/member-mrsb.

③ Fellowship（FRSB）[EB/OL]. Royal Society of Biology. https://www.rsb.org.uk/membership/individual-membership/fellowship-frsb.

影响科学政策[①]。

（二）组织会员

RSB 的组织成员资格对学术团体、企业机构、生物科学委员会以及学校学院等组织开放。根据组织和其成员的类型，组织会员可以从学会中收到一系列的信息，并且能够参与学会的工作[②]。

1. 正式的组织会员

RSB 共有包括英国生物物理学会、英国细胞生物学会、英国动物科学学会在内的 68 个正式的组织会员[③]。申请正式的组织成员需要交纳相应的会费，而具体的金额根据组织的年收入计算（附表 11）。正式的组织会员有机会讨论并影响政府的相关政策[④]。此外，学会与组织会员合作开展各种外展项目。学会的正式组织会员的个人会员除可以享受会员的福利之外，还额外享有持续专业发展计划（CPD）和专业奖项[⑤]。组织会员也可以在学会的网站上进行宣传活动。

附表 11　RSB 正式的组织会员年费标准（英镑 /£）[⑥]

年　收　入	费　用
49 999	310
50 000—249 999	670
250 000—499 999	1 340
500 000—749 999	1 650
750 000—999 999	2 060
1 000 000　1 999 999	4 120
2 000 000—3 999 999	5 150
4 000 000—5 999 999	7 730
6 000 000+	10 300

① Five reasons to join today [EB/OL] . Royal Society of Biology. https://www.rsb.org.uk/membership/individual-membership.

② Organisational Membership [EB/OL] . Royal Society of Biology. https://www.rsb.org.uk/membership/organisational-membership.

③ Full Organisational Members [EB/OL] . Royal Society of Biology. https://www.rsb.org.uk/membership/organisational-membership/full.

④ Science policy [EB/OL] . Royal Society of Biology. https://www.rsb.org.uk/membership/organisational-membership/full.

⑤ Additional benefits [EB/OL]. Royal Society of Biology. https://www.rsb.org.uk/membership/organisational-membership/full.

⑥ 图片来源：https://www.rsb.org.uk/membership/organisational-membership/full.

2. 支持机构的会员

RSB 的支持机构对学术团体、企业机构、生物科学委员会以及学校等组织开放。支持机构的会员除能享受个人会员的福利外，还能够通过学会组织的社会活动与其他会员组织见面并建立联系[①]。RSB 现有生物技术与生物科学研究委员会（BBSRC）、医学研究委员会（MRC）、宝洁公司、联合利华英国有限公司在内共 25 家支持机构[②]。

3. 附属组织会员

附属组织会员通常是那些核心业务不是生物科学或生物科学相关的组织的成员，但他们热衷于生物科学这一领域。RSB 有超过 18 000 名附属组织会员。附属组织会员组织包括金融公司、律师事务所的大型雇主、培训课程提供者、出版公司、咨询公司或广告公司[③]。附属组织会员可以获得独家的广告和相关优惠活动。

4. 学校和学院联盟计划

学校和学院可以通过学校和学院联盟计划成为 RSB 的会员，学会为其中的员工和学生提供服务。学会会为学校和学院订购《生物教育》和《生物学家》期刊。《生物教育》刊登有关生物学教学、学习和评估的最新研究。《生物学家》是 RSB 的会员期刊。此外，所有 14—19 岁的学生都有资格免费注册为国际生物会员。

四、财务收支情况

下面以 2017 年度的财务报告为主对 RSB 的财务收支情况进行说明（附表 12）。

附表 12　RSB 2017 年财务报告[④]（单位：千英镑）

	一般性资金	专用资金	总计（2017 年）	总计（2016 年）
收入				
捐赠收入	226	198	424	387
会员会费	1 660	—	1 660	1 658
认证 / 考试费用	247	—	247	194

① Member benefits for Supporting Member Organisations [EB/OL]. Royal Society of Biology. https://www.rsb.org.uk/membership/organisational-membership/supporting.

② Supporting Organisational Members [EB/OL]. Royal Society of Biology. https://www.rsb.org.uk/membership/organisational-membership/supporting.

③ Affiliated Organisational Membership [EB/OL]. Royal Society of Biology. https://www.rsb.org.uk/membership/organisational-membership/affiliated-organisational-membership.

④ 图片来源：https://www.rsb.org.uk/images/RSB_Report_and_Accounts_2017_signed.pdf.

续表

	一般性资金	专用资金	总计（2017 年）	总计（2016 年）
期刊收入	31	—	31	24
培训课程	5	253	258	1
项目费用	41	86	127	124
其他交易收入	62	—	62	99
投资收入	3	—	3	3
收入（总计）	2 275	537	2 812	2 490
支		出		
筹资活动	62	—	62	56
会员服务	1 092	—	1 092	1 048
认证 / 考试费用	242	—	242	269
期刊发行	234	—	234	271
培训课程	265	—	899	478
活动组织费用	255	634	255	234
支出（总计）	2 150	634	2 784	2 356
年度净收入	161	（100）	60	469
固定资产收益	187	—	187	220
精确固定收益	478	—	478	（778）
2016 年净流动资金	1 423	151	1 574	1 663
2017 年净流动资金	2 248	51	2 299	1 574

（一）财务收入情况

根据附表 12 所示，RSB 2017 年的收入总计为 281.2 万英镑，收入类别分为捐赠收入、会员会费收入、认证 / 考试费用收入、期刊订阅收入、培训课程收入、项目费用、其他交易收入和投资收入共 8 类。各类别收入所占年收入的比例如附图 16 所示。

根据附图 16，RSB 的各项收入中会员会费占总收入的比重最大，高达 73%；其次是认证 / 考试费用，占 11%；捐赠收入，占 10%。除去净利润之外，学会还有部分固定资产收益和投资收益，加上前一年的净流动资金，构成了当年的净流动资金总额。从附表 12 中可以看出，RSB 的净流动资金在不断增加。

（二）财务支出情况

RSB 2017 年的支出总计为 278.4 万英镑，支出类别分为筹资活动、会员服务、

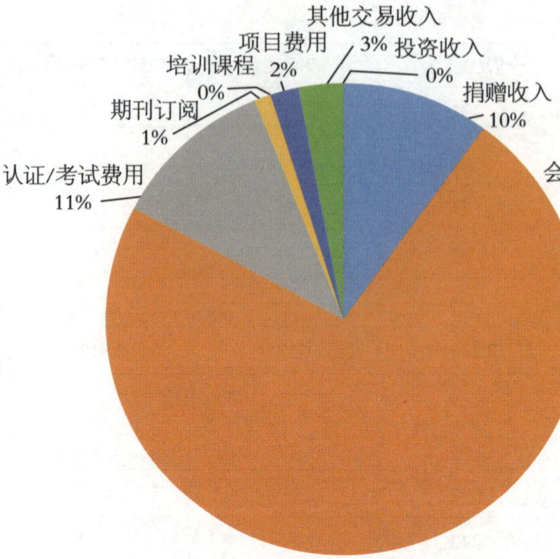

附图 16　RSB 各类别收入所占比例

认证 / 考试费用支出、期刊发行支出、培训课程支出、活动组织支出共 6 类。各类支出所占年支出的比例如附图 17 所示。

根据附图 17 可以看出 RSB 的各项支出中会员服务支出和培训课程支出占总支出的比重最大：会员服务支出占 39.2%，培训课程支出占 32.3%。其次是活动组织

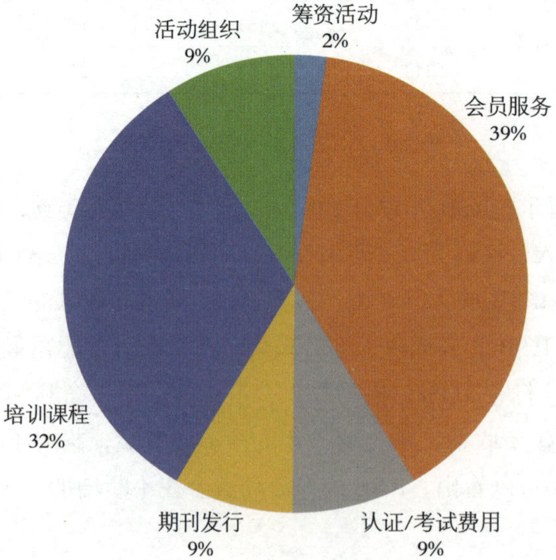

附图 17　RSB 各类支出所占比例

支出、认证 / 考试支出和期刊发行支出这三类支出，其所占总支出的比例都在 8%—9%。占比最小的为筹资支出。从支出金额及所占比例可以看出 RSB 对会员服务和会员长期发展的重视。

五、主要业务活动

（一）学术期刊

RSB 主要有期刊:《生物学家》和《生物教育》。《生物学家》是 RSB 的双月刊会员期刊，该期刊主要讨论科学政策、生物科学新发展或有争议的问题。《生物教育》是一本国际期刊，发表有关生物学教学、学习和评估的最新研究成果。该期刊旨在弥合研究与实践之间的差距，提供信息、思想和观点，以及对生物学研究和教学进展进行批判性考察。

（二）科技奖励

RSB 针对不同的对象有不同的奖项，分为几类：向所有人开放的奖项、向学生开放的奖项、向教师开放的奖项、向技术人员开放的奖项。

RSB 向所有人开放的奖项有科学传播奖以及总统奖章。科学传播奖旨在奖励研究人员开展外展工作，以告知、激励和吸引公众。学会让研究人员设计一些活动计划，进行比赛，活动可以涉及讲话、文章、演示及展览。评委们会对这些活动的科学内容、影响、创新程度予以评估和反馈。获胜的研究人员可以获得奖励。总统奖章授予那些以特殊方式支持 RSB 并对组织和整个生物学行业产生重大影响的个人。该奖项向学会所有成员开放，以表彰会员对学会做出的重大贡献。个人、成员组织、特殊利益团体和学会的分支机构都可以提名。

RSB 向学生开放的奖项有南希罗斯威尔奖和优秀学生奖。南希罗斯威尔奖是一个标本绘画比赛。该比赛根据学生的年龄分为 3 组，7—11 岁组、12—14 岁组以和 15—18 岁组。每组的总冠军还将额外获得学会提供的 25 英镑和学校提供的 100 英镑奖金。表现极为优秀的参赛者和获奖者将被邀请参加皇家兽医学院的体验日[①]。优秀学生奖旨在鼓励学生在研究生阶段继续在生物科学领域探索，并为毕业生做职业选择提供支持。优秀学生奖面向全国各地的大学生，该奖项将颁发给生物科学学位的大学生。

RSB 向技术人员开放的奖项是高等教育生物科学技术奖，旨在表彰技术人员的出色的工作，表彰技术人员在工作中能够运用专业的技术知识和专业知识来提高工

---

① The Nancy Rothwell Award [EB/OL]. Royal Society of Biology. https://www.rsb.org.uk/get-involved/rsb-awards/nancy-rothwell-award.

作效率。该奖项由 RSB 和大学生物科学管理者协会（UBMA）联合颁发。

RSB 针对不同级别的教师颁发初级科学教师奖、学校生物学教师奖和高等教育生物科学教师奖。

（三）RSB 比赛

RSB 的比赛主要有中级生物学奥林匹克挑战赛、中学生物学奥林匹克竞赛、生物学挑战赛和摄影比赛。

中级生物学奥林匹克挑战赛考察学生的生物学知识，并鼓励他们继续学习学校或校园以外的生物科学。该比赛由英国生物学竞赛委员会组织，由 RSB 管理①。在挑战赛中得分最高的学生将获得证书并参加伦敦的颁奖典礼。

RSB 主办的英国中学生物学奥林匹克竞赛（British Biology Olympiad，简称 BBO）1995 年设立，是英国中学历史最长、影响最大的理科竞赛之一，每年英国有近万名高中生参与。优胜者除可以直接获得英国生物奥赛金银铜牌之外，还可以大大增加世界名校医学、生物等理工科专业申请优势，获奖者还将有机会获得国际顶级科学类活动邀请。每年英国通过这个比赛选拔优秀的高中生组成英国生物奥赛国家队，参加国际生物学奥林匹克竞赛（IBO）②。

生物学挑战赛是为了激发学生对自然世界的好奇心，并鼓励他们对学校外的生物学产生兴趣而设置的。比赛对英格兰和威尔士的 Y8/ Y9/ Y10 级学生、北爱尔兰的 Y9/ Y10/ Y11 级学生、苏格兰的 S1/ S2/ S3 级学生和全球同等年级组学生开放。

RSB 年度摄影比赛邀请业余爱好者提交特定主题的照片。例如，2018 年摄影比赛的主题是“自然模式”。地球上的生命包含无数的形式、序列和结构。参赛者需要捕捉生物的以下细节：探索动物如何使用斑点、条纹和其他形状来伪装或发出信号；捕获牧群和浅滩上野生动物的集体动作；描绘植物世界的螺旋和对称性；展示显微镜下表达细胞分裂和基因表达的规律模式等。摄影比赛分为两组，18 岁以上组和 18 岁以下组，每位参赛者最多可以提交三张照片。评选出的年度最佳摄影师会有一定的现金奖励，18 岁以上的最高奖金为 1 000 英镑，18 岁以下的最高奖金为 500 英镑③。

---

① Intermediate Biology Olympiad [EB/OL]. Royal Society of Biology. https://www.rsb.org.uk/get-involved/rsb-competitions/intermediate-biology-olympiad.

② 英国生物奥林匹克竞赛（BBO）[EB/OL]. 思德网. http://www.seedasdan.org/bbo/.

③ Photography Competition [EB/OL]. Royal Society of Biology. https://www.rsb.org.uk/get-involved/rsb-competitions/photography-competition.

英国工程技术学会

一、基本情况

（一）概况

英国工程技术学会（The Institution of Engineering and Technology，IET）是工程技术领域的专业学术团体，为一个多学科的专业工程机构。IET 正式成立于 2006 年，由两个独立的机构组成：1871 年成立的电气工程师学会（IEE）和 1884 年成立的企业工程师学会（IIE）。在可追溯的近 140 年的历史中，学会对人类的科技进步做出了巨大的贡献，会员中涌现了大量的优秀人物，目前在全球 150 个国家拥有超过 168 000 名会员①。学会在英格兰和威尔士以及苏格兰注册为慈善机构，总部在英国伦敦，并分别在美国、中国、印度设有办事处。

IET 的理念是建立全球科学工程技术领域知识的共享和交流，提高全世界人民的生活水平，通过学会和会员的努力，在个人、企业和学术团体的支持下，构建全球范围知识网络。学会为工程技术人员职业发展的各个阶段提供相应的支持和帮助。其使命是激励新生力量，支持技术创新，推动业界进步，满足社会需求。学会的愿景是致力于创建一个更美好的世界。"我们以诚信和尊重的态度对待每一个人，在我们所有的活动中不断追求卓越，并利用团队合作的力量创造价值"②是学会的价值观。

IET 对自身的定位主要包括两个方面。一方面，它是一个工程师交流平台——一个科技信息分享的平台和知识传递的平台。这个平台的建立是 IET 核心的宗旨，在此基础上提供相应的服务。例如，根据不同的技术门类，学会有 30 多个专业技术网络，同时在 37 个国家有 100 多个本地网络，用于与当地会员和其他青年科技工作者沟通。通过参与本地网络的活动，会员能够更多地了解工程技术的发展，青年学生也可得到职业发展方面的建议。另一方面，它是一个基于志愿者服务的导师体系：学会整个网络活动中，导师来自具有资深工作经验的志愿者，他们乐意为学生和青年科技工作者提供职业生涯发展的建议。导师体系同时也是一个互动的网络，通过一个常态的机制来提供帮助③。

---

① https://www.theiet.org/about/vision/key-facts/index.cfm?.

② https://www.theiet.org/about/vision/index.cfm.

③ http://www.theiet.org.cn/content_657_119.html.

二、治理结构

学会的治理结构，包括会员大会，理事会，委员会、评议会和执行团队。

会员大会选举理事会、修改社团章程。会员大会闭会期间由理事会领导社团，执行会员大会的决议，选聘重要成员。理事会下设 9 个委员会（小组），分别是审计和风险处理委员会、财务和投资委员会、提名和继任委员会、纪律委员会、薪酬委员会、政策小组。还有其他 3 个主要负责内部活动管理的委员会：知识服务委员会、会员和专业发展委员会、志愿者参与委员会。每个委员会都在特定的职权范围内运作，任何理事会或委员会的当选或任命成员的正常服务期限均为三年。对于委任成员，理事会或委员会的服务期限不得超过六年。理事会或委员会三分之一的成员是每年重新选举的新任委员。理事会的职能包括：制定学会的战略；定期监督战略优先事项的进展情况；每年审查学会的战略并酌情进行修订；审核学会的年度报告和账目等。

各委员会（小组）根据理事会授权，按照各自的职责范围开展工作，向理事会提出相关建议，提交相关报告，保证 IET 的良好运转。

评议会是学会的咨询机构，代表广大会员的意见并向理事会提出建议。评议会有以下权利和责任：向理事会提出有关学会事务的一般性招标建议，包括对其进行指导和策略支持，以及完成理事会提出的任何其他事项；代表 IET 成员向理事会传达对学会有关事项的一系列观点和意见；监督学会的治理等。

执行团队是负责学会日常运作的高级职员团队，其高管主要由以下职位构成：首席执行官兼秘书，人力资源主任，财务和规划总监，知识总监，治理和外部参与主任，国际战略营销和参与总监，会员和专业发展总监，IT 和数字服务总监等①。

三、会员管理

（一）会员管理机构

学会的会员管理机构是会员和专业发展委员会，其负责监督学会的会员拓展和活动。其职权范围包括：战略咨询和支持、风险管理、利益相关者管理等②。

（二）会员类型

学会会员类型分为：荣誉会士、会士、专业会员、普通会员和学生会员。荣誉会士（Hon FIET）是由学会理事会选举，面向对 IET 或其自身工程科技领域有特殊贡献的专业人士。会士（FIET）是面向在工程科技领域内不断取得成绩并担负重要

---

① https://www.theiet.org/about/people/exec-team/.

② https://www.theiet.org/about/people/boards-committees/mpd.cfm.

职责的专业人士。专业会员（MIET）是面向有工程技术教育背景和工作经验的工程技术人员。普通会员（Associate）是面向从事工程技术相关工作或对工程技术有浓厚兴趣的人员。学生会员（Student Member）是面向职业规划为从事工程技术工作的学生，包括本科生、研究生和博士生。

（三）会员服务

学会为专业工程技术人员和非专业的工程技术爱好者提供知识库、与业内同行交流的国际平台、权威资深人士的国际会议视频，职业发展指导和培训以及全球广泛认可的国际工程师资质认证。这些服务都有益于工程技术人员个人的发展和自身研究领域的发展。知识资源包括图书、电子书、普通期刊、学术期刊、数据库、文献、在线图书馆、会议出版物等。交流平台包括专业社区互动、行业互动、在线论坛、本地分会、志愿者服务、女性工程师网络、青年分会和会议活动。会议活动包括国际会议、系列讲座、培训课程和技术参观。国际比赛等辅导与支持包括国际工程师资质认证、教育认证、奖学金、导师服务、论文写作指导、工程技术英语、简历和应聘指导等。

四、财务情况

IET 2017 年的收入为 6 180 万英镑，其中，贸易收入 1 150 万英镑，知识服务收入 2 570 万英镑，会员与专家发展收入 1 790 万英镑，教育、政策与奖项收入 100 万英镑，合资企业营收 260 万英镑，投资及其他收入 310 万英镑。具体比例如附图 18 所示。相比于 2016 年的 5 850 万英镑，上涨 5.6%。在重新计量固定福利养老金计划

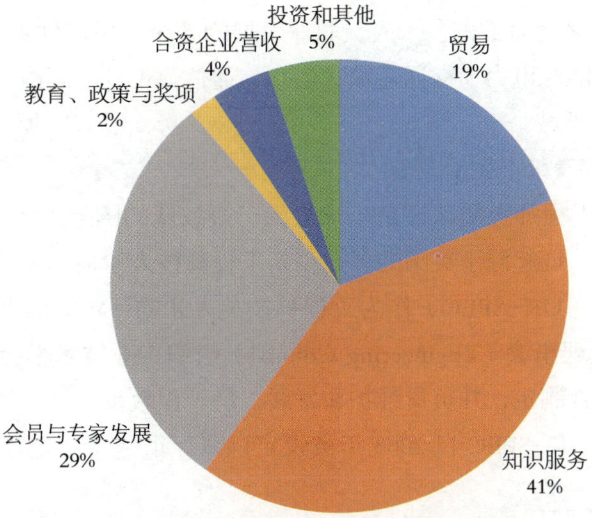

附图 18　IET 2017 年收入占比

之前，2017 年度的综合净收入为 1 040 万英镑（2016 年净收入 1 570 万英镑）。2017 年支出为 6 190 万英镑，其中，贸易支出 420 万英镑，知识服务支出 3 260 万英镑，会员与专家发展支出 1 690 万英镑，教育、政策与奖项支出 700 万英镑，筹款及投资管理费用 120 万英镑。具体比例如附图 19 所示。[①]

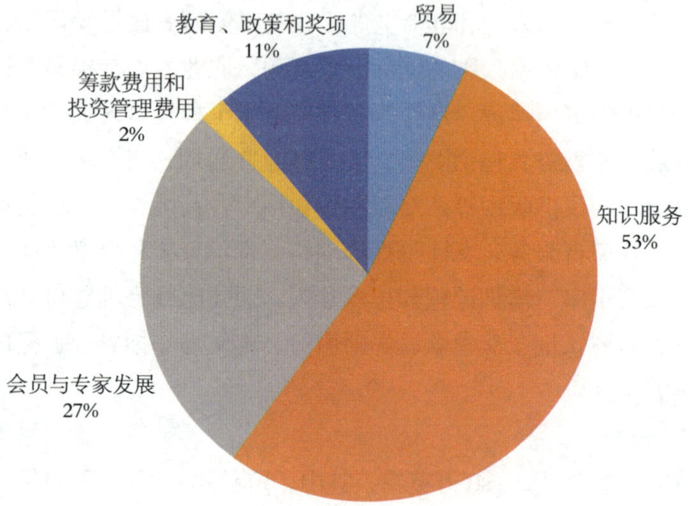

附图 19　IET 2017 年支出占比

五、主要业务活动

学会的理念是建立全球科学工程技术领域知识的共享和交流，以提高全世界人民的生活水平。学会为工程技术人员职业发展的各个阶段提供相应的支持和帮助，其专业分类涉及能源电力、交通运输、信息与通信、设计与制造、建筑环境 5 大行业，40 多个专业领域。

（一）国际工程师资格认证

IET 的国际工程师资质认证是全球最大、最权威的国际工程师资质认证机构。国际工程师资质认证起源于英国的多元创新工程科技人才培养体系，是依据英国工程专业技能标准（UK-SPEC）作为工程科技类人才的评定标准来认证申请人。该标准由英国工程理事会（Engineering Council）组织专业技术学会、政府、企业和高等教育机构联合制定，并负责维护和发展，是工程教育、单位实习和企业培训质量的评价标准，UK-SPEC 自 2003 年被设定以来，很快得到全球盛誉和认可，并

① https://www.theiet.org/about/vision/annual-reports/.

在不断地更新和完善。国际工程师资质证书包括皇家特许工程师证书（Chartered Engineer-CEng）、企业工程师证书（Incorporated Engineer-IEng）、技术工程师证书（Engineering Technician-EngTech）和信息通信技术工程师证书（ICT Technician-ICTTech），内容涉及能源电力、交通运输、信息与通信、设计与制造、建筑环境 5 大行业，40 多个领域。英国工程理事会根据国际工程师所应具备的 5 大能力，综合评判特许工程师（CEng），主任工程师（IEng）和技术工程师（EngTech）的标准，这五大能力分别是知识的获取和理解、知识的运用、领导和管理能力、交流沟通能力、职业素质和社会责任。其中特许工程师和主任工程师的异同点如附表 13 所示。

附表 13　特许工程师和主任工程师资质要求的异同点

特许工程师的资质要求	主任工程师的资质要求
A. 结合一般和专业的工程知识，运用现有技术和新兴技术	A. 结合一般和专业的工程知识
B. 运用适当的理论和实践方法设计、开发、制造、建造、委托、操作和维护产品、设备、流程、系统和服务	B. 了解如何优化现有和新兴技术的应用
C. 提供技术和商业管理	C. 运用适当的理论和实践方法对工程问题进行分析和解决提供技术和商业指导
特许工程师和主任工程师资质要求的共同点	
A. 表现出有效的沟通和人际交往能力 B. 个人承诺遵守适当的职业行为准则，认识到对社会、职业和环境的责任	

由此可见，IET 对国际工程师的统一要求是德才兼备，无论是特许工程师还是主任工程师，都要求有较强的沟通能力，有基本的职业操守，并能意识到作为国际工程师在承担工程项目时所肩负的责任。相比之下，特许工程师比主任工程师的资质要求要更高一些。首先，主任工程师需要熟悉并能运用所学的知识，而特许工程师还要在此基础上掌握技术发展的新趋势。其次，特许工程师不仅要求有技术应用的实践经验，能应对技术研发、应用、制造、销售、服务的全链条，而且要掌握技术相对应的理论，以便解决深层次的技术难题或实现技术升级。最后，对特许工程师的要求不仅限于技术领域，还要具备一定的管理才能，能带领团队共同完成工程任务。主任工程师认证考察的是专业技术人员的综合能力，同时，其专业技术涉及面也很宽。以电气专业为例，包含了电气工程师综合知识、电力系统规划、调度

运行以及电磁兼容和电力市场等内容，这些题目不仅要求应试者具有宽泛的业务知识，还必须具备实际解决问题的能力。

（二）学术交流

学会每年都在全球各地举办大量国际会议和其他国际交流活动，出版 500 多种出版物。学会出版大量报导研究技术发展的专业技术期刊，其中包括 24 种专业领域的学术期刊和 1 种快报期刊，均被著名的科学索引 SCI，Inspec 和 EI 收录。学会拥有的 Inspec 全球工程技术文献索引涵盖全球范围内 1 000 万篇科技论文，专业技术期刊以及其他多种语言的出版物，内容涉及电子、电气、制造、生物、物理、电信、资讯技术等多个工程技术领域。学会的电子图书馆可提供工程、商务、政策法规、市场及公司运作方面的最新信息，随时随地提供学会独具特色的电子书库服务，可以查询由世界知名出版商提供的 800 种完整的工程技术和资讯交流技术类文章类目，准确搜索并浏览专业技术最新高级技术资讯①。

（三）成就奖项

IET 对已经在科学、工程和技术的各个领域做出主要和杰出贡献的个人颁发奖项。奖项往往以知名工程师和人物命名，如Michael Faraday、John Ambrose Fleming、JJ Thomson 和 Oliver Heaviside。其设立的主要奖项如下。

1. 法拉第奖章

法拉第奖是 IET 的最高勋章和荣誉。该奖项设立于 1922 年，以 Michael Faraday 命名，这一奖项的授予不受国籍、居住国或机构成员资格的限制，授予频率最多一年一次。

2. JJ Thomson 电子奖章

该奖项由英国电气工程师学会（ Institution of Electrical Engineers，IEE ）的电子分部董事会于 1976 年创建，颁发给那些在电子产品领域做出过突出贡献的人。

3. Ambrose Fleming 信息和通信奖章

该奖章于 2007 年首次颁发给 Simon Kingsley 教授。它以真空管发明者 John Ambrose Fleming 的名字命名，授予那些为数字通信、电信和信息工程做出杰出贡献的研究者。

4. Mensforth 制造业金奖

该奖颁发给那些在推动制造业发展方面做出重大贡献的人。与法拉第奖章一样，Mensforth 制造业金奖不受国籍、居住国或 IET 会员资格的限制。

---

① http://www.theiet.org.cn/content_657_119.html.

5. 学会志愿者奖章

于 2015 年推出，旨在为杰出志愿者提供奖励，以促进学会目标的实现。

6. 年轻女工程师奖章（YWE）

该奖项是为解决女性在工程岗位上的短缺问题而制定的。自 1978 年以来，学会定期授予英国顶级的女性工程师这一奖项，以表彰她们所做出的贡献，并鼓励年轻女性将工程视为未来的职业①。

（四）奖金资助

学会为工程毕业生的专业发展计划提供资金，包括奖学金、助学金和奖金。学会为攻读学会认证学位的一年级学生提供 Diamond Jubilee 本科奖学金，获奖者每年可获得 1 000—2 000 英镑、最长可达 4 年的奖学金，以帮助他们完成学业；研究生奖学金高达 10 000 英镑，用于学会成员进行博士学位研究。

（五）国际合作

IET 是工程技术领域全球领先的专业学术学会，目前在全球 150 个国家拥有 16.8 名会员。IET 的总部在英国伦敦，在美国、中国、印度均设有办事处。在世界范围内，IET 有 1 600 多家企业合作伙伴，如微软，Intel，思科，IBM，ABB，Schneider，英国石油，英国电信，BAE System 和华为等。IET 于 20 世纪 90 年代初进入中国，2005 年成立北京办公室。IET 授予的国际工程师认证得到英国、欧盟 20 多个国家、美国、澳大利亚、加拿大、爱尔兰、日本、韩国、马来西亚、新西兰、新加坡、南非、斯里兰卡、孟加拉等诸多国家和中国台湾地区、中国香港地区的认可，对工程科技人才的培养发挥了极其重要的作用②。

德国科技社团联合会

一、学会概述

早期的德国技术科学与自然科学社团联合会（Deutschen Technisch-wissenschaftlichen und Naturwissenschaftlichen Vereine）创立于 19 世纪中叶，经过 60 多年的发展，1916 年 5 月 27 日在柏林成立德国科技社团联合会（Deutscher Verband Technisch-wissenschaftlicher Vereine，简称 DVT）。创始成员发起并举行了第一次会议。创始成员包括：德国工程师协会（VDI）、德国电气工程师协会（VDE）、德国钢铁工人

① https://en.wikipedia.org/wiki/Institution_of_Engineering_and_Technology#Awards_and_scholarships.

② http://www.theiet.org.cn/content_657_119.html.

协会（VDEh）、德国船舶技术协会（STG）、德国化学家协会（GDCh）和德国建筑师与工程师协会（VDAI）①。目前，DNT 拥有 31 个成员协会，21 万名会员和 1.7 万多个成员机构。DVT 是一个不依赖任何政党和产业政策而独立存在的具有伞式组织结构的非营利性机构。其目标是集成员组织之力应对当前和未来所面临的共同挑战，处理在自然科学和技术发展方面遇到的问题与矛盾，并且在科学、商业、社会、政治以及政府的行政管理事务中代表工程师和科学家的利益。

DVT 作为德国顶级伞式组织，是德国联邦议会通过资质认证并公开发布的游说组织之一，是能够在最高政治层面反映解决政治和经济诉求的全国性社团组织，不仅针对成员协会各自技术领域的专业问题、跨专业问题，而且对不同技术领域问题的沟通解决起到重要作用。DVT 主要关注的领域有科研经费、青年发展、教育促进、国际合作、网络和交流等。

DVT 的具体目标如下：

- 促进科学技术的发展，特别着重于技术和科学领域的教育和培训；
- 促进技术和科学基础的进一步发展；
- 支持资助年轻的科技人才；
- 促进国内和国际科技教育的进一步发展；
- 提高国内技术和科学专业资格在国际上的认可度；
- 进一步制定和实施国际培训标准；
- 促进国际间的理解与合作；
- 促进个人、公司、科学机构、协会、当局和办事处之间的交流；
- 提高大众对技术科学在公共生活和社会文化发展方面重要性的认识；
- 根据 §58No.1AO 的规定，在促进技术科学的发展以及教育和培训方面为 DVT 争取税收优惠。

二、组织机构

DVT 的组织机构包括董事会、协会会议和办公室。办公室类似我国协会的秘书处，设有执行董事负责日常工作。除执行董事外，其他董事会成员都是以志愿者的身份出现。执行董事可以要求一定合理范围的报酬，由懂事会议决定支付费用的数量。

DVT 的董事会由主席、副主席共 5 名董事会成员组成，其中包括由联合会的会员大会根据主席提名而投票确定的负责秘书处办公室的执行董事。董事会由会员大会以简单多数票决定，任期 3 年，可以连选连任。联合会主席和副主席则由董事会

① 资料来源：德国科技社团联合会，http://www.dvt-net.de/organisation.html.

内部选出。主席依据联合会章程规定来领导联合会、管理董事会日常工作、召集和主持联合会的会员大会。如果不能行使权力则由副主席接替。

董事会根据其成员从事的行业性质，设立专业委员会（Ausschüsse），委员会能够代表成员或组织的利益。在召开委员会会议的时候，委员会应将预定会议通知办公室，董事会成员、执行理事有权出席委员会会议。

三、会员管理

（一）会员的组成

DVT 目前拥有 31 个成员协会，共有 210 000 人和 17 000 多个机构。DVT 的成员是来自技术和科学领域的非营利性学会和协会。主要成员协会有：

- 谷物研究合作协会（Arbeitsgemeinschaft Getreideforschung e.V.，AGF）；
- 工业研究协会协会（Arbeitsgemeinschaft Industrieller Forschungsvereinigungen “Otto von Guericke” e.V.，AIF）；
- 德国宝石学会（Deutsche Gemmologische Gesellschaft e.V.，DGemG）；
- 德国声学学会（Deutsche Gesellschaft für Akustik e.V.，DEGA）；
- 德国电子显微学会（Deutsche Gesellschaft für Elektronenmikroskopie e.V.，DGE）；
- 德国岩土学会（Deutsche Gesellschaft für Geotechnik e.V.，DGGT）；
- 德国航空航天学会（Deutsche Gesellschaft für Luft-und Raumfahrt-Lilienthal-Oberth e.V.，DGLR）；
- 德国材料科学学会（Deutsche Gesellschaft für Materialkunde e.V.，DGM）；
- 德国质量协会（Deutsche Gesellschaft für Qualität e.V.，DGQ）；
- 德国无损检测协会（Deutsche Gesellschaft für Zerstörungsfreie Prüfung e.V.，DGZfP）；
- 德国石油、天然气和煤炭科学协会（Deutsche Wissenschaftliche Gesellschaft für Erdöl，Erdgas und Kohle e.V.，DGMK）；
- 德国制冷空调协会（Deutscher Kälte-und Klimatechnischer Verein e.V.，DKV）；
- 教师与教育协会（DMT-Gesellschaft für Lehre und Bildung mbH）；
- 道路交通研究协会（Forschungsgesellschaft für Straßen-und Verkehrswesen e.V.，FGSV）；
- 冶金和矿工联合会（Gesellschaft der Metallurgen und Bergleute e.V.，GDMB）；
- 数据保护和数据安全协会（Gesellschaft für Datenschutz und Datensicherheit e.V.，GDD）；
- 海事技术学会（Gesellschaft für Maritime Technik e.V.，GMT）；
- 环境模拟学会（Gesellschaft für Umweltsimulation e.V.，GUS）；

- 供应工程工程师学会（Ingenieure der Versorgungstechnik e.V.，IDV）；
- 核技术学会（Kerntechnische Gesellschaft e.V.，KTG）；
- 造船技术联合会（Schiffbautechnische Gesellschaft e.V.，STG）；
- 德国科学捐助者协会（Stifterverband für die Deutsche Wissenschaft e.V.）；
- 电气工程和电子信息技术协会（Verband der Elektrotechnik Elektronik Informationstechnik e.V.，VDE）；
- 德国工程师协会（Verein Deutscher Ingenieure e.V.，VDI）；
- 德国消防促进协会（Vereinigung zur Förderung des Deutschen Brandschutzes e.V.，vfdb）。

（二）会员的会费①

对于以个人会员为主的协会的收费标准：

- DVT 会员费原则上是按成员协会自身总会费收入的一定比例收取。个人会员按 0.71%收取，企业会员按 0.107 5%收取。
- DVT 会费也可以是成员协会的成员数量乘以 0.538 欧元。
- 最低会费标准为 500.00 欧元。

（2）对于以企业会员为主的协会的收费标准：

DVT 成员协会会费按该协会会费收入的 0.107 5%收取，对于会费收入达到 100 万欧元的会员，最低标准为 1 000 欧元，最高会费标准为 5 000 欧元。

这里所谓“以企业会员为主的协会”指的是：其中个人会员数量较低，而个人会员费所占的比例最高不超过会费总收入的 1/4 的协会。

（三）会员的服务

1. 联谊和交流

可以在 DVT 中，结识其他公益性的协会和专业学会的同行，一起根据不同的主题参与不同的委员会或研讨会，交流经验并为自己的工作汲取创意。

2. 代表会员共同利益

DVT 致力于改进和完善德国和欧洲的创新体系。重点是要在商业和科学上为教育和前沿研究创造良好的条件。协会还通过列席欧洲国家工程联合会（FEANI）、德意志学术交流中心、未来成就奖协会、德国科学基金会、马普学会、德国研究基金会、德国科技资助者协会、维尔纳·冯·西门子环基金会以及科学对话有限公司等机构的专业小组，向政府、科技界和商业界发表意见。

---

① http://www.dvt-net.de/fileadmin/downloads/DVT_Beitragsordnung_2008.pdf.

3. 协同作用

DVT 定期组织专题研讨会，研究公益法、沟通对话、融资模式和筹款等事宜。通过活动分担受邀专家的费用，并促进相关人员之间对于以上话题的专业讨论。

4. 共同成就

在组织合作、支持提出立场观点、筹备具体活动上，会员都可以在 DVT 体系中找到相应的专业群体，这是整个协会团结强大的保障。

5. DVT 的目标

协调处理有关科技发展的顶层问题，并代表科技界更好地处理与产业界、社会民众、国家、政府和行政部门的关系，捍卫科技界的利益，而这些目标是单个的专业协会不可能实现的。协会在成立之后，围绕任务目标取得了许多成绩。

（四）会员的申请与退出

德国科技社团联合会的成员可以是自然科学、工程技术等协会或其他技术科学机构，只要他们的工作性质是非营利性的即可。申请加入 DVT，需要通过董事会的决议。如拒绝接纳，需由董事会以书面形式通知申请人。申请人有权致电协会会议询问原因。

联合会成员会员可在规定的日历年度结束时终止会员资格，但需提前 3 个月通过书面声明向 DVT 管理委员会提出申请。

如果成员的行为严重违反 DVT 的利益，则可通过联合会会议决定，将该成员驱逐出联合会。

如果成员的非营利状态停止，其在 DVT 中的成员资格同时结束。

四、主要业务活动

（一）出版物

DVT 的定期出版物包括：DVT 讯息，推送有关 DVT 活动的及时最新信息；线上发布法律和税务信息，汇集关于当前一般管辖权和税法的汇编，由咨询类工程师协会供稿；DVT 活动年告（每年），分线上和印刷两种材料；DVT 科技活动台历，国内和国际科技领域的事件概览。非定期 DVT 出版物包括：DVT 专刊、DVT 的立场观点网络版；简短介绍成员协会，概述当前目标、任务和活动的 DVT 手册；协会大会讲演文字和秘书长研讨会的会议文集；周年纪念备忘录网络版等。

（二）奖项提名①

科技表彰和奖励可以吸引社会的关注，尤其是激励青年科技人员投身自己的职

① http://www.dvt-net.de/vernetzung/deutscher-zukunftspreis.html.

业。DVT 是公认的一个有影响力的科技领域的提名单位。它所参与提名以及贡献评委的科技工程类奖励如下。

1. 德国总统未来奖

每年表彰在技术、工程或科学领域有杰出成就的科学家，德国总统未来奖奖金25 万欧元。DVT 有权向评委会提名获奖候选人。

2. 德国环境奖

1993 年设立，德国联邦环境基金会的德国环境奖项旨在表彰那些在保护和改善环境方面有杰出成就和有奉献精神的团体或个人。该奖金数额 500 000 欧元。DVT 有权与其他知名机构一起提名候选人。

3. Gottfried Wilhelm Leibniz 奖

作为德国科学研究协会（Deutsche Forschungsgemeinschaft e.V.，DFG）的成员，DVT 有资格提名 Gottfried Wilhelm Leibniz 奖。奖金数额高达 250 万欧元的 Gottfried Wilhelm Leibniz 奖是年轻科学家最重要的奖项之一。

（三）基金

Werner-von-Siemens-Ring 基金会成立于 1916 年，是德国最高技术科学基金，每 3 年由董事会授予通过技术研究推动了技术科学发展或通过其技术研究开辟了科学新途径的代表人士。多年来，该基金会的管理层已由 DVT 执行董事接管①。

（四）智库咨询

DVT 在 1960—1971 年曾就如何加强和促进科学研究发起和提出一系列的提案、决议和建议，部分提案是与技术委员会（Gemeinschaftsausschuss der Technik，GdT）一起完成并被采纳。这些历史上曾有重要意义的提案议题包括：

- 关于开展德意志联邦共和国应用科学研究的提案（1960 年 7 月，关于建设科学研究政治权威的宣言）；
- 关于成立德国文献研究所的提案（DVT 与 GdT 1960 决议）；
- 关于促进德意志联邦共和国自然科学和工程科学研究的提案（1961 年 2 月，决议）；
- 关于在联邦政府层面以国家力量促进科学和研究的必要性（1961 年 10 月，意见）；
- 关于在高等中学课程中自然科学重要性的说明（1962 年 11 月，宣言）；
- 关于成立科学教育研究所的建议（1964 年 5 月，备忘录）；
- 关于在德意志联邦共和国成立国立中央机构以促进科技发展的建议（1964 年 7 月，DVT 和 GdT 决议）；

---

① http://www.dvt-net.de/vernetzung/stiftung-werner-von-siemens-ring.html.

●关于就科学和研究成立国家基金的建议（GdT 和 DVT1965 年 1 月，决议）;
●关于科学技术从业人员参加联邦议院和联邦州议院相关政党活动的提案（1965 年 2 月，决议）;
●关于促进德意志联邦共和国技术开发的资金措施（1965 年 6 月，提案）;
●携手开展技术合作的挑战（DVT 主席 S.Balke 博士在 DVT1966 年 50 周年纪念大会上的声明）;
●法律体系下的技术规则（1966 年 12 月，GdT 决议的建议）;
●关于给联邦国防军体系科学家和工程师设置军事服务特殊规定的提议（1967 年 1 月，建议）;
●关于自然科学和工程科学作为政治决策基础的建议（1967 年 1 月，决议）;
●关于在普通中学的科学和技术课程的意见（1967 年 7 月，声明）;
●关于大众汽车基金会的自然科学 / 数学课教师培养计划的意见（1968 年 5 月，宣言）;
●在科学与技术教育领域的国家政治任务（1968 年 7 月，建议）;
●就欧洲共同体委员会关于落实在技术领域中从事研究、设计、咨询和应用的自谋职业者自由迁徙、居住的政策草案（DVT 与德国工程师教育委员会、GdT 和咨询工程师协会于 1968 年 8 月 1 日的纪要）;
●关于德意志联邦共和国大学和学校系统教育政策情况的汇报（DVT 和 GdT 1969 年 1 月，决议）;
●关于科技发展的未来（1969 年 7 月，决议）
●关于建立技术法规清算制度的提案（DVT 和 GdT 1969 年 11 月，决议）;
●关于出于法院技术事务需求在产业经济领域成立一个协会和一个研究所的提议（DVT 和 GdT 1969 年 11 月，决议）;
●关于公务部门的科技任务的意义和思考（对于 GdT 在 1969 年 11 月决议的应和）;
●面向未来科学技术发展的社会化任务（DVT 1970 年 2 月，建议）;
●关于在科学技术行业领域的继续教育和终身学习的建议（1970 年 7 月，建议）;
●科技社团在继续教育领域所能发挥的作用（DVT 在德国工程师协会出版物 1971 年 3 月 No. 26 发表的文章）;
●关于促进科学和教育的非国家倡议（1971 年 10 月，建议）;
●关于成立专利文档图书馆的提案（对 GdT1971 年 11 月决议的响应）。

（五）国际合作①

DVT 是国家和国际基础和应用工程与自然科学协会（nationalen und internationalen Vereinigungen der grundlegenden und anwendungsbezogenen Technik–und Naturwissenschaften）的成员。欧洲国家工程联合会（Föderation Europäischer Nationaler Ingenieurverbände，FEANI）的成员资格对于国际网络和德国在科学技术领域的利益表现尤为重要。在德国，只有 DVT 联合会的会员才有资格加入 FEANI。

参考文献

［1］德国科技社团联合会. BEITRAGSORDNUNG DES DEUTSCHEN VERBANDS TECHNISCH–WISSENSCHAFTLICHER VEREINE［EB/OL］.［2018–11–08］. http://www.dvt–net.de/fileadmin/downloads/DVT_Beitragsordnung_2008.pdf.

［2］德国科技社团联合会. 德国科技社团联合会规章制度［EB/OL］.［2018–11–08］. http://www.dvt–net.de/fileadmin/downloads/DVT_Satzung_2014.pdf.

德国化学家学会

一、学会概述

19 世纪中叶，德国的化学研究蒸蒸日上，催生了德国化学工业，并使其发展成为引领德国经济腾飞的支柱产业之一。在此背景下，相应专业学会随之诞生。1867 年 11 月 11 日，德国化学会（Deutsche Chemische Gesellschaft，DChG）于柏林创立。1887 年 11 月 27 日德国应用化学会（Deutsche Gesellschaft für Angewandte Chemie）在法兰克福成立，后于 1896 年更名为德国化学家联合会（Verein Deutscher Chemiker，VDCh）②。DChG 和 VDCh 的显著区别在于，前者注重化学研究，成员主要来自大学；后者则偏向于化工领域，成员大多来自化工企业。1946 年 9 月，德国西北部化学家会议在英占区格廷根召开。此次会议的一个重要目的是建立新的化学学会，也就是今天的德国化学家学会（Gesellschaft Deutscher Chemiker，GDCh）。1953 年 DGCh、VDCh 和 GDCh 共同召开会议达成一致，即 DGCh 和 VDCh 实质上并入 GDCh。从此 GDCh 成为真正负责德国化学领域各项事务的德国化学家学会。

目前，GDCh 是欧洲大陆最大的化学家学会，办事处设在法兰克福，负责或参

① http://www.dvt–net.de/europa/eur–ing.html.

② Ruske W. 100Jahre Deutsche Chemische Gesellschaft. Weinheim：Verlag Chemie，1967.

与诸多著名化学期刊的出版，组织和促进化学工作者之间的交流与合作，引领欧洲大陆的化学研究。

2017 年，GDCh 约有 3 万名来自学术界和工业界的会员，代表化学领域最重要的专家群体，拥有全球性的网络和高水平的科学和社会标准。GDCh 的目标是推广化学的作用和意义，展示化学的潜力，让公众理解化学对于可持续发展和人类生活的用途和意义。

为实现这一目标，GDCh 的主要工作如下①：

- 推动科学的工作、研究和教学，以达到最高的质量标准；推动科学知识的交流和传播。
- 支持建立研究人员的网络以及跨学科和国际层面的合作；持续发展中学、大学和专业领域的培训、教育和继续教育。
- 寻求与广大公众进行富有建设性的对话，以增加他们对化学及其与生活的关联性的理解。
- 在信任和善意的基础上，通过与合作伙伴进行开放的交流和合作，积极地、持续地将化学的专业知识投入学术界、科学界、政治界和社会中。
- 为了更大的社会利益，作为代表自然科学家在国际社会的一分子，独立、一致和可持续地行动并时刻关注着下一代人的需要。

二、组织机构②

德国化学家学会的董事会由化学领域杰出的科学家组成，有 16 位成员。其中 8 位来自大学、研究机构或政府部门。另外 7 位来自工业部门或者是独立顾问。第 16 位成员则是GDCh的某个专业组会的主席，被指定为2年的任期，任期满后可再延续2年。

董事会执行委员会由 4 位成员组成：1 名董事长、2 名副董事长和 1 名司库。前 3 名由董事会选举产生，司库由董事会任命。

会员大会是 GDCh 的最高权力机构，它是 GDCh 的所有与会成员的大会。

执行董事（Geschäftsführer）负责该组织日常运营与管理，在所有日常行政事务中代表德国化学家学会。

三、会员管理

（一）会员组成

GDCh 是一个活跃的化学研究网络，有 60 个地区分会（Local section），54 个

---

① https://www.gdch.de/gdch/ueber-uns.html.

② https://www.gdch.de/gdch/vorstand-und-weitere-organe.html.

区域性的青年化学家论坛和 28 个化学专业组会（Division）或协会（Association）。大约 50% 的会员通过所在的分支机构获得进一步的服务。GDCh 通过上述网络为会员提供多种多样的服务，通过多种途径向用户传递科学、贸易及 GDCh 的各种新闻和信息，使会员及时追踪化学领域的发展趋势[①]。

（二）会费

在 2016 年 9 月 10 日于格赖夫斯瓦尔德举行的会员大会上，根据 GDCh 章程的第 10 条第 2 款，GDCh 通过了 2017 年会费交纳的决议。根据会员的类型[②]（分为 10 类）确定会费金额为：一般会员 120 欧元，未受雇一般会员 15 欧元，青年会员 75 欧元，大学生会员 30 欧元，机构和图书馆团体会员 152 欧元。会员可在规定的日历年度结束时终止会员资格。退会信必须在年终提前 3 个月即当年 9 月 30 日前送达 GDCh 总办事处。

四、日常运营

GDCh 的日常运营与管理工作由执行董事、1 名执行董事助理，以及 1 名商务专员完成。

GDCh 内的具体任务与活动由专门的委员会（Ausschüsse）执行[③]。

- “化学机会均等”委员会的总体任务是以可持续和有益的方式为 GDCh 中的男女化学从业人员提供平等机会；
- 培训委员会的目标是推进以化学为主的科学训练，每年都会组织和提供大量的学术课程和专业培训课程；
- 基金咨询委员会负责 GDCh 各类基金的管理工作；
- “化学历史遗址”咨询委员会负责德国各类化学历史遗址的咨询问题；
- 选拔委员会负责 GDCh 各类奖项的选拔和颁发；
- GDCh/Wiley-VCH 顾问委员会就化学出版和相关领域的活动向出版商 Wiley 提供建议。

五、主要业务活动

（一）学术会议[④]

在 GDCh 举办的所有活动，如国际大会、科学会议、继续教育课程、GDCh 内部研讨会，由来自不同领域的科学家和专家分享他们彼此研究成果和信息。每年有

① https://en.gdch.de/main-navi/gdch/membership/benefits-for-members.html.

② https://en.gdch.de/main-navi/gdch/membership/fees.html.

③ https://www.gdch.de/gdch/kommissionen-und-kuratorien.html.

④ https://en.gdch.de/main-navi/events/conferences.html.

超过 8 000 名化学家参与这些活动。GDCh 以其广泛的网络、数十年的组织经验和对化学团体的关注和兴趣，保证会员始终能够获取到高质量和最先进的信息。

此外，GDCh 提供了一系列继续教育课程来推广化学知识的传播。

- 来自工业界、大学和研究机构的专家面对面指导；
- 挑战性、有创造性的研究性教学；
- 高级论坛用以交流信息和经验；
- 对现代化学方法、过程和程序的培训。

GDCh 每年举办大约 30 次会议①，这些会议包括从分支机构会议到全国性和国际性的会议。与会科学家不仅来自德国，而且来自世界各地。每两年一次的“GDCh Wissenschaftsforum Chemie”②（GDCh 科学论坛化学）是德语世界最大的化学事件之一。

（二）期刊出版

GDCh 在历史上曾承担众多重要化学期刊的出版工作。这些期刊有些已不再出版，其过刊则作为具有重要参考价值的文献供查阅；有些经过易名和改进，至今仍活跃在化学界；还有些已不再由 GDCh 负责或参与。

1.《应用化学》（*Angewandte Chemie*）

其前身为 VDCh 创立者费歇尔于 1887 年创建的《化学工业学报》（*Zeitschrift für die Chemische Industrie*），1888 年更名为《应用化学学报》（*Zeitschrift für Angewandte Chemie*），从 1932 年起称为《应用化学》（*Angewandte Chemie*），并一直沿用至今。1962 年起同时出版英文版《应用化学国际版》（*Angewandte Chemie International Edition*）。

2.《欧洲无机化学学报》（*European Journal of Inorganic Chemistry*）

其前身是 DChG 于 1868 年开始出版的《德国化学会通报》（*Berichte der Deutschen Chemischen Gesellschaft*），1947 年起更名为《化学通报》（*Chemische Berichte*），1998 年起与其他期刊合并成为现在的《欧洲无机化学学报》。

3.《欧洲有机化学学报》（*European Journal of Organic Chemistry*）

源于 1832 年创立的《药学年鉴》（*Annalen der Pharmacie*），1940 年起更名为《尤斯图斯·李比希化学年鉴》（*Justus Liebigs Annalen der Chemie*），1979 年起称为《李比希化学年鉴》（*Liebigs Annalen der Chemie*），1981 年开始由 GDCh 负责出版，1995—1997 年称为《李比希年鉴》（*Liebigs Annalen*），1998 年起与其他期刊合并成为现在的《欧洲有

① https://en.gdch.de/main-navi/events/conferences.html.

② https://www.wifo2017.de/tms/frontend/index.cfm?l=7210&sp_id=1.

机化学学报》。

4.《化学要览》(*Chemisches Zentralblatt*)

源于 1830 年创刊的《药学要览》(*Pharmaceutisches Central Blatt*)，是世界最早的化学摘要类期刊，比众所周知的美国《化学文摘》(*Chemical Abstracts*) 的出版早 10 年，前者的内容量和先进性曾一度领先于后者。1897 年由 DChG 接管，1950 年起由前西德与前东德合作出版，1969 年停刊，因此目前知晓该期刊的人并不多。其过刊内容已实现电子数据化，成为供研究人员查阅的重要文献资料。

附表 14 列出了 GDCh 目前负责或参与出版的学术期刊①。

附表 14　GDCh 负责或参与出版的学术期刊

刊　　名	中 文 名	备　注
Analytical & Bioanalytical Chemistry	分析及生物分析化学	
Angewandte Chemie	应用化学	分德文版与英文版
ChemBioChem	化学－生物－化学	
ChemCatChem	化学－催化－化学	
Chemistry–A European Journal	欧洲化学学报	
Chemistry–An Asian Journal	亚洲化学学报	
ChemistryOpen	开放化学	内容可免费浏览
Chemie–Ingenieur–Technik	化学－工程师－技术	德文、英文混合
Chemie in unserer Zeit	当代化学	教学型综合刊物，德文
ChemPhysChem	化学－物理－化学	
ChemPlusChem	化学－加－化学	
ChemSusChem	化学－可持续－化学	
CHEMKON	化学教育	德文
ChemMedChem	化学－医药－化学	
European Journal of Inorganic Chemistry	欧洲无机化学学报	
European Journal of Organic Chemistry	欧洲有机化学学报	
Lebensmittelchemie	食品化学	德文
Nachrichten aus der Chemie	化学新闻	GDCh 会员刊，德文

① https://en.gdch.de/main–navi/publications.html.

（三）GDCh 与高等化学教育①

GDCh 十分注重从小学到大学各层次段的化学教育，专门成立化学教学组，致力于促进中小学的化学教育。在高等化学教育领域，GDCh 在以下 4 个方面贡献突出。

1. 提供相关信息以引导学生进行有效的大学化学学习

GDCh定期修订和出版化学学习指南②。该指南一方面通过图表简明而直观地给出德国大学化学专业的学位制度、学科结构和课程设置等信息，让学生对化学专业学习流程有清楚的认识，另一方面介绍化学各分支学科的具体研究内容，让学生在选择自己的研究方向时参考。指南详细统计出每个大学化学专业各学位阶段的在读生数量和达到各阶段学位所需的平均学习时间，这为一些中途想转校的学生提供了有用的参考数据。除此之外，指南还较系统地介绍了化学专业学生毕业后的各种可能的就业领域，为他们以后步入职业生涯提供了有益信息。

2. 鼓励学生参与化学组织和活动

GDCh 大力鼓励学生以学生会员的方式加入 GDCh，例如，在各大学发放有关 GDCh 的宣传单，对学生实行会费优惠、免费赠送期刊和文具等。GDCh 设立有青年化学家论坛（Jung Chemiker Forum）。该论坛分布在几乎每个拥有大学（设有化学专业）的德国城市，成员为 GDCh 的学生和年轻会员，经常组织化学专业讨论会和招聘会等活动，以促进学术交流并帮助他们顺利踏入职业生涯。

3. 通过出版教育刊物促进学生的专业学习

GDCh 旗下的《当代化学》（*Chemie in unserer Zeit*）期刊是一本主要面向大专院校学生的化学教育刊物。刊登的文章主要为某特定化学或交叉学科领域的教学型综述，文字风格介于专业和科普之间，阅读起来轻松而有趣味，且配有精致美观的插图，非常容易激发和加强读者对化学的兴趣，是在世界范围内都少见的颇有特色的教学型期刊，深受德国大学生的青睐。

4. 为学生提供奖学助学金及相关信息

在资助学业方面，GDCh 为处于攻读学士学位最后 3 学期阶段的优秀在读生提供为期 18 个月的奖学金。同时为学生收集其他外部奖学助学金的资助范围和申请方式等信息。

最后值得指出的是，GDCh 每年举办化学历史名胜活动，即评定一个位于德国的在化学上具有重要历史意义的地区或机构，那里曾经工作过某位著名化学家或是

① https://www.gdch.de/ausbildung-karriere/schule-studium-aus-und-fortbildung.html.

② Gesellschaft Deutscher Chemiker e. V. Chemie Studieren. 7. Aufl. Frankfurt am Main: Gesellschaft Deutscher Chemiker e. V.，2011.

某个重要化工厂的遗址，以唤起人们对化学史的重视。

（四）奖项①

GDCh 定期给在某特定领域有突出贡献或符合特定条件的学者和团体颁发奖项。

1. Adolf–von–Baeyer 纪念奖

授予有机化学领域杰出的化学家，奖品为一枚金币奖章。

2. Alfred–Stock 纪念奖

颁给无机化学领域杰出的化学家，奖品由直径 5 厘米的金币奖章、奖金和证书组成。

3. Arfvedson–Schlenk 奖

授予国内外锂化学领域的杰出化学家，每两年颁发一次，奖品由证书、奖金和奖章组成。

4. Ars legendi 学院奖

分别授予在生命科学、化学、数学和物理方面，那些在大学教学、咨询和监督方面表现出色、创新和有模范成就的科学家，每个学科 5 000 欧元奖金。

5. August–Wilhelm–von–Hofmann 纪念奖章

颁给实验化学领域杰出的化学家，优先授予外国学者，奖章为直径 5 厘米的金币奖章，背后刻有获奖者名字和获奖年份，无奖金。

6. Carl–Duisberg 纪念奖

每年颁给年轻的化学家，尤其是在德国大学工作或在外国大学工作的 40 岁以下未获 C4/W3 类似职位的德国青年化学家。总奖金为 7 500 欧元，其中 5 000 欧元授予获奖者，2 500 欧元授予他的工作组。

7. Carl–Duisberg 奖

由 GDCh 理事会授予那些为促进化学和实现 GDCh 的目标方面做出特殊贡献的化学家。奖品为金质徽章，无奖金。

8. Emil–Fischer 奖

颁给有机化学领域杰出的化学家，奖品为金币奖章。

9. Fresenius 奖

颁给分析化学领域杰出的化学家，奖品有证书、金币奖章和奖金。

10. Gmelin–Beilstein 纪念奖

颁发给在化学史、文献与信息方面做出特殊贡献的国内外人士，奖品有银币奖

---

① https://www.gdch.de/gdch/preise–und–auszeichnungen.html.

章和奖金。

11. Hermann-Staudinger 奖

颁给高分子化学领域杰出的化学家，奖品有金币奖章和奖金。

12. Horst-Pracejus 奖

授予那些在对映选择性或手性领域表现突出的化学家，奖品包括证书和奖金。

13. Joseph-König 纪念奖

颁给食品化学领域杰出的化学家，授予背后刻有获奖者名字和获奖年份的青铜纪念币、证书和奖金。

14. Liebig 纪念奖

颁给化学领域杰出的化学家，奖品为银质纪念币、证书和奖金。

15. Otto-Hahn 奖

授予在化学、物理应用工程领域做出杰出成就的科学家，每两年一次，奖金为 50 000 欧元。

16. Wilhelm-Klemm-Preis 奖

颁给无机化学领域杰出的化学家，奖品包括金币奖章、证书和奖金。

17. Wilhelm-Ostwald 青年学者奖

颁给交叉学科的青年学者，奖金为 2 500 欧元。

18. Wöhler 可持续化学奖

颁给可持续化学领域杰出的化学家，奖金为 7 500 欧元。

（五）国际合作

GDCh 与国外的多个化学学会签订了双边合作协议①，为双方成员的合作提供了各种有利条件。目前 GDCh 的合作学会包括：法国、荷兰、波兰、瑞士、比利时、英国、美国、韩国、中国的化学学会。

参考文献

[1] Ruske W. 100 Jahre Deutsche Chemische Gesellschaft [M]. Weinheim: Verlag Chemie, 1967.

[2] 吴限. 德国化学家学会——从成立至今日德国化学家学会 [J]. 大学化学，2013，4：82-85.

[3] 德国化学家学会. 德国化学家学会 50 周年庆典 [EB/OL]. [2018-11-28]. http://

① https://en.gdch.de/main-navi/events/conferences.html.

www.chemistryviews.org/view/gdch150.html#November.

[4] Hopf-H, Die Gesellschaft Deutscher Chemiker (GDCh) und das Dritte [J]. Reich. Angew. Chem., 2015,127: 2596-2597. DOI:10.1002/ange.201500846.

[5] Rainer R. The Structure of the G esellschaft Deutscher Chemiker (Society of German Chemists). Social Studies of Science,1986,16(2):235-260.

德国物理学会

一、学会概述①

德国物理学会（Deutsche Physikalische Gesellschaft，DPG）是一个有着悠久历史传统的非营利科技社团，致力于推动德国及周边国家地区乃至国际上物理的科学研究。学会遵循科学自由的原则，不受任何党派、教派和种族的影响，关注并促进物理领域的男女平等②。

学会的前身是成立于 1845 年的德国柏林物理学会（Physikalische Gesellschaft zu Berlin）。柏林物理学会由柏林地区的物理学者组成，是一个区域性的物理专业学术团体，发起者是来自物理、化学、生物等领域的 6 位科学家。成立初期，柏林物理学会仅接受在当时有一定影响力的专家或学者成为其会员。随着时间的推移，学会聚集了一大批优秀的专业人才，他们为推动德国物理学的发展做出了重要贡献，柏林物理学会的社会地位也逐渐提升，影响力日益增强，在德国乃至欧洲享有一定的美誉。柏林物理学会成立 50 年之际，经过多方共同努力与推动，于 1899 年改建为德国物理学会，标志着学会正式成为了一个全国性的学术组织。第二次世界大战结束后联邦德国与民主德国分治，德国物理学会也被迫分裂成东西德的两个物理学会；1990 年两德统一，原分属两国的德国物理学会又重新合并。统一后的德国物理学会总部位于北莱茵 - 威斯特法伦州莱茵河畔的小镇巴特洪内夫（Bad Honnef）。

经过百年的发展与锤炼，如今德国物理学会已经成为全世界最大的物理专业学会，也是国际化的物理学者专业协会。学会不仅促进了德国物理学界的交流和发展，而且代表物理学界与德国的高等院校、工业企业进行了广泛的交流与深度的合作，同时积极推动物理专业领域的国际交流与合作，成为名副其实的世界物理学社团组织的领航者。

---

① https://de.wikipedia.org/wiki/Deutsche_Physikalische_Gesellschaft.

② http://www.dpg-physik.de/dpg/statuten/index.html.

二、组织机构[①]

学会的最高权力机构是会员大会，行使以下职权：①制定、修改章程；②选举、罢免董事会成员和首席执行官；③审议董事会的工作报告；④选择和任命审计师；⑤审议财务报告及审计师的咨询。学会的决策机构是董事会，由会员大会选举成立，履行会员大会章程规定的各项任务。由主席、副主席、财务主管组成学会的执行委员会，代表学会行使执行权。董事会根据章程规定任命首席执行官。首席执行官根据董事会的授权，执行学会的各项业务，根据雇佣合同领取薪酬。首席执行官与董事会协商后设立业务办公中心，通过签订合同招聘全职工作人员，负责学会的组织、管理、运营、协调、策划等日常性工作。持有共同兴趣的学会会员可以组织专业分会，处于相同区域内的会员可以组织地区分会，各分会的成立和解散事宜由董事会决定。

三、会员管理与服务

德国物理学会初期的会员多为物理学领域的高级学者或名人，为当时德国的物理学发展起到了很大的促进作用，但也使得其发展与壮大遇到了瓶颈。两德合并后德国物理学会重新统一，会员发展向业余物理学者、大学物理学专业的青年教师与大学学生敞开大门，并为中学生提供学生会员资格，会员规模大幅增加。学会的财务报表和来年预算对于物理学会的成员相当透明，每位在册会员都能够登录网站查看。

（一）会员组成[②]

截至 2018 年 1 月 9 日，学会共有个人会员 61 812 人，团体会员 142 个（包括研究结构、图书馆、学校、公司）。个人会员中有近一半是学生（博士生 29.3%，其他学生 23.7%），其余的包括工业界科研人员（11.7%）、校外科研机构的物理学者（8.3%）、教师（8.6%）等[③]。为鼓励年轻的物理学工作者更多参与物理界的活动，近几年来学会为年轻的物理学工作者，包括在校大学生提供了更多的交流与学习的机会，例如各类论坛、征稿等活动，得益于此，学生会员的比例大幅度上升[④]。

2017 年会员的年龄分布如附图 20 所示，大多数会员年龄小于 40 岁，平均年龄 37 岁，女性会员的比例随年龄的增长而下降。附图 21 显示自 1982 年以来学会女性会员的发展趋势，为了发挥和促进女性在物理学会的作用与影响，2001 年德国物理学会开展了一项专门针对女性加入物理界的宣传与动员活动，该活动取得了良好的

---

① http://www.dpg-physik.de/dpg/statuten/index.html.

② https://www.dpg-physik.de/dpg/gliederung/index.html.

③ https://www.dpg-physik.de/dpg/profil/struktur.html?lang=en.

④ https://de.wikipedia.org/wiki/Deutsche_Physikalische_Gesellschaft.

成效，在大学从事物理专业教学的女性教师、以及女性物理爱好者都积极申请加入学会，大大提升了学会中女性会员人数的比例，发挥了女性会员在物理领域中学术传播与交流推广的优势。2017 年女性会员占比达到 15.2%，而 1980 年女性会员比例仅为 2.8%。

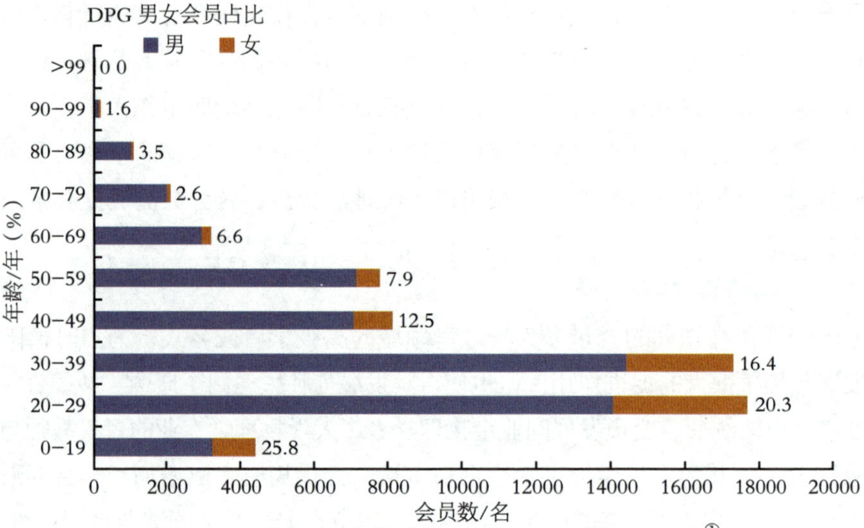

附图 20　学会会员的年龄分布（截至 2018 年 1 月 9 日）①

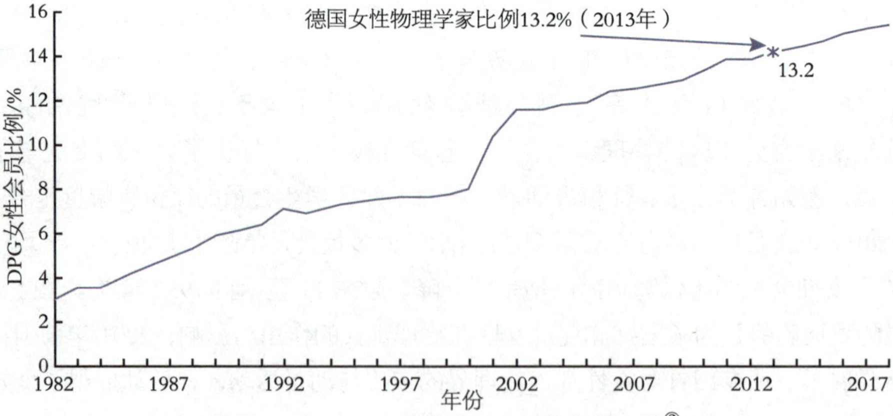

附图 21　1982—2017 年学会女性会员的比例②

（纵坐标：女性会员比例，横坐标：年份）

① https://www.dpg-physik.de/dpg/profil/struktur.html?lang=en.

② https://www.dpg-physik.de/dpg/profil/struktur.html?lang=en.

（二）会费[1]

2017 年学会各类会员的会费标准如附表 15 所示。

附表 15　德国物理学会各类会员会费标准（单位：欧元）

会费分类	说　　明	费用（减免后费用）
E	本科生和中小学学生	13.00
A	年收入超过 27 000	26.50
3	工作未满 3 年	37.00
P	夫妻都是会员，其中一方的会费（如果配偶已经属于类别 B，C 或 S）	37.00
B	年收入超过 41 000	68.00
C	年收入超过 41 000	102.00
S	自费会员	至少 136.00
F	研究机构及其他非营利组织	184.00
G	公司及其实验室	
	营业额低于 2 500 万	至少 329.00
	营业额高于 2 500 万	至少 827.00
备注	退休会员年满 65 岁后可以申请减免 50%	

学会以会员为本，把会员的利益放在首位，有强烈的会员服务意识。通过积极开展各种层级的学术交流活动，为会员提供相互学习与交流的机会；为会员免费发送期刊或其他文献资料，帮助会员获取所需的行业信息。同时，学会非常关注对年轻人的培养，通过打造平台促进学生与知名科学家交流，并在职业准备和工作方面为青年人提供建议。

四、收入及支出情况

作为德国物理学界的最高学术团体，学会充分利用自身“百年老店”的品牌形象，以及在物理学界举足轻重的影响力，通过开展各类经营性活动获取稳定的资金来源。在收入来源方面，政府以项目经费的形式为学会提供了占年度总收入 10%—15% 的经费；举办物理学术会议的收入大约可以占到总收入的 30%；而最重要的一项收入来源是场地出租，即出租学会会场，并提供会议服务的经营性收入，占比接

① https://www.dpg-physik.de/mitgliedschaft/beitraege.html?lang=en.

近总收入的50%；其余为会员会费、个人或机构资助等，但所占比例很小[①]。

在支出方面，学会的收入以项目支出（program services）和支撑支出（supporting services）两种方式反馈到会员服务中，其中项目支出主要包括会员（5%）、出版（11%）、会议及奖励（39%）等内容，支撑支出包括行政管理（36%）、折旧及其他费用等（9%）。

五、主要业务活动

（一）学术交流[②③]

德国物理学会积极举办各种学术会议，会议形式不仅包括用于分享本领域研究最新成果的论坛，还会有探讨当今物理领域热门主题、面向大众的公开讲座。学会每年在德国的不同地点举办3—4个春季会议，来自世界各地约10 000名物理学家参加。例如，2018年春季会议的凝聚态分会，注册人数达6 000余人。学会的年会为青年科学家、教授及工业界的物理学家提供报告及墙报等交流方式，同时学会颇具传统的post-deadline session也以其特有的方式开展学术交流，不但要求报告内容新颖，并要求报告人用轻松、幽默的方式呈献给大家[④]。设于学会总部的Bad Honnef物理中心全年举行各种类型的会议，其中，著名的Wilhelm und Else Heraeus研讨会定期讨论一些科学"前沿"主题。德国女性物理学大会（Physikerinnentagung）开始于1997年，之后每年举办一次，为来自各个研究领域、事业方向、职业领域及地区的女性科学家提供表达和交流科研观点的平台。学会每年举办一次由当选议员参加的晚会，晚会的主题都聚焦于当前与物理学高度相关的议题。Wilhelm and Else Heraeus基金会为学会会议提供资金，以支持富有才华的年轻物理学家有机会在学会举办的各类会议上展示他们的研究成果。

（二）期刊出版[⑤]

学会办有10余种期刊。学会会刊《物理杂志》（*Physik Journal*，曾称*PhysikalischeBlätter*）定期向会员发放，报道物理学和学会方面的最新进展。*Physikkonkret*是一份概述性刊物，其中包含最新的科学研究和科学政策问题，写作方式简要明了，通俗易懂。*New Journal of Physics*是学会与英国物理学会共同创办的一份电子专业期刊，全球范围的感兴趣者可以通过网络公开免费访问。*Verhandlungen*主要反映学会春季会议的学术内容，每年出

---

① 秦威. 拜访德国物理学会［J］. 中国非营利评论，2009，7：233-237.

② https://www.dpg-physik.de/veranstaltungen/index.html.

③ https://www.dpg-physik.de/programme/index.html.

④ http://www.ciomp.ac.cn.

⑤ https://www.dpg-physik.de/veroeffentlichung/index.html.

版大约 8 000 篇科学论文摘要。

（三）专业教育

1. 德国国际青年物理学家锦标赛（IYPT）

德国国际青年物理学家锦标赛是由学会举办的一项国际性比赛，每年大约有 30 支来自世界高等教育学校的队伍参加。如果来自德国高校的队伍能够获得前三名，那么这支队伍的五名参赛者将获得学会颁发的学校学生奖。

2. DPG 高中奖

每年学会都会向在毕业考试中取得出色物理成绩的高中生免费授予一年的学会会员资格，凡是在物理学方面表现出色，并且有 Abitur（高中毕业证书）的学生，均有机会申请 DPG 高中奖。每年大约有来自 2 800 所学校的学生参加这个奖项的争夺。

3. 学生物理促进计划

学生物理促进计划是学会与 Wilhelm and Else Heraeus 基金会一起，旨在推动自然科学领域发展而创立的学校项目，为有优秀教学方案的学校提供基金支持，该项目通常应用于缺乏资金用于升级教学设施的学校。

4. fobi-Φ- 高级教师培训提升计划

高级教师培训提升计划为高级教师培训提供资金支持，学会希望以此鼓励不同的机构为教师举办高级培训课程或系列讲座。

5. 高级教师培训

学会致力于推动教师的教学培训。Bad Honnef 物理中心每年都会举办 5 种不同培训目标和不同目标群体的高级教师培训课程，在学会春季会议期间也会组织高级教师培训课程。

6. 在线数学衔接课程 OMB+

OMB+ 为学生在大学期间学习物理学提供了充足的准备，课程给予学生重新学习大学数学课程的机会，并提供进行大学物理研究所需具备的数学水准。OMB+ 由德国几所大学开发，并被德国物理学会会议推荐。

7. 实习交流 / 申请人名单

学会很乐意帮助会员找到合适的工作与实习机会，帮助会员积累工作生活经验并建立人脉。学会会员可以在《Physik Journal》和学会网站主页上免费发布职位广告。

（四）产学研融合

1. DPG 工业会谈（DPG-Industriegespräche）

工业会谈是由学会的工商业工作组举办的区域性活动，不仅针对有相关兴趣的人员，还针对在工业部门工作的物理学家（即独立于大学和研究机构的研究人员）。

2. DPG－工业日

自 1986 年以来，学会于年会期间举办“工业日”活动。在活动中，工业和经济专家就某些具体的科研话题进行阐述，并且就他们的工作领域提供一些独特的见解。

3. DPG－技术转让论坛

论坛聚焦于如何成功实现从研究领域到商业化的技术转让，以及商业化技术转让对高科技领域的重要意义。论坛期间，来自不同大学和公司的技术专家对技术转让情况进行介绍，学会还会给最成功的技术转让人员颁发 Technologietransferpreis 奖。

4. DPG 展会

学会在展会上给予参观团体一些优惠和折扣活动，以激发这些参观团体对自然科学的兴趣。

（五）科学普及

1.“开放日”－实验室体验计划

学会的工商业工作组与各知名公司和机构合作启动“开放日”计划，帮助对物理感兴趣的人了解物理学家的日常工作和生活。

2. 物理亮点

物理亮点是为对科学感兴趣的人准备的一个科学节目，有很多知名嘉宾出席，例如，“Quarks & Co”主持人 Ranga Yogeshwar。节目中有能够“亲身体验”的互动式物理展览、现场试验展览、学校学生竞赛，还有来自顶尖研究人员的讲座。

3. Lise-Meitner 讲座

Lise-Meitner 讲座是由学会和奥地利物理学会 ÖPG 共同举办的一系列年度讲座，来自德国和奥地利的优秀科学家向广大公众，主要是在校学生提供一系列科研讲座。

4. Max-von-Laue 讲座

Max-von-Laue 讲座于 2000 年启动，列入学会年会的议程之中，主要由具有强烈政治意识和社会责任心的科学家举办。

5. 德国青年物理锦标赛（GYPT）

自 2014 年起，德国国际青年物理学家锦标赛（IYPT）的国家队队员由德国青年物理锦标赛（GYPT）中选拔出来。在 GYPT 中，来自德国各地的学生针对各自的任务，展示解决方案。GYPT 比赛成绩最好的五名学生将代表德国国家队出战 IYPT。德国物理学会担任 GYPT 的主办单位，Ulm 大学负责比赛的组织工作。

6. 德国奥林匹克物理竞赛

学会每年举办一次奥林匹克物理竞赛，在竞赛中，来自德国各地的中学生可以展示自己在物理理论和实验方面的成果。成绩最好的五名学生将代表德国队参加国际奥林匹克物理竞赛，学会还将授予表现好的参赛选手“学校学生奖”。

（六）奖项设置①

1. Max-Planck 奖章

Max-Planck-Medaille 是学会从 1929 年起，每年为理论物理学领域有杰出表现的科学家颁发的奖项，是学会颁发的最高荣誉。该奖项包括：一块有着 Max Planck 肖像的金牌和一张羊皮纸手写证书。

2. Stern-Gerlach 奖章

Stern-Gerlach-Medal 是学会从 1933 年起，每年为实验物理学领域表现杰出的科学家颁发的奖项。该奖项包括：一块有着 Otto Stern 和 Walther Gerlach 肖像的金牌和一张羊皮纸手写证书。

3. Walter-Schottky 奖

Walter-Schottky-Prize 颁发给过去两年（多为上一年）在固态研究领域做出优秀工作的年轻科学家。该奖项包括：10 000 欧元的奖金和一张证书。Infineon Technologies AG 和 Robert Bosch GmbH 两家公司赞助该奖项并捐赠相同数额（各 5 000 欧元）的奖金。

4. Gustav-Hertz 奖

Gustav-Hertz-Prize 是颁发给完成杰出项目的年轻物理学家的奖项，旨在鼓励年轻人才。该奖项包括：7 500 欧元奖金和一张证书。

5. Robert-Wichard-Pohl 奖

Robert-Wichard-Pohl Prize 颁发给对于物理学科有着杰出贡献的（包括传播科学知识、培育学生、教学方法等）学者。该奖项包括：5 000 欧元的奖金和一张证书。

6. 自然科学出版奖章

这是一项学会颁发给在德语地区传播自然科学、物理概念方面做出杰出贡献的学者的奖项。该奖项包括：一枚银牌和一张证书。

7. Hertha-Sponer 奖

Hertha-Sponer-Prize 颁发给一位在物理学领域做出杰出科学工作的女性科学家。该奖项通过表彰女性科学家来鼓励更多的女性参与物理学工作。该奖项包括：

① https://www.dpg-physik.de/preise/index.html.

3 000 欧元的奖金和一张证书。

8. Georg-Simon-Ohm 奖

Georg-Simon-Ohm-Prize 是一项颁发给完成杰出工作的学生的奖项，旨在鼓励在物理学技术领域新的杰出人才。该奖项包括：1 500 欧元的奖金和一张证书。

9. Georg-Kerschensteiner 奖

Georg-Kerschensteiner-Prize 的获奖者可以是：①在学校、大学和高等教育中进行教学的学者；②研究物理的教学和学习过程的学者；③开发和研究物理学习方法的学者。该奖项包括：3 000 欧元的奖金和一张证书。

10. DPG 杰出中学物理教学奖

该奖项授予在中学物理教学方面有杰出成就的学者。例如，特别善于激发学生物理学兴趣的学者、能够展现物理学对于生活和社会意义的学者、善于培养年轻人才的学者。该奖项包括：奖金 500 欧元和一份证书。

11. DPG 技术转让奖

DPG 技术转让奖通常授予在技术转让中发挥重要作用的各方。获奖者一般是研发技术的机构、促进技术转让的机构和实现技术商业化的公司。该奖项包括：一个玻璃材质奖杯和一张证书。

12. 中学生奖

该奖项授予在物理学领域表现出色的学生，在年度奥林匹克物理竞赛和物理学锦标赛中表现最好的五名德国参赛者将获得此奖项。该奖项包括：500 欧元的奖金、一张证书、一年 DPG 会员期刊、DPG 年会邀请。

（七）智库咨询

在绝对的学术自由前提下，学会与政府机构保持良好的合作关系，利用学术专业性优势为政府部门的决策提供有力的学术依据，同时也通过广大会员的社会影响力，以论坛或学术研讨的方式影响政府部门的某些决策行为。例如，1987 年 4 月 2 日，在学会的第 51 届会议上，与会的学者们一致认为美国的战略防御计划（SDI）是不可行的。

（八）国际合作

学会是欧洲物理学会（EPS）的一员，因此经常与其他 40 个国家的物理学会和超过 10 万名会员一起进行各种科研活动。科学工程研究实习计划（RISE）为德国学生提供在世界其他地方完成研究实习的机会，同时来自其他国家的学生可以参加德国的研究项目。RISE 计划帮助学生深入了解国际研究形势，并促进国际层面的交流。

参考文献

[1] 秦威. 拜访德国物理学会 [J]. 中国非营利评论，2009（1）：233-237.
[2] 德国物理学会. 德国物理学会 2018 年春季会议 [EB/OL]. [2018-11-28]. http://www.ciomp.ac.cn/xwdt/zhxw/201803/t20180321_4979711.html.
[3] 张国玲，田旭. 欧美国家科技社团发展的机制与借鉴 [J]. 科技管理研究，2011(4): 24-27.
[4] 贺国庆. 德国和美国大学发达史 [M]. 北京：人民教育出版社，1998.
[5] 陈洪捷. 德国古典大学观及其对中国的影响 [M]. 北京：北京大学出版社，2006.
[6] 卡尔·伯克. 联邦德国的高等学校及其问题 [N]. 中国教育报.(1984-09-01)(8).

日本化学会

一、学会概况及历史沿革

日本化学会创立于 1878 年，是日本创立最早的三大学会之一。1941 年，日本化学会成为社团法人；1948 年，日本化学会、工业化学会两会合并为现今的日本化学会。2011 年，学会归内阁府管理，成为公益社团法人。日本化学会的会员主要为从事化学相关职业的研究者、企业、学生等，现在册会员数为约 4 万名。学会每年 3 月下旬举办年会，参加人数约 9 000—10 000 人，演讲约 6 000 场；其分会、支部、研究会等下级组织，全年定期举办各种讨论会、发表会。此外，学会每 5 年与其他国家学会在夏威夷共同主办一次"国际学会环太平洋国际化学会议(PACIFICHEM)"。该会议与"化学与工业"国际研讨会等都成为学会标志性的学术会议。日本化学会拥有《化学与工业》及《化学与教育》两本日文学刊，并发行其英文版学术论文期刊 *Bulletin of the Chemical Society of Japan* 及英文快报期刊 *Chemistry Letters*。1978 年，学会创立一百周年时刊行《日本化学百年史》《日本的化学》。学会除设有设立"BCSJ"奖、化学研究技术奖等通常的授奖制度之外，还设立特别研究员制度、年会重要演讲发表等表彰制度。

二、学会组织结构

日本化学会领导机构是理事会，下设顾问会、事务局、支部长·会部长恳谈会和运营会议及相关委员会，若干会务部门、研究交流部门、学术情报部门、产学合作部门和教育普及部门，同时还有 7 个地区支部、5 个专业部会。具体参见附图 22。

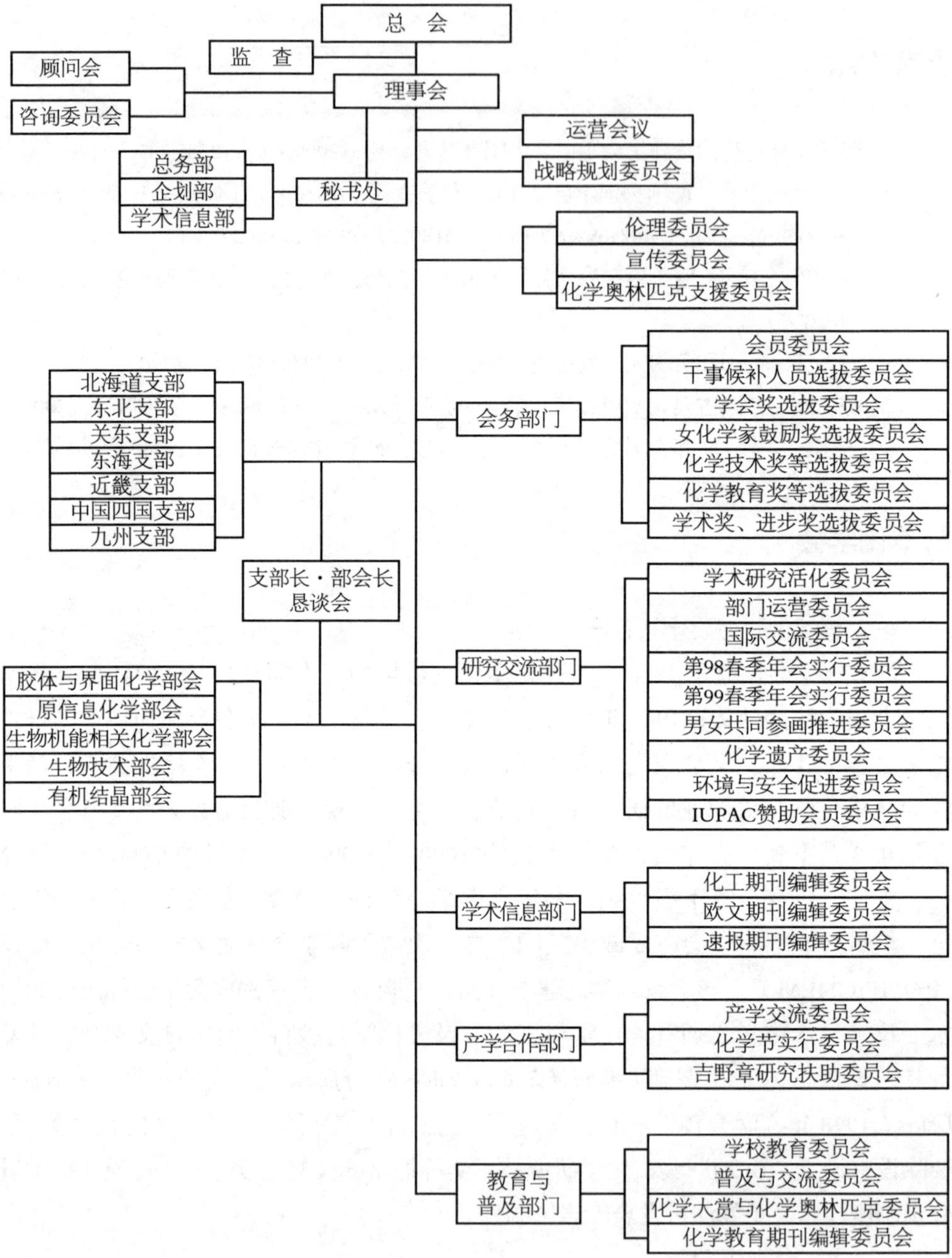

附图 22　日本化学会组织机构图

（一）领导决策机构

理事会是日本化学会的决策机构，由全体理事构成，负责本学会各部门、委员会的业务和管理活动，并审查其报告，对各事项做出审议和决策，并监督理事、业务执行理事的职务。理事会下设的顾问会由历任会长组织而成，围绕学会重要课题从宏观视角征求意见，顾问董事会由约 20 名企业法人会员的领导人组织而成，围绕学会重要课题从产业角度征求意见，支部长·部会长恳谈会围绕学会 7 个支部、5 个专业部会的业务活动交流信息，传达重要运营方针。理事会下设的运营会议是理事会的预审机构，由会长、第一副会长、副会长、常务理事及会长指定人员组成，围绕本会运营中的短、中、长期重要事项，全会事业、预算的重要事项，应宣传事项，会长提案事项等进行审议。理事会下设的战略企划委员会由会长、第一副会长、常务理事、下一任会长最终候选人以及会长指定人员组成，对本会活动、事业及经营相关的基本战略进行策定、推进及管理，同时对影响本会整体的重要课题进行战略策定，并向理事会提交提案和报告。

（二）业务组织机构

会务部门、研究交流部门、学术情报部门、产学合作部门、教育普及部门及下属委员会的职责是围绕本部门业务框架内，或超出业务框架的重要课题进行协商，根据需要召开会议，并将审议或讨论结果报告给理事会并提出建议。会务部门的业务范围是董事会成员评选、学会奖项评选、会员扩充及改善服务，研究交流部门的业务范围是学术会议以及研究交流相关课题，产学合作部门的业务范围是产、学、官之间的交流合作，教育普及部门的业务范围是教育和科普相关课题。

值得注意的是，随着近年来科技飞速发展，专业领域研究的细化，不同领域间横向研究和边缘学科研究也愈发活跃，因此，为了满足日益频繁的国际交流、出版活动等，日本化学会在“展望”制度下成立了 15 个研究小组，对最前沿的研究领域现状和未来发展趋势撰写报告并建立数据库，为国家政策建言。

三、会员组织与服务

日本化学会现有在册会员约 40 000 名，分为正式会员、教师会员、大学生会员、初高中会员等几类，会员会费从 9 600—1 000 日元 / 年递减。为规范会员行为，学会于 2000 年订立了《会员行动规范》。在会员服务方面，学会除举办学术交流等活动外，最突出的是为会员的职业规划提供全方位服务。

提供就职、升学信息。日本化学会以年为单位，出版发行《化学相关学生企业信息》特别刊物，为相关专业学生提供最新的就业信息。特别刊物内容详实、信息准确、专业对口，2018 年特刊中刊载了 70 家企业信息，为准备就职的学生提供了很大的帮助。对于需要进一步深造的学生，化学学会也是以年为单位，出版发行《大学院考试指南》，为准备升学的学生提供化学相关专业的研究生招生信息。指南所列学校和专业信息详尽、准确无误、简明易懂，成为化学类升学考生的重要参考依据。此外，化学学会以博士生、希望升学的硕士生、本科生、博士后研究者为对象，发布产业界对博士的要求、业界博士活动信息。策划实施"博士研究班"，助推博士学历，借以促进他们在业界大显身手。从 2016 年起，以集体讨论的形式实施"职业规划问询研究班"，为即将开始职业生涯的学生会员提供服务。

企业现场参观和就职交流会。为促进有志于从事化学研究、化学技术工作学生直观了解行业实情，日本化学会与企业合作，定期实施到化学产业企业的参观学习活动。有志于从事化学行业的学生可以提前了解化学行业的特点，为自己就职、升学提供参考。此外，化学会每年还会举办企业人事负责人和学校就职指导人员参加的"就职交流会"。2018 年 1 月 17 日，日本化学会产学交流委员会主办了"第 21 回就职交流会"，共计 44 所大学、36 家企业的 124 名人员出席。企业人事负责人与学校就职指导人员交换名片、互换与就职相关的大学与企业间的信息。

召开企业联合说明会。为促进化学相关专业学生的就业、相关企业招聘活动的顺利开展，日本化学会定期与企业联手，举行"化学相关学生企业联合说明会"，学会为企业和毕业生提供直接交流信息的机会，就业生通过各个企业的说明会，可以更准确地把握企业的招聘要求，有针对性地准备自己的就职材料。

设立化学相关就业信息专门网站。除传统的就职交流会之外，日本化学会还积极利用互联网的便利优势，设立为化学相关专业毕业生提供就业信息的专门网站——"ChemicalRecruit"，和化工企业携手为化学相关专业学生提供最新就职资讯，目前有 62 家知名企业参与其中，取得了很好的效果。

四、财务与经营状况

日本化学会的收入和支出分为公益事业部、收益事业部、法人三个类别。2016 年收入总计 9.649 亿日元，支出总计 8.372 亿日元，结余 1.277 亿日元，约合 119.5 万美元，见附表 16。

附表 16　日本化学会 2016 年收支明细表（单位：日元）

收入事项	收入金额	支出事项	支出金额
入会费	303 000	业务费（人事、退休补助、报酬、临时雇佣、配送、差旅、租用、折旧、奖励、业务委托、捐赠支付、杂费等）	785 940 316
会费	279 669 405		
部会费	8 970 997		
业务活动	614 395 160		
民间补助金	38 912 347	管理费（人事、退休补助、差旅、折旧、业务委托、租税征收、杂费等）	51 305 688
捐款	13 921 813		
利息和其他	8 769 677		
收入合计	964 942 399	支出合计	837 246 004
		结余	127 696 395

日本化学会 2016 年收入大于支出，年底有结余。从收入方面来看，日本化学会收入主要包括业务活动、会费、入会费、部会费、民间补助金、捐款、利息和其他等方面。业务活动收入占比最大，为 6.143 亿日元，占总收入的 66.67%，其次为会费收入，为 2.796 亿日元。在支出方面，支出主要包括业务费和管理费，其中业务费支出额为 7.859 亿日元，占总体支出的 93.87%，主要包括人事、退休补助、报酬、临时雇佣、配送、差旅、租用、折旧等各项费用。管理费支出金额为 0.513 亿日元，主要包括人事、退休补助、业务委托等费用。在结余方面，2016 年度日本化学会结余 1.276 亿日元，收入大于支出，有结余。

五、学会主要业务活动

日本化学会主要致力于推进全球化、产学研合作、提高期刊国际知名度等六项方针，具体如下。

（一）学术交流

日本化学会最著名的国内学术交流会议是每年的春季年会，与化学相关的所有学术领域的研究者齐聚一堂，演讲数达到约 6 000 人次 / 年，参加人数约 8 500 人，规模宏大，是其国内最大级别的学术集会。此外，每年还举办“亚洲国际研讨会”“市民公开讲座”等丰富多彩的研讨会活动，并会举行会长演讲分析器械和化学图书展示会等。近年来，在着力实施国际交流战略，推进年会的英语化与国际化。

日本化学会致力于两本英文期刊 *Bulletin of the Chemical Society of Japan*、*Chemistry Letters* 与日文期刊《化学与工业》的改革，实施提升可见度与收益双赢的战略，为强化国际信息的发报提出新的对策，以期提高期刊的国际知名度。*Bulletin of the Chemical Society of Japan* 作为提供化学信息的学会期刊，成为影响因子超 3 分的一流期刊。学会期刊也正由纸媒向网络媒体方向转变，进一步探索适应时代要求的学会期刊的存在方式。

（二）表彰奖励

为表彰对化学事业有贡献的会员，日本化学会设立日本化学会奖、化学技术奖、技术进步奖、女性化学者奖、化学教育奖、化学教育有功奖、化学技术有功奖、功劳奖等代表性奖项。特别值得一提的是，2008 年的“特别功劳奖”授予了中岛哲（加古综合研究所），他通过执笔、发行儿童书籍，对科学教育、特别是化学教育的普及起到了前所未有的积极引导作用。

特别研究员制度。对于为化学和化学技术相关领域的学术或教育事业，或者为产业发展、科学普及和科学振兴、为学会的发展等方面有着显著贡献的会员，日本化学会授予其“日本化学会特别研究员”称号，以表彰其功绩。以此来提高会员的地位，催进化学会进一步发展。

新领域研究团队建设。近年、随着科学研究的飞跃式发展，导致各个专业领域的研究进一步细化，也促进了不同领域间的横向研究及边缘领域的研究。化学相关领域也是如此，研究领域急速深化和扩大，出现了跨多学科研究领域的萌芽性研究领域。萌芽期的研究虽然难以确认，但其中可能在将来发展成新的大研究方向。因此，化学会设置了“部会”“研究会”，作为支援萌芽期研究的制度，最近又发起了“新领域研究团队”制度。学会通过此制度，为这些极少数研究者为主的、独创性萌芽研究领域的活动提供支持，希冀开拓出化学相关领域新的研究方向，推进化学会学术研究的活性化发展。

诺贝尔获奖情况。1981 年化学会会员、京都大学福井谦一博士获得了诺贝尔化学奖，成为日本获得诺贝尔化学奖的第一人。随后，1990—1992 年，东京工业大学名誉教授白川英树木博士、名古屋大学野依良治博士、岛津制作所田中耕一 3 位会员，连续三年获得诺贝尔化学奖。

历年会员获奖者如下：

2010 年，获奖者：根岸英一　博士（美国普渡大学特别教授）
2010 年，获奖者：铃木章　博士（北海道大学名誉教授）
2008 年，获奖者：下村休　博士（美国波士顿大学名誉教授）
2002 年，获奖者：田中耕一　学士（株式会社岛津制作所特别研究员）
2001 年，获奖者：野依良治　博士（独立行政法人理化学研究所理事长）
2000 年，获奖者：白川英树　博士（筑波大学名誉教授）
1981 年，获奖者：福井谦一　博士（京都大学名誉教授）

（三）产官学交流

为了化学及化学技术的发展，产官学的紧密合作越发重要。日本化学会认识到化学研究离不开产业界的智慧，因此学会充分发挥了产官学合作的作用，重新审视、把握产业界需求，推进相关计划，进一步将研究理论转化到实际的技术革新上来，起到了促进三者有机交流与合作的作用。另外，学会还将产业界与学生相连的活动作为支部活动固定下来，期待为培养新一代起到更好效果。

在“恳谈会会员制”下，截止到2018年5月，学会共设法人会员21家企业，个人会员27名。为促进会员与讲师以及会员相互间的信息交流，增进友谊，学会每年召开数次“R&D恳谈会例会”和“技术开发研讨会”。两会主要由入会的法人会员和个人会员参加，活跃在第一线的研究者、技术人员和经营者作为讲师，同与会者交流最前沿的化学技术、技术开发与产业应用等实用性信息。

为促进产官学三维深化交流，在春季年会期间，产官学研究者们策划、实施“Advanced·Technology·Program（ATP）”展开讨论，引起产业界的瞩目。通过产业界的视点来审查ATP口头报告的产官学研究成果，对于优秀的口头报告，产学交流委员会授予优秀演讲奖（产业类）。

此外，日本化学会还以企业年轻研究者、化学知识零起点的人员、有志于投身化学产业的学生为对象，策划、实施短期集中研究班，促进其掌握用于业务和产品开发的基础化学技术。

（四）政策建言

随着科技飞速发展，各专业领域研究的细化，领域间横向交叉学科与边缘学科的研究愈发活跃，国际学术交流及与欧美亚化学会学术期刊、欧美出版商的日常交流也日益频繁，日本化学会作为一个专业性组织，对政府和社会所起到的作用愈发显著。面对这种变化与挑战，日本化学会随机应变，及时做出战略性应对，在“展望”制度下设立的专家团队和研究小组，组建一个新的协同组织体系，覆盖整个化学领域，协调各学科领域的协同合作。从地区分布上，学会下设北海道、东北、关东、东海、近畿、中国（含四国）、九州7个地区分部，董事会下属各委员会，活动基于这些部门展开；从专业领域来说，日本化学会设立了胶体界面化学、生物机能相关化学、生物技术、有机晶体、信息化学5个专业研究部门，下设15个研究小组开展研究人员的信息交流活动。专家小组把对前沿领域的研究形成《化学会报告》，并以数据库数据形式存储。数据分为19个领域，每个领域的数据都收录了专家团队人员、研究方向、研究报告具体内容等字段。这些信息不仅是为政府提供决策建议，也作为一个科技专家团体为“科学技术方针”指明方向建议。学会以对各前沿领域的现状及发展走势的研究，为国家科学技术政策建言献策，真正实现了创造与交流功能，增加了日本化学会的凝聚力。

另外，学会也对某些领域政策提出建议书，在官网上予以公布。这些建议书、意见或声明主要针对部委及其他政府机构提出，与欧美化学会一样主要也是针对国家科技战略、高等教育和研究等领域的方针政策，有的是独立提出，有的是与其他科技团体发布联合声明。例如，国家科技战略方面，2012 年 3 月提出“化学梦想 30 年路线图”，2010 年 4 月与其他 25 个学会联合声明“通过科学技术振兴日本 - 日本科学技术进步方向和必要政策”，2008 年 1 月发布“如何面向 21 世纪的科学技术”声明；高等教育和研究方面，向文部科学省提交各类意见书，2011 年“关于科学技术基金的研究课题决定程序等相关建议”，2010 年“数字教科书推进过程中有关检查列表的提案”，等等。

（五）科学普及

学会下设北海道支部、东北支部、关东支部、东海支部、近畿支部、中国四国支部、九州支部等 7 大支部，在地方开展化学教育的普及活动，针对青少年化学学习积极组建各种课外学习社团，例如，爱化学社团小委员会，该社团面向小学生至高中生群体，目前会员约 3 000 名，为了增进对化学的了解，每年编辑发行 3 期“Newsletter”初高中生化学读物，多次举办科学活动。此外，学会还通过“国际化学奥林匹克”“化学大奖”《化学与教育》会刊、化学同好会、“Microscale 化学实验”“化学大学入学指南”“梦想・化学— 21 事业”“日本化学会世界化学年 2011”等多种多样全方位的活动，向社会大众普及化学知识和研究成果。

为表彰在化学普及活动中做出贡献的人员，学会还专门设立了“化学普及活动功劳者表彰”制度。该表彰不仅限于会员，还包括各种岗位上积极为化学普及贡献力量的各方人士，包括在各地开展化学实验室活动者、推进相关活动运转的人员、学校的教职人员、企业人士等。

日本物理学会

一、学会概况与历史沿革

日本物理学会前身为“东京数学会社”，始于 1877 年，是日本最早成立的自然科学学会。1884 年，东京数学会社改组为东京数学物理学会，1918 年改称日本数学物理学会。1946 年，日本物理学会从日本数学物理学会独立。战后复兴时期，随着汤川秀树、朝永振一郎先后获得诺贝尔奖，日本国内掀起了学习理科的热潮，为日本其后的飞跃发展奠定了基础，日本物理学会为此发挥了巨大作用。1958 年，学会设置学生会员制度，1960 年设置终身会员制，1976 年废止外国人会员制。日本物理学会现有会员 17 000 名，涵盖日本国内外的物理研究者、教育者、技术人员等各方面人才。学会定期举行各种学术活动，会员在学会内外发表相关研究成果，并为会员研究提供各种便利条件。约 45% 的会员来自大学，15% 的会员来自民间企业，12% 的会员来自公办研究机构，学生（包含研究生）占比约为 14%。

学会与美国物理学会、韩国物理学会、德国物理学会等世界各国物理学会签订协议，协议国内会员可以同样资格参加各种活动。目前日本物理学会在日本国内外展开活动，在世界物理学界起着重要作用，作为学科据点对世界物理研究有着深远影响。随着近年来亚洲各国新兴学科据点的兴起，世界对日本物理学会给予了更高的期望。

1996 年，学会颁发第 1 届日本物理学会论文奖。2000 年，学会与应用物理学会共同设立物理系学术期刊出版协会（IPAP）。2008 年，物理系学术期刊出版协会改称为物理系学术期刊出版中心（PCPAP）。

二、学会组织架构

日本物理学会由理事会、各委员会、支部等构成，具体参见附图 23。

三、财务状况

在一般社团法人日本物理学会 2018 年预算中（附表 17），预算金额为 4.04 亿日元（约合人民币 2 442.9 万元）。其收入主要来自会费、入会费、学会事业收入、特定资产利息收入、赞助费和其他收入。其中，收取特定资产利息为 20 400 日元（约合人民币 1 230 元），收取入会费 470.7 万日元（约合人民币 28.39 万元），收取一般会员会费 1.87 亿日元（约合人民币 1 128.01 万元），会员赞助费 679 万日元（约合人民币 40.96 万元）。除此之外，学会学术性集会事业收益 6 151 万日元（约合人民币 371.02 万元），发行学术刊物收益 7 070.23 万日元（约合人民币 426.47 万元），其他学术服务收益 102.6 万日元（约合人民币 6.18 万元）。同时，一般社团法人日本物理学会还有科研收入，纵向科研经费 2 250 万日元（约合人民币 135.57 万元），横向科研经费 100 万日元（约合人民币 6.03 万元）。该社团还有收取利息等其他收益 765.8 万日元（约合人民币 46.14 万元）。

在支出上，主要包括期刊印刷费和其他费用两项。其中，期刊印刷费为 87.39 万日元（约合人民币 5.27 万元），其他费用 3 985.69 万日元（约合人民币 240.15 万元）。

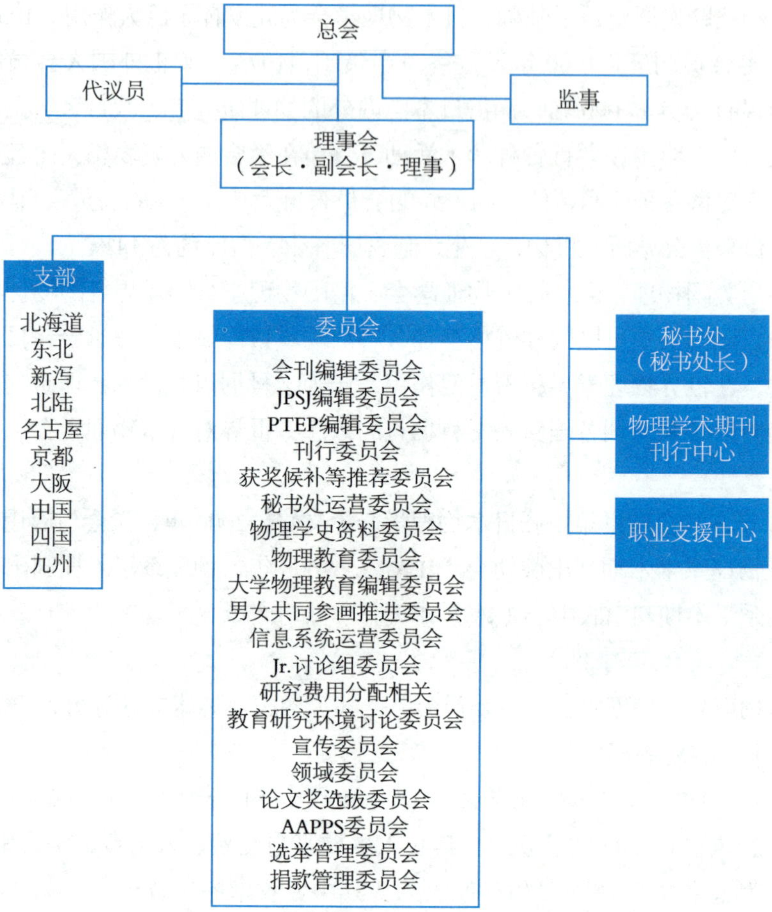

附图 23　日本物理学会组织机构图

附表 17　一般社团法人日本物理学会 2018 年净资产增减预算书明细表（单位：日元）

	实施项目等账目	其他账目	法人账目	合　计
（特定资产运用收益）	0	0	204 000	204 000
特定资产应收利息				
（应收入会费）				
应收入会费	0	0	4 707 000	4 707 000
（应收会费）				
正式会员应收会费	0	0	187 008 000	187 008 000
赞助会员应收会费	0	0	6 790 000	6 790 000
（事业收益）				
学术性集会事业收益	0	61 510 000	0	61 510 000
会刊资料发行项目收益	16 324 000	54 378 336	0	70 702 336
其他项目收益	0	1 026 000	0	1 026 000

续表

	实施项目等账目	其他账目	法人账目	合　计
（应收补助金等）				
应收科学研究费用补助金（JPSJ）	0	17 050 000	0	17 050 000
应收科学研究费用补助金（PTEP）	0	4 050 000	0	4 050 000
应收科学研究费用补助金（公）	0	1 400 000	0	1 400 000
应收地方公共团体补助	0	1 000 000	0	1 000 000
（应收负担金）				
应收另印制作费用负担金	0	855 878	18 000	873 878
应收负担金	0	39 856 880	0	39 856 880
（杂项收益）				
应收利息	0	0	286 000	286 000
国外分发运费收益	0	0	441 000	441 000
上年度会费等的回收收益	0	0	1 802 000	1 802 000
杂项收益	2 787 000	1 862 000	480 000	5 129 000
【经常收益】	19 111 000	182 989 094	201 736 000	403 836 094

四、主要业务活动

（一）学术交流

学会每年分春秋两季举办年会、分科会议，为会员提供发表研究成果和讨论的舞台，春秋两季均有超过 500 会员参会。另外，组织召开国际会议、同国外相关学术团体和研究机构开展交流与合作，不仅在日本国内，也为国际物理学的进步发展发挥了重要作用。

学会通过《日本物理学会志》月刊简明向会员介绍物理学界的发展态势。英文学术期刊 *Journal of the Physical Society of Japan*（JPSJ，日本物理学会期刊）是属于物理行业的专业期刊，通过此刊的发行，将日本国内物理学研究成果向全世界发布，同时接受国外学者投稿。为提高英文期刊发行量，学会同应用物理学会合作，成立纯粹和应用物理出版中心（Publication Center for Pure and Applied Physics），将 JPSJ 及应用物理学会的 *Japanese Journal of Applied Physics*、*Optical Review* 等刊物集中出版发行，并发行电子期刊。两学会职员共同合作，交换信息，谋求期刊的进一步发展，取得了显著效果。

（二）关注物理教育与科普

在物理教育方面，为交流相关信息，学会每年发行 3 期《大学物理教育》期刊；发行收录具高资料价值的《物理学论文选集》；出版与物理学会相关国际会议的论文集；刊行各种有关物理学的单行本。另外，每年夏季举办面向一般民众的讲座，选取应景主题，从物理基础到最新成果，浅显易懂地介绍给市民。

（三）设置奖项

日本物理学会设立有论文奖，表彰优秀论文；还设立研究奖，对年轻研究者给予资金资助。值得一提的是，近年来多位日本物理学者获得诺贝尔奖，见附表 18。

附表 18　日本物理学会会员 · 诺贝尔奖获奖者一览

1949 年	物理学奖	汤川秀树
1965 年	物理学奖	朝永振一郎
1973 年	物理学奖	江崎玲于奈
1981 年	化学奖	福井谦一
2000 年	化学奖	白川英树
2002 年	物理学奖	小柴昌俊
2008 年	物理学奖	小林诚 益川敏英 南部阳一郎
2014 年	物理学奖	赤崎勇 中村修二 天野浩
2015 年	物理学奖	梶田隆章

（四）与政府部门的合作

2006 年起，日本文部科学省开始实施“科学技术相关人才职业生涯规划多样化促进事业”，日本物理学会积极参与。2007 年度，日本物理学会与东京大学、金泽大学、御茶水女子大学、神户大学大学院人类发展环境学研究科 4 个机构合作，提出“开展全国职业生涯规划，促进物理学资质人才利用”的事业计划被采纳。

日本医师协会

一、学会概况

日本医师协会（The Japanese Medical Association，JMA）最早成立于 1916 年，后在 1947 年重建，并持续至今，已经有百年历史，JMA 是日本最大的专业医师社团，属于公益社团法人。JMA 的使命是：领导医师来推动最高标准的医学伦理和教育，保护所有日本人的健康。为会员以及日本的公共健康，JMA 发挥了多种功能，包括提倡关于健康提升和患者安全相关的政策和战略，推动基层社区获取高质量的医疗服务，为医师提供指导，帮助医师去更好地影响、管理以及适应健康服务的变化。JMA 从 1951 年开始成为世界医师协会（World Medical Association）的成员，并参与了世界医师协会所有层面的活动。JMA 的总部位于日本东京，并在地方社区有分支机构办公室和会员协会。著名的会员有因为发现诱导多功能干细胞而获得 2012 年诺贝尔生理学奖的山中伸弥，曾任世界医师学会主席的著名医学家武见太郎等。很多 JMA 会员在世界医师协会就任管理职务，包括世界医师协会的委员会会长以及副主席等。

二、学会组织架构

JMA 的领导机构包括：第一层最高权力机构会员代表大会（代议员大会）；第二层理事会、协会会长、裁定委员会。会员代表大会是 JMA 的最高决策主体，JMA 层面的决策由理事会做出，由会长以及其下属负责执行会员代表大会和理事会的决策，监事会负责监督理事会决策的执行过程，见附图 24。JMA 执行部门如附图 25 所示。

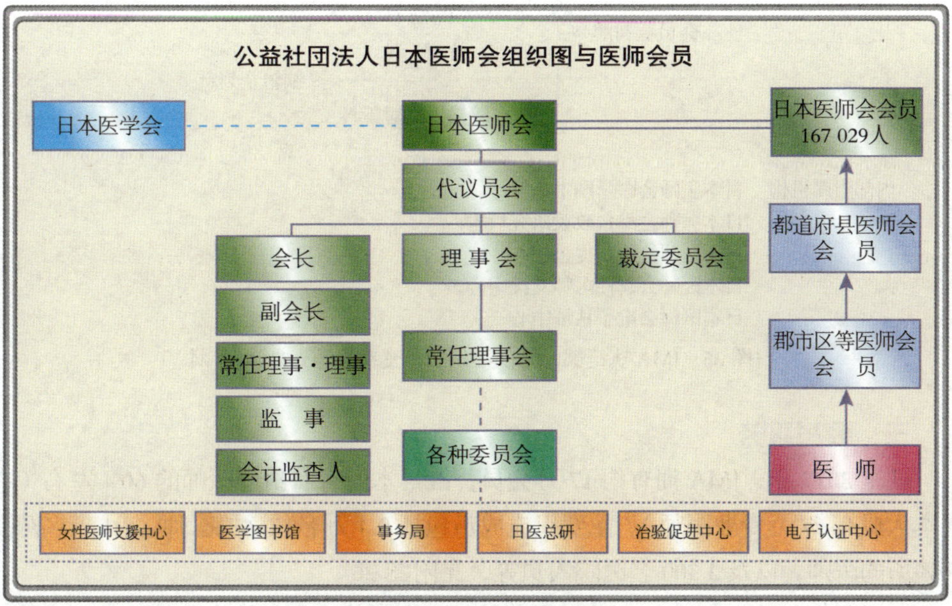

附图 24　JMA 组织结构图

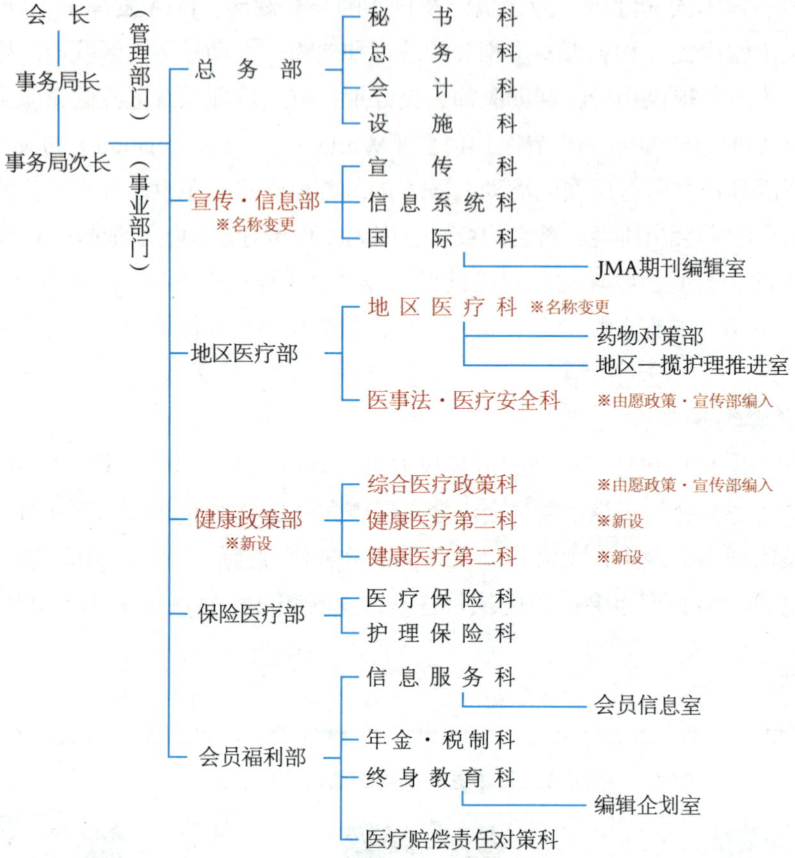

内部附属机构　日本医师会医学图书馆
日本医师会综合政策研究机构
日本医师会治验促进中心
日本医师会女性医师支援中心
日本医师会电子认证中心

附图 25　JMA 执行部门内部组织图（资料来源：JMA 官网）

三、会员服务

截至 2017 年，JMA 拥有约 17 万会员，占日本所有有执照医师的 60% 左右（在日本大概有 27 万专业医师）。主要组成成员包括 8.4 万名独立的医师、8.1 万名医院和诊所的医师，以及 1 300 名医院人员等，见附图 26。

一名医师如欲加入 JMA，首先需要加入一个自治市医师协会，然后再加入地方市医师协会，最后才能加入 JMA。

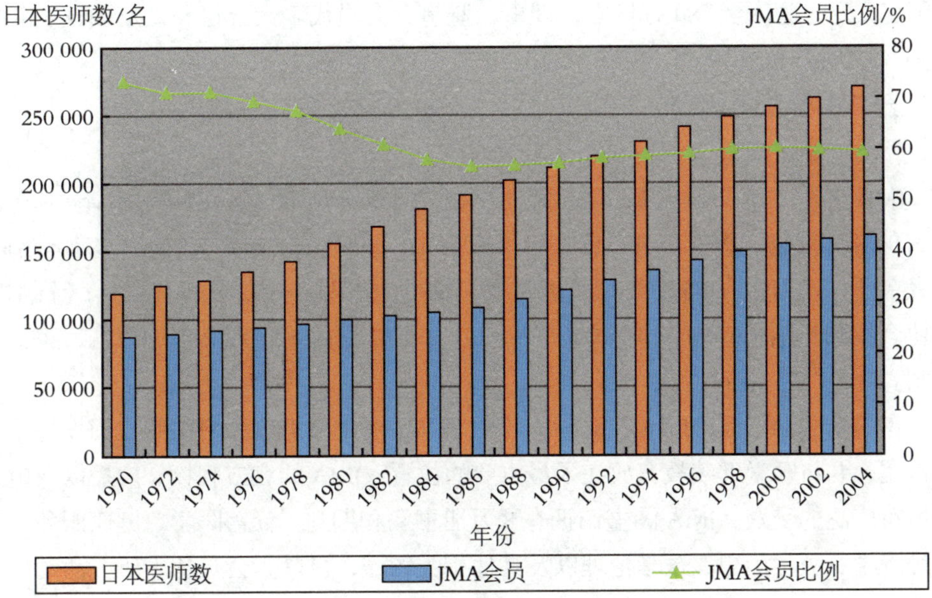

附图 26　JMA 会员规模以及比例（数据来源：JMA 网站）

JMA 致力于改进和提高 JMA 会员的福利。1968 年 JMA 建立了 JMA 养老金项目，目的是增进会员间的互惠互助，以确保医师退休后的生活质量。在该项目下，养老金会发放给 65 岁以上会员，并且保证发放 15 年，无论受惠者是否仍旧健在。约 45 120 会员加入了此项目。此项目也是最大的私有养老项目。

为了解决医生与患者之间因为医疗失误产生的冲突矛盾，JMA 于 1973 年创建了 JMA 专业医师责任保险制度。作为一个为大众医疗服务而组建的学术机构，JMA 还参与了一系列活动：一是与保险公司合作议定合同；二是建立权威和中立的机构来调解会员之间的冲突；三是提供责任保险；四是（如必要）与市级医师协会和保险公司合作来解决争端以及寻求法律建议。

四、财务状况

JMA 具有成熟的财务公开制度。每年的预算与决算都由理事会进行审核，并由监事会审查通过。专门的年度财务报告在其官网进行公开发布，财务报告除财务收支明细之外，还附有独立于 JMA 的检查人报告以及内部监事会的审查报告。根据财报，2016 年 JMA 总收入达到 63 698 000 722（约 637 亿）日元，总支出达到 48 905 345 673（约 489 亿）日元，盈余 14 792 655 049（约 148 亿）日元。

由于 JMA 为非营利社会组织，组织将职员薪酬和退休金发放标准根据人员的职位与类别制定了详细的章程，并公开发布在官方网站。例如，会长一年的薪酬有

240 万日元，退休金 180 万日元；理事、监事、会员代表大会议长以及副议长年薪都为 360 万日元。

五、主要业务活动

（一）学术交流

JMA 出版 3 本期刊:《日本医师协会杂志》（*Journal of the Japan Medical Association*）是 JMA 的官方刊物，每月 1 刊，分发给所有会员;《日本医学新闻》（*Japan Medical News*）刊发关于医疗和医师的政策的通讯简报，每半月 1 期，分发给所有会员;《日本医师协会期刊》（*Japan Medical Association Journal*）发表关于 JMA 重要活动的报告，英文双月刊。

在学术活动方面，JMA 在医学大学教育和医学继续教育如何组织方面发挥了领导作用，并将医学继续教育放在了最重要的位置。JMA 的官方刊物、广播以及电视节目有广泛的受众。JMA 图书馆拥有 8 万册书籍和期刊，涵盖医学、健康服务、健康经济学、医学历史、医学伦理以及其他相关领域，可以为会员从事研究活动提供巨大的支持。

（二）公共服务

公共关系是 JMA 的重要活动之一，并且 JMA 正在积极组建公共关系部门，招募公共关系人员来推动公关活动成为 JMA 的核心活动之一。JMA 的公共关系活动大致可以分为两类：针对会员的和针对普通大众、政府以及大众媒体等。对会员来说，有内部期刊和简报来及时通知会员关于 JMA 的政策以及其他相关活动；对大众来说，JMA 定期举办新闻发布会；应用互联网、卫星电视以及纸媒来推广 JMA 的观点；发布海报；资助有关医疗体验的征文活动；摄影比赛以及其他相关能够引起公众关注健康的活动。

JMA 正在积极努力应对医疗服务及福利领域的一些重要议题，例如，老龄化问题、患者安全政策等，推动医疗服务以及福利的改善。JMA 发布了“2015 健康服务宏观设计”来推动建立高龄老人（75 岁以上）健康保险系统。

（三）咨政建言

1. 改造国家健康政策

JMA 致力于构建合理的健康政策，专门设立健康政策委员会为修改医疗立法以及医疗费用做准备工作，该部门直接向 JMA 主席汇报，并收集公民的意见，形成提案。

2. 伦理问题

JMA 建立了生命伦理委员会以及其他机制来研究有关医疗伦理的重要议题，例如，针对尖端医疗技术的态度问题、临终关怀、知情同意等，并在此领域不断提出议案提案。2007 年，JMA 发表了日文版的世界医师协会医疗伦理手册，并将 220000 册免费分发给协会会员、医学学生、律师等。

3. JMA 研究机构

JMA 研究中心建于 1997 年，是一个研究医疗政策的内部机构。该机构是 JMA 通过各种研究活动来实现其使命的智库。JMA 严谨地检查研究的结果，并将其整合进政策建议中。现在研究中心具有大概 50 名工作人员，包括研究员以及其他工作人员。

（四）国际合作

JMA 是世界医师协会的成员，同时也在亚太医师协会联合会的运行中发挥了积极的作用，并且 JMA 也在积极与其他国家的医师协会进行沟通互动。